国家出版基金项目
NATIONAL PUBLICATION FOUNDATION

"十三五"国家重点图书出版规划项目

《中国兽医诊疗图鉴》丛书

丛书主编　李金祥　陈焕春　沈建忠

猪病图鉴

杨汉春　主编

U0306780

扫码看视频

中国农业科学技术出版社

图书在版编目（CIP）数据

猪病图鉴 / 杨汉春主编 . -- 北京：中国农业科学技术出版社，
2023.7

（中国兽医诊疗图鉴 / 李金祥，陈焕春，沈建忠主编）

ISBN 978 - 7 - 5116 - 5834 - 0

Ⅰ . ①猪…　Ⅱ . ①杨…　Ⅲ . ①猪病－诊疗－图解
Ⅳ . ① S858.28-64

中国版本图书馆 CIP 数据核字（2022）第 129042 号

责任编辑　闫庆健　李冠桥
责任校对　李向荣
责任印制　姜义伟　王思文

出 版 者　中国农业科学技术出版社
　　　　　北京市中关村南大街 12 号　邮编：100081
电　　话　（010）82106632（编辑室）（010）82109702（发行部）
　　　　　（010）82109703（读者服务部）
网　　址　https://castp.caas.cn
经 销 者　各地新华书店
印 刷 者　北京地大彩印有限公司
开　　本　210 mm×297 mm　　1/16
印　　张　19.75
字　　数　544 千字
版　　次　2023 年 7 月第 1 版　2023 年 7 月第 1 次印刷
定　　价　268.00 元

《中国兽医诊疗图鉴》丛书

编委会

《猪病图鉴》
编委会

主　编　杨汉春（中国农业大学）

副主编　刘　芳（广西大学）

　　　　周　磊（中国农业大学）

　　　　盖新娜（中国农业大学）

　　　　张永宁（中国农业大学）

参　编　韩　军（中国农业大学）

　　　　张桂红（华南农业大学）

　　　　王　琴（中国兽医药品监察所）

　　　　刘道新（湖南省动物疫病预防控制中心）

　　　　方树河［勃林格殷格翰动物保健（上海）有限公司］

　　　　张　宁（河南丰源和普农牧有限公司）

　　　　张永光（中国农业科学院兰州兽医研究所）

　　　　张新成（张家口大好河山新农业开发有限公司）

　　　　赵　钦（西北农林科技大学）

　　　　伍少钦（河南新航道食品有限公司）

　　　　姚建聪［PIC（张家港）种猪有限公司］

　　　　赵宝凯（北京大伟嘉生物技术股份有限公司）

序

目前，我国养殖业正由千家万户的分散粗放型经营向高科技、规模化、现代化、商品化生产转变，生产水平获得了空前提高，出现了许多优质、高产的生产企业。畜禽集约化养殖规模大、密度高，这就为动物疫病的发生和流行创造了有利条件。因此，降低动物疫病的发病率和死亡率，使一些普遍发生、危害性大的疫病得到有效控制，是养殖业继续稳步发展、再上新台阶的重要保证。

"十二五"时期，我国兽医卫生事业取得了良好的成绩，但动物疫病防控形势并不乐观。重大动物疫病在部分地区呈点状散发态势，一些人兽共患病仍呈地方性流行特点。为贯彻落实原农业部发布的《全国兽医卫生事业发展规划（2016—2020年）》，做好"十三五"时期兽医卫生工作，更好地保障养殖业生产安全、动物产品质量安全、公共卫生安全和生态安全，提高全国兽医工作者业务水平，编撰《中国兽医诊疗图鉴》丛书恰逢其时。

"权""新""全""易"是该套丛书的主要特色。

"权"即权威性，该套丛书由我国兽医界教学、科研和技术推广领域最具代表性的作者团队编写。作者团队业界知名度高，专业知识精深，行业地位权威，工作经历丰富，工作业绩突出。同时，邀请了5位兽医界的院士作为出版顾问，从专业角度精准保驾护航。

"新"即新颖性，该套丛书从内容和形式上做了大量创新，其中类症鉴别是兽医行业图书首见，填补市场空白，既能增加兽医疾病诊断准确率，又能降低疾病鉴别难度；书中采用富媒体形式，不仅图文并茂，同时制作了常见疾病、重要知识与技术的视频和动漫，与文字和图片形成良好的互补。读者通过扫码看视频的方式，轻而易举地理解技术重点和难点。同时增强了可读性和趣味性。

"全"即全面性，该套丛书涵盖了猪、牛、羊、鸡、鸭、鹅、犬、猫、兔等我国主要畜种及各畜种主要疾病内容，疾病诊疗专业知识介绍全面、系统。

"易"即通俗易懂，该套丛书图文并茂，并采用融合出版形式，制作了大量视频和动漫，能提升读者的理解，便于学习操作。

该套丛书汇集了一大批国内一流专家团队，经过5年时间，针砭时弊，厚积薄发，采集相关彩色图片20 000多张，其中包括较为重要的市面未见的图片，且针对个别拍摄实在有困难的和未拍摄到的典型症状图片，制作了视频和动漫2 500分钟。其内容深度和富媒体出版模式已超越国内外现有兽医类出版物水准，代表了我国兽医行业高端水平，具有专著水准和实用读物效果。

《中国兽医诊疗图鉴》丛书的出版，有利于提高动物疫病防控水平，降低公共卫生安全风险，保障人民群众生命财产安全；也有利于兽医科学知识的积累与传播，留存高质量文献资料，推动兽医学科科技创新。相信该套丛书必将为推动畜牧产业健康发展，提高我国养殖业的国际竞争力，提供有力支撑。

值此丛书出版之际，郑重推荐给广大读者！

中 国 工 程 院 院 士

军事科学院军事医学研究院　研究员　夏咸柱

2018 年 12 月

前　言

"民以食为天，猪粮安天下"。养猪业在我国国民经济发展、人民生活和社会稳定中具有十分重要的地位。我国生猪规模化养殖兴起于20世纪80年代末，经过30余年的发展，集团化、企业化、规模化和标准化的生猪养殖逐渐占据主导地位，我国已成为世界养猪大国和猪肉消费大国。2017年全国生猪出栏约6.9亿头、生猪存栏约4.3亿头、猪肉产量约5 340万吨，养猪业的成就举世瞩目。然而，我国养猪业深受疾病困扰，猪繁殖与呼吸综合征、猪圆环病毒病、猪伪狂犬病、猪流行性腹泻等疫病的暴发和流行均给养猪生产造成了巨大的经济损失。2018年非洲猪瘟的传入与广泛传播，更是重创我国生猪产业，造成的经济损失不可估量。在国家和行业主管部门各项举措的支持下，养殖企业通过构建和完善生物安全体系，实现了对非洲猪瘟的有效防控，2021年全国生猪出栏约6.7亿头、存栏约4.5亿头、猪肉产量5 296万吨，养猪生产恢复成效显著。由此彰显猪病预防与控制对于保障养猪业稳定健康发展的重要性。

受中国农业科学技术出版社闫庆健编审的盛情邀请，本人承担"十三五"国家重点图书出版规划项目《中国兽医诊疗图鉴》丛书的《猪病图鉴》分册编撰任务。基于丛书的定位，结合我国规模化养猪生产中猪病的发生和流行情况，《猪病图鉴》的编写以影响和危害大的猪病毒病和细菌病为重点，兼顾主要寄生虫病及其他疾病。近年来，生物安全措施在非洲猪瘟等重要疫病防控中的作用已成为规模化养殖企业的共识，因此，猪场的生物安全体系构建也是《猪病图鉴》重点书写的部分。

《猪病图鉴》共分6章，第一章和第二章由周磊、杨汉春、张宁、张新成、伍少钦和赵宝凯编写，第三章由杨汉春、周磊、盖新娜、张永宁、韩军、刘芳、王琴、张桂红、刘道新、张永光、方树河和赵钦编写，第四章由盖新娜、张永宁、方树河和刘芳编写，第五章由杨汉春、

1

刘芳和姚建聪编写，第六章由张永宁和杨汉春编写。全书文字部分的撰写力求直述其义、言简意赅、突出重点和通俗易懂。每种疾病的文字部分包括病原概述、流行病学特点、临床症状、病理变化、预防和控制措施以及净化与根除，细菌病和寄生虫病及其他疾病还涉及治疗措施。书中图片由杨汉春统一配置，全书收录图片约275幅，与疾病相关的图片侧重呈现特征性的临床症状和剖检病理变化，兼顾一些组织病理学变化。其中，编委们提供彩色图片约220幅，均源于养猪生产与猪病临床诊断实践以及试验研究的积累；张米申老师提供图片35幅；出版社提供图片12幅；引用文献图片8幅。

《猪病图鉴》书稿的完成得益于编委们的辛勤工作和中国农业科学技术出版社的大力支持。编委们提供了众多宝贵的图片，特别是刘芳先生为本书奉献图片达81幅，在此一并致以衷心的感谢！期望本书能够为从事养猪生产管理与技术人员、基层兽医工作者，以及农业院校师生和科研院所研究人员提供有益的参考。

由于编者受水平与精力所限，书中不足之处在所难免，恳请读者和同行不吝指正。

杨汉春

2022 年 3 月

目　录

第一章
猪场生物安全体系构建

联合国粮食及农业组织（FAO）对生物安全的定义是："旨在降低农作物和畜禽传染性疾病传播风险的一组预防措施"。猪场生物安全体系特指为防止病原体进入猪场和感染猪群而造成疫病流行的各项技术措施所构成的体系。高致病性猪繁殖与呼吸综合征病毒、猪流行性腹泻病毒和伪狂犬病病毒变异毒株广泛流行，尤其是 2018 年 8 月初非洲猪瘟病毒入侵和疫情大范围传播，给我国生猪产业造成了重大经济损失。生猪养殖企业对生物安全的认识和重视程度空前提升，而且生物安全体系在非洲猪瘟的防控中发挥了巨大作用，成为切断疫情传播和防止疫情传入与发生的必要有效手段。因此，完善的猪场生物安全体系是科学防控疫病的前提。

第一节　猪场选址

猪场的场址选择和建筑布局是否合理以及能否远离疫病传染源是猪场生物安全体系的基础，往往决定养殖场生物安全控制的难易程度。养殖场在规划设计时应依据国家标准《规模猪场建设》（GB/T 17824.1—2008）中的相关要求进行选址。

一、猪场选址的自然条件要求

猪场建设用地应首先符合国家相关法律法规以及所属区域内土地使用规划，符合《中华人民共和国畜牧法》和《中华人民共和国动物防疫法》的有关规定，避免所用土地性质属于基本农田、饮用水源保护区、禁养区、风景名胜区、公益林等，应避开泄洪道、低洼地及沼泽地，同时周边应有足够的土地以供承载粪肥消纳。其次，所选建场区域应地势高、干燥、排水方便，位置背风向阳，利于通风；有一定缓坡，但坡度不要超过 20°。土质要求透气性和透水吸湿性好，热容量大，利于抑制微生物繁殖以及寄生虫、蚊、蝇和昆虫的滋生。猪场建设用地周边应具备充足的水源和稳定的供电来源，水质符合农业行业标准《无公害食品 畜禽饮用水水质》（NY 5027—2008）的规定。因猪场涉及饲料、人员、物资、猪只、粪污、废弃物的大量运输与流通，因此选址应该保证交通便利，但与公路主干道的距离应满足防疫要求。

二、猪场选址的防疫要求

为了防范疫情的传入，猪场选址应远离其他畜禽养殖场、屠宰场、集市、畜禽交易市场、畜禽无害化处理场、污水处理场和垃圾填埋场等，距离省级以上主干道 3 km 以上。新建规模化猪场选址时，应根据周边风险点的数量以及风险点离猪场的距离对选址进行评分。对新建猪场周边 3 km、

5 km 和 10 km 范围内猪场的数量和猪群规模以及饲养密度情况有所了解,并对其他动物养殖场的情况、猪场地势、天然屏障情况、人流、物流和猪只运输频率及运输量等诸多因素进行综合考察,从而评估猪场在选址方面的生物安全得分(图 1-1-1)。目前已有公司开发出相应的软件,通过将场点周围 10 km 范围内的所有建筑物(包括养殖场、居民区、各类工厂等)、畜禽饲养量、人口分布、水系、山岭、气候、地形等相关信息进行赋值打分,综合评估选址优劣,并提示可能存在的生物安全风险点。通常情况下,新建种猪场倾向于选择建在农田、果园或林场中间地带,山前、山沟、孤岛等天然屏障内,以降低疫病传入和传播的生物安全风险(图 1-1-2、图 1-1-3 和图 1-1-4)。

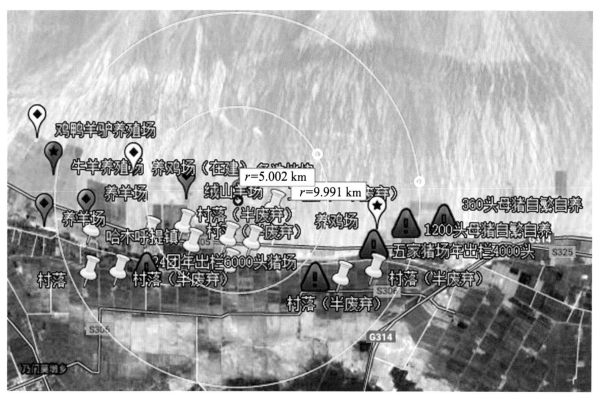

图 1-1-1　猪场选址的周边情况考察(张宁 供图)

图 1-1-2　依靠天然屏障的猪场(张宁 供图)

图 1-1-3　建于山头前坡地的猪场（张新成　供图）

图 1-1-4　建于林地中的猪场（张新成　供图）

第二节　猪场规划与布局

　　猪场规划与布局应符合国家标准《规模猪场建设》（GB/T 17824.1—2008）中关于猪场布局的要求。按照功能的不同，规模化猪场应设置管理办公区、生活区、生产区、引种隔离区和粪污处理区等（图 1-2-1），管理办公区可设置在场区之外，各区之间均应有实体墙或围栏。当前，随着非洲猪瘟防控需求的升级，猪场的规划布局必须更加重视生物安全风险的管控，规模化猪场通常会在距猪场外一定距离的地方增设洗消中心、入场人员隔离点、物资中转站、检测实验室、出猪转运点等场外功能区。猪场不同区域所对应的生物安全级别有所不同，人员、物资和猪只等发生跨区域流动时，应有必要的管控措施。此外，在重视生物安全的同时，生产区内猪舍布局还应考虑猪群价值和重要程度的不同以及转群的便利性。猪场可依据生物安全风险等级将不同的区以不同的颜色进行标示，如生物安全风险高的脏区为红色、生物安全风险中等或潜在风险的缓冲区为橙色或灰色、生物安全风险低或无的净区为绿色。

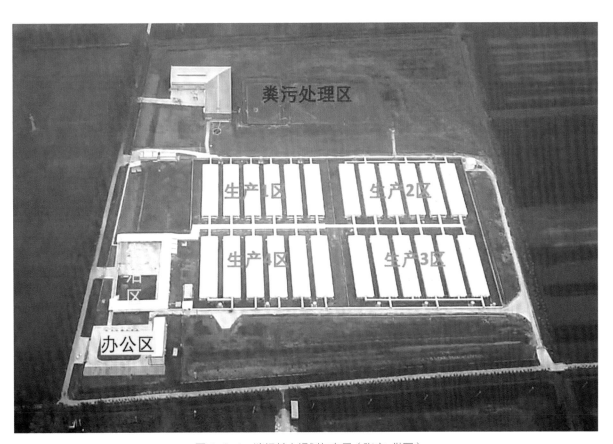

图 1-2-1　猪场基本规划与布局（张宁　供图）

一、洗消中心

自非洲猪瘟暴发以来，为了对与猪场相关车辆进行彻底清洗消毒，同时避免清洗车辆后的污水污染猪场，大部分规模化猪场在远离场区一定距离的区域建立车辆清洗消毒中心或洗消站。洗消中心通常要求远离村庄和其他社会车辆清洗点 500 m 以上，远离其他养殖场或养殖密集地区 3 km 以上，应配备高压冲洗机、消毒药品喷洒系统、车辆烘干/晾干系统以及人员淋浴间等设备设施（图1-2-2）。消毒中心应设置在车辆清洗消毒前后不同的驶入（污道）和驶出（净道）路线上，且无交叉。

站区出口

停车待出

烘干站

停车沥水

清洗站

停车待洗

站区入口

高温消毒区

清洗区

预处理区

图 1-2-2　猪场外洗消中心（伍少钦 供图）

二、门卫区

门卫区设置在距离养猪场大门口 50 ～ 100 m 的区域，包括门卫岗、消毒点、物资和饲料车辆前置消毒点、外来车辆停车点以及人员入场淋浴间等。门卫区负责人的主要职责是避免外来人员和车辆等在生物安全风险不受控的情况下直接进入场区。

三、生活办公区

生活办公区设置办公区、会议室、接待室、财务出纳室、员工宿舍和食堂等功能区，是非生产性经营人员的主要活动区域。猪场可在该区域设置进场人员隔离区。管理区（办公区）设置在场区外的猪场，可以仅在场区设置生产人员生活区。由于目前非洲猪瘟防控需要对食材潜在的污染进行管控，也可把食堂移至场区之外。

四、生产区

生产区是猪场最核心的区域，包含生产所需要的猪舍以及其他生产设施，一般占整场总面积的70% ～ 80%，同时也是生物安全级别最高的区域。规模大和猪场用地面积充裕的猪场可对生产区进一步划分生产线或区（如种猪区、保育区、育肥或育成区），楼房集群养猪场同样应进行区域划分（图1-2-3）。生产区内依据生物安全等级从高至低的顺序依次为公猪舍、配怀舍（妊娠舍）、分娩舍（产房）、保育舍、育肥舍。种猪舍通常与其他区域相隔开，形成独立的种猪区。在种猪区内通常将公猪舍设置于上风向，可在兼顾生物安全要求的同时便于公猪气味刺激母猪发情而避免母猪气味对公猪的不良刺激。由于人工授精的方式存在将公猪精液中携带的病原传播至全群的风险，影响面大和危害严重，因此公猪舍通常被设定为生物安全级别最高的区域，有条件的可配备空气过滤系统以降低经气溶胶传播疫病的风险。生产区内可设立净区、缓冲区、脏区、净道、污道，并有明确的人、车、物和猪只的移动路线，可在不同区域设置不同的警示标识和物理屏障，以有效管控不同风险等级间人、猪、车、物的流动。

图1-2-3　楼房集群养猪场（张新成 供图）

五、隔离舍

隔离舍用于引进的后备猪或新购入的猪只的暂时隔离饲养，应建在年主导风向的下风向，距离主要生产区100 m外的区域，大多设置在猪场边缘位置。隔离舍应设有独立的人员淋浴间，隔离舍饲养员也应与主生产区工作人员有所区别，以避免隔离的后备猪（可能携带病原体）与猪场原有猪群之间发生病原体的交叉感染和传播。

六、粪污处理区

粪污处理区主要涉及粪污干湿分离、粪污堆积与发酵、沼气生产、污水处理等区域（图1-2-4）。同时，病死猪暂存和无害化处理以及过期兽药、疫苗、疫苗瓶、药瓶的存放处理也应纳入该区域。猪场的剖检室也可设置于此区域。此区域为猪场的污染区，生物安全风险最高，通常设置在年主导风向的下风向，应与生产区严格分开并设单独的通道，以便进行设备维修和环保检查的人员无须穿过生产区即可直接到达。

七、其他辅助区域

为了防控非洲猪瘟疫情，避免或减少外来车辆靠近场区，大型规模化猪场可在距场区数公里外的区域设置物资中转或集中储存区、猪只运出中转点（中转出猪台）。通常物资中转或集中储存区所选地理位置应便于辐射同一集团多个猪场，用于统一接收和储存外来物资，并在此区域进行消毒存放，之后再用养殖企业内部生物安全可控的车辆将物资分发运送至各猪场，以降低和避免外部车辆接近场区以及病原体经物资带入场内的风险。同时，在猪场一定距离外可设置运猪中转区（点），用猪场生物安全风险可控车辆先将需要运出的活猪运至中转区再由外部车辆进行转运，以避免生物安全风险不可控的外来车辆接近场区。在进行选址建设前，应对以上区域提前规划运输车辆在不同区域间的行驶路线，运输路线应避开其他畜禽养殖场、屠宰场、无害化处理场、垃圾或污水处理站、餐馆密集区、村庄、集市等高风险位点，如有条件可设置场区的封闭或专用道路，以降低交叉污染的风险。

图1-2-4 养猪场粪污处理区（张新成 供图）

第三节　猪舍建筑与设施

猪舍及其相应的配套设施是猪生活的重要场所，猪舍以及各种条件设施选择不当就会给猪的健康带来长期的负面影响，因此整个养猪场内部的建造应该与生产规模和生产流程相匹配，并兼顾效率与防疫要求，达到合理化、规范化以及标准化要求。

一、围墙与大门

猪场场区周围应通过围墙、栅栏、树林、沟渠、陡坡、山头等人工或天然屏障与外界隔开，以防止无关人员以及外来野生或家养动物进入养殖场。同时，场区内应建立内围墙或围栏，将管理办公区、生活区、生产区、引种隔离区以及粪污处理区完全隔离分开。内墙可以是实体砖墙，也可以采用高塑钢瓦或彩钢板等材料，墙根应进行硬化或设置防鼠碎石带或防鼠网等屏障，防止鼠和其他爬行动物打洞进入。

猪场大门是猪场和外界联系的必经通道，也是猪场防疫的前沿阵地。猪场外围以及生产区大门应选全封闭门，下部设置挡鼠板，与地面不留过大缝隙，以免鼠类等动物进入，在无车辆、人员进出时应保持关闭状态（图1-3-1）。场区大门所在区域可设置行李寄存房、人员消毒通道和淋浴室、门卫人员办公室和宿舍、物资熏蒸消毒房、车辆冲洗消毒室及烘干房等。大门区域显眼处应设置生物安全防疫警示牌。

图1-3-1　猪场大门（保持关闭，设置挡鼠板）（周磊 供图）

二、淋浴室

淋浴和更换工作服对切断经人员造成病原传入猪场和在不同生物安全级别区域间传播是十分有效的生物安全措施。猪场大门（场区入口）处、生产区入口处均应设置淋浴室。通常，淋浴室设置包括外侧缓冲间、外侧更衣室、淋浴间、内侧更衣室和内侧缓冲间，可在外侧缓冲间中设置卫生间（图1-3-2）。

应根据猪场规模以及日常情况下的进场人员数量设置淋浴室的大小和喷头数量，保证能够满足至少2～4个人同时淋浴，提高进场效率。同时应保证有足够的热水供应，以避免因等待时间过长或淋浴温度不适降低来场人员洗澡意愿，而未认真洗澡就直接进场，酿成生物安全隐患或事故。

依据猪场生物安全分区原则，淋浴室外侧缓冲间、外侧更衣室属于污区，淋浴间、内侧更衣室、内侧缓冲间则属于净区。污区与净区之间应有明确的实体物理隔断以及分区警示线。通常在缓冲间内设置"丹麦式"换鞋凳进行分隔，人员脱鞋后转身到内侧淋浴间，脱衣淋浴，然后换内侧拖鞋，并在内侧更衣室穿工作服。行进路线不可逆反，若回到外侧更衣室，则需要再次淋浴完毕才能进入内侧更衣室。

图1-3-2　淋浴室分区设置（张宁　供图）

三、场区道路

场区道路是非常重要的设施，用于联系各区、各栋舍、各生产环节，人员、猪只、场内车辆和物品的移动均要沿道路运行，与生产和防疫密切相关。场区道路的设计应兼顾使用的便捷高效性和防疫的安全性。猪场应规划好人员、猪只、饲料、物资以及粪污等移动的路线，并根据道路连接区域的生物安全级别不同以及运送物品的洁净程度划分为污道与净道，同时设置有明确的标识（图1-3-3）。通常将猪舍与无害化暂存点、无害化处理区、粪污处理区、淘汰猪出猪口等区域相连的，用于运送粪污、病死猪、胎衣和淘汰猪的道路划为污道；而将饲料车间、药房、物资消毒间、仔猪运输入口等区域与猪舍相连的，用于运送饲料、疫苗、精液和健康仔猪的通道划为净道。猪场场区内的净道与污道应进行严格区分，不同生物安全级别的人员、车辆和猪只沿规定道路行进，如有无法完全分开的交叉区域，可在出现污道车辆路过之后立即进行消毒，以降低生物安全风险。在条件允许的情况下，场区道路应全部进行硬化，道路两边有一定坡度使其具有良好的排水性能，同时应定期进行消毒。

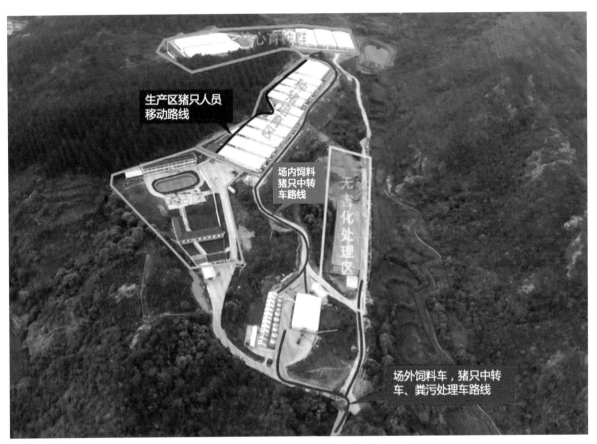

图 1-3-3　猪场道路规划示例（张宁 供图）

四、猪舍

　　猪舍是猪场生物安全控制的最后关口，也是猪场内部生物安全的重中之重，其设计规划应兼顾生产效率和生物安全管控。不同栏位数量的设置与配比、栋舍内猪群的数量与密度应与全进全出、批次化等生产方式相匹配，同时考虑到发生疫情时便于控制，可设计易隔离的小单元猪舍，有便于异常猪和死淘猪只移出的设备设施和规划明确的路线。在猪舍内还可设置病猪隔离圈（栏），以饲养少数发病猪只。隔离圈（栏）应设置在风向流动的下风口处，临近负压风机端而远离正压风机。此外，猪舍内的栏面应易拆卸，便于清洁、冲洗和消毒。

　　猪舍门口应加装高 60 cm 以上的挡鼠板，设置换鞋的区域、脚踏消毒池或至少有含有效浓度消毒剂的消毒脚垫（消毒水池／水桶等）和消毒洗手盆（图 1-3-4）。猪舍门窗能够关闭或利用拦网、纱窗甚至高效过滤装置将猪群与外界进行隔断，避免蚊蝇骚扰以及鼠类、飞鸟的进入。也可设计实现温度、通风和湿度控制的全封闭猪舍（图 1-3-5）。为避免交叉污染，每个栋舍应配备自己单独使用的工作鞋、挡猪板、扫帚等操作工具以及常用的医疗器械。在猪舍入口及内部可安装摄像头，以监控人员进出以及猪只情况。

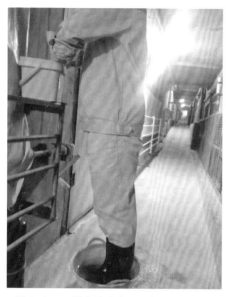 

图1-3-4　进入猪舍人员手部和鞋靴消毒　　　　图1-3-5　全封闭猪舍（杨汉春　供图）
　　　　　　（张宁　供图）

五、连廊与赶猪通道

自非洲猪瘟流行以来，猪场普遍提高了生物安全防控意识，提升和改善了软硬件设施条件。许多猪场从大门淋浴室、消毒间到生活区，再到生产区以及生产区不同猪舍，以及其他功能区之间采用封闭连廊连接，同时用防鸟网或者纱网覆盖不同栋舍之间的转猪通道，使人员、猪群、物品在流动时避免与外界接触，减少被蚊蝇、鸟类、鼠类动物机械携带病原污染的风险（图1-3-6）。

图1-3-6　覆盖纱网的赶猪通道（张宁　供图）

六、出猪台

由于出猪台与猪场外界直接接触，加之猪只运输车辆存在洗消不到位而污染病原的潜在风险，因此它是病原传入猪场的最高风险区域之一，也是猪场生物安全管控中需要重点关注的风险点。出猪台应设置在场区外，尽量远离猪舍，最好在猪场常年主要风向的下风向，坡度不超过20°，有防滑处理。出猪台应采取明确的分区设计，分为净区、灰区、污区，并且有明显的物理分隔和警示标志。出猪时，人和猪只能从净区向污区单向流动，不可逆向返回，也可将三个区分别由不同的人员管理，依次接力将猪只赶出。人员完成出猪任务之后，不能再返回生产区，而是重新从进场通道、经淋浴、更换工作服和鞋靴之后才可返场（图1-3-7）。此外，出猪台外围的地面应硬化，合理设计排水沟，便于冲洗消毒，冲洗出猪台的污水也应避免从污区流向净区或从出猪台流向场内。同时，赶猪通道也应设计防鼠网和防鸟网，还应根据猪场所在地区的气候特点充分考虑猪场的保温防雨功能。

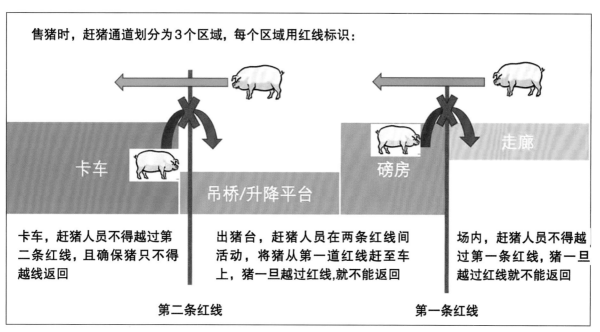

售猪时，赶猪通道划分为3个区域，每个区域用红线标识：

卡车 吊桥/升降平台 磅房 走廊

卡车，赶猪人员不得越过第二条红线，且确保猪只不得越线返回

出猪台，赶猪人员在两条红线间活动，将猪从第一道红线赶至车上，猪一旦越过红线，就不能返回

场内，赶猪人员不得越过第一条红线，猪一旦越过红线就不能返回

第二条红线 第一条红线

图 1-3-7 出猪台的设计与生物安全管控（张宁 供图）

为避免生物安全风险不可控的外部车辆接近猪场，应杜绝外部车辆直接开到出猪台拉猪。可在距离猪场一定距离（1～3 km）的地方建设出猪中转台，便于使用猪场清洗消毒干净的内部车辆将猪只转运至出猪中转点（图1-3-8）。

客户车辆
脏区

中转平台
灰区

猪场中转车辆
净区

图 1-3-8 场外简易中转出猪台（张宁 供图）

七、供水与排水

优质充足、符合卫生条件的饮用水是保证猪群健康的重要因素。非洲猪瘟等重大疫病存在环境带毒污染水源的风险，因此保障猪场水源安全是生物安全体系中的一项重要措施。大多数情况下，猪场水源主要来自地下水和地表水。深井地下水相对洁净，但存在因施工不当导致地表水反灌污染水源的风险；地表水接触病原体的风险则更大。因此，猪场应对猪的饮水进行净化消毒（图1-3-9）。可同时配备多个水罐，独立给猪提供饮用水，能够交替使用，以保证猪只饮用水有足够的时间经消毒剂处理。同时，除了水源清洁消毒外，还应在猪舍洗消过程中定期对圈舍的水线进行清洗消毒。

图1-3-9 猪场生产区水源净化装置（张宁 供图）

猪场场区内排水系统主要为雨雪排水沟和粪污通道，两类通道应独立分开，做到雨水和污水分流。一方面有利于减少水量，降低粪污处理压力；另一方面可避免雨水过多，导致粪污漫灌污染猪场环境而增加病原体的传播风险。

第四节 引 种

众所周知，潜伏期的感染猪、隐性感染猪、带毒猪以及亚临床感染猪是多种猪病的重要传染源。猪场引种是建群、更新后备猪种源、引入优良基因、改善种猪群胎次结构以及疫病净化过程中替换阳性猪的重要手段，但同时猪只的引入和并群既可能带入新的病原体，也可能引入新的易感猪只，导致猪群暴发疫病。因引种不慎而导致病原体传入猪场并致疫情发生与流行的实例并不鲜见。因此，引种过程中除了考虑种源质量，还应充分重视生物安全风险，做好周密的引种计划并严格执行是十分必要的。

一、制定引种计划

引种前，猪场应根据生产需求，确定需要引进的猪品种、类型与日龄大小、意向引种场、引种规模、引种时机、种猪健康要求、隔离时长、运输路线、车辆和人员安排等，同时还要实地调查和了解猪场所在地周边和供种场所在地区的疫情，避免在疫病流行期和周边疫情压力较大时引种，做到计划周密。

二、种源场健康评估

如果从企业体系外引种，应事先调查种源场的猪群健康状况，了解其近期是否有疫情发生和流行，查看供种场的近期疫病监测和实验室检测记录以及异常猪诊断检测记录，查看免疫程序与记录，了解其免疫程序、使用的疫苗种类、选择的疫苗毒株、免疫效果监测等，做到知根知底。同时，应调查供种场的生物安全措施与管理体系，评估是否存在潜在的疫病风险。达成引种意向后，应按流行病学采样要求的样本量采集引种猪群的血液、口腔拭子等样本，送至双方认可的检测实验室，对非洲猪瘟、猪瘟、猪繁殖与呼吸综合征、猪伪狂犬病等重大疫病进行病原学和血清学检测，并出具检测报告。根据以上相关信息和样本检测情况进行综合评估，最终确定是否引种。

三、隔离舍的准备

如果不是新建猪场，应先将引入的猪群置隔离舍进行隔离饲养。引种前，应完成隔离舍的清理和修缮，并全面清洗消毒，在封闭情况下空置 20 ～ 30 d，并在临近进猪前做最后一次消毒。隔离舍生物安全防护设施以及防疫要求应与猪场处于同一水平。

四、检疫相关证照查验

引种运猪时应查验检疫证明是否完备，由供种场向其当地县级以上动物防疫监督机构申报检疫，并出具"出县境动物检疫合格证明""动物及动物产品运载工具消毒证明""牲畜非疫区证明"等，并核实其与供种场出具的有效税务发票或收据中所述的引种的品种、数量是否相符，保留供种场"种畜禽合格证"，以及"种畜禽生产经营许可证""动物防疫条件合格证""营业执照"及"组织机构代码证"的复印件存档。

五、猪只运输

有条件的可以采用专业运输车进行运输，其配有通风降温、饮水装置，能够减少运输应激。运输的猪只应提前 2 h 停止喂料，装车时避免过度拥挤，慢赶，避免暴力赶猪。长途运输时，要有专业技术人员押车。车辆安装 GPS（全球定位系统），便于定位与跟踪。尽量选择高速路，并由 2 名驾驶员轮流驾驶，停车加水、休息时应避开其他运猪（包括其他动物）车辆，减少疫病交叉传染风险。夏季运输时，应注意降温，避免猪只受到热应激；冬季运输时，应注意保暖。在运猪车到达之前 1 h，参与卸车的人员应淋浴、更换工作服，并确认卸猪台和赶猪通道已全面消毒。运猪车到场之后，应做好车轮车身等外部消毒之后再卸猪。卸猪结束后，对卸猪台和通道再次进行清洗消毒，相关人员需要淋浴和更换工作服才能重新入场。

六、隔离观察与实验室检测

至少应对引进猪只进行 30 d 的隔离饲养，其目的和意义在于：阻止病原体传播给场内猪群，让处于潜伏期、运输时的亚急性感染、运输期间感染疫病的猪只在隔离期间表现出临床症状；使引进猪只从运输应激和可能受到感染的疫病中恢复过来；通过实验室手段检测出引进猪只可能携带的病原体，以杜绝其将病原传入猪场的风险；通过隔离饲养让猪只适应猪场的饲养方式。因此，隔离期间应充分进行猪只健康状况的临床观察，对发热、减料、腹泻、有呼吸道或神经症状的异常猪只及时诊断检测、治疗或处置。待猪只适应环境 3 ~ 5 d，对猪群进行抽样或逐头采血，进行重点关注疫病的病原学和血清学检测，一般在隔离期内进行实验室检测 1 ~ 2 次，确认相关病原体为阴性。

七、驯化

驯化的目的是让新引入的猪群在同一控制环境中，与猪场猪群中已有的病原微生物接触，使其产生免疫力的过程。其本质是将易感动物转变为非易感动物的过程。引种驯化采用的主要方式是疫苗接种和与猪场猪只混群饲养（"同居感染"）。疫苗免疫是最安全的驯化方式，免疫接种较为确实，均一性好，但一些疫病因疫苗株与临床毒株的交叉保护不足，可能会导致驯化效果不够理想。引入的后备种猪应在配种前及早与猪场猪只进行混群饲养，否则可能会造成一些繁殖障碍疫病的发生（如猪繁殖与呼吸综合征）。对于少数疫病（如猪繁殖与呼吸综合征、猪流行性腹泻），可采用猪场感染猪血清、病料或分离自家猪场的毒株对引进的后备种猪进行驯化，但是，如果猪场的病毒毒力过强，可能会造成引入的阴性猪发病。同时，如果所用感染猪的血清和病料中存在其他病原，有可能造成相应疫病的暴发和传播。驯化后应留有足够的时间让猪群稳定，不再排毒。此外，驯化期间还应做好驱虫、药物预防等。

八、健康监测与混群

隔离猪群经过驯化之后，应采用血清学方法监测疫苗免疫等的驯化效果，确保猪群相关病原的抗体检测为阳性。同时，应监测非洲猪瘟病毒、猪伪狂犬病病毒野毒或猪繁殖与呼吸综合征病毒等需要维持阴性的病原，猪群的抗体继续维持阴性。也可通过对猪只血清、口腔拭子、环境样本等的监测，确保猪群不再排毒，方可与基础猪群进行混群。混群后应密切关注猪群健康状况，若出现异常猪只应及时诊断检测，并采取相应的控制措施。

第五节　人　员

　　人员永远是养猪场生物安全的关键所在，这是由于人员不但是生物安全措施的制定和实施者，同时也可能成为病原体的机械携带和传播者。即使生物安全设备设施先进、制度健全，如果人员的生物安全意识不足或缺失、不能严格执行生物安全管理规定，仍有很大风险会导致疫情的传入和暴发。

一、生物安全意识

　　猪场兽医应熟知非洲猪瘟、猪瘟、猪繁殖与呼吸综合征、猪伪狂犬病、猪流行性腹泻等重大疫病的流行病学相关知识，掌握防范和应对各种疫情的相关预案与措施，与其他生产管理人员共同制定严格的生物安全措施和规章制度，加大监管力度，并定期对场内工作人员开展培训、演练和考核。定期巡查猪场，做好生物安全盘点工作，查找漏洞和短板。猪场可制定相应的绩效措施，鼓励员工们严格要求自己，避免存在侥幸心理，确保生物安全措施实施到位。

二、人员管理

　　场内人员应严格遵守猪场生物安全管理制度。在场期间严禁私自外出或购买、网购、带入猪肉制品。同时，员工须严格遵守休假过程中的生物安全管理制度，休假期间不去疫情发生地区、屠宰场、其他猪场、农贸和生猪交易市场、肉品销售点等高风险区域。猪场每月定时统计返场人员信息，做好生物安全注意事项的宣贯。人员返场至隔离中心需填报休假期间行为问卷调查表，必要时利用纱布对返场人员的头部、手和鞋进行采样检测，以分析周边疫情风险高低。隔离后返场，经严格淋浴和更换工作服后方可进入生活区，再经淋浴和更换工作服后进入生产区。严禁将非必需个人用品带入生产区，必须随身携带的个人物品应进行消毒处理。

　　生产区内人员流动应遵守单向性原则，任何从生物安全级别低的区域向生物安全级别高的区域逆向移动的人员都需要采取洗手、更换工作服、鞋靴或淋浴等生物安全措施，以切断生产区内以及不同猪舍间的传播链。

　　环保工程师、维修人员等非生产专业技术人员的工作具有一定的特殊性，虽然大部分情况下不与猪只直接接触，但经常会进入生产区。如果此类人员对生物安全了解不足，或带入的设备工具等消毒不彻底，很容易造成疫病的传播。此类人员进场前必须询问其近期是否进出过其他猪场或到访过高风险地区，进入猪场的流程与其他人员相同。

　　除特殊情况外，猪场外部访客禁止进入猪场。进入猪场前一定要事先调查清楚近期是否有出入疫区、屠宰场和其他猪场的情况。如需进入猪场，须在门卫处登记个人信息、淋浴更衣后方可进入生活区或生产区。严禁带入非必需个人用品，应对必须随身携带的个人物品进行充分的臭氧或紫外线消毒，也可用酒精擦拭。

第六节　运输工具

　　运输车辆与猪只、饲料、物资、人员等都有可能接触，因此存在的生物安全风险因素多而复杂。如果外部运输车辆进出过其他猪场、屠宰场、生猪交易市场、饲料厂甚至运输过病死猪等，车辆的轮胎、车体外部以及驾驶人员都可能接触病原体而被污染，同时车辆在运载生猪的过程中，车体内部会被猪的排泄物、分泌物等污染。未经洗消或洗消不彻底的车辆表面残留具有感染性的病原体，可能通过直接或间接方式接触猪场内的人员、物资或猪只而导致疫病的传入与暴发。因此，运输工具是猪场生物安全管控过程中的重点关注对象，应遵循专用、隔离、充分洗消和静置的原则。

一、外部运猪车管理

　　外部运猪车由于行驶范围广、接触环境复杂、生物安全风险控制难度大，因此应尽量做到自有、专场专用。如使用非自有车辆且必须多场混用时，则应避免其直接接近猪场，使用本场内部生物完全可控的中转车辆将猪只运至场外中转区进行中转。运猪车使用前后均需要清洗消毒（图1-6-1）。司乘人员非必要不下车，不参与猪只的装卸，如必须参与时，则应穿一次性隔离服和干净的工作靴进行接应，但严禁进入出猪台场内（净区）一侧。车辆运猪时应配备GPS，便于追踪和管理，且车辆严禁外人驾驶。

图1-6-1　运输车辆的清洗（张宁　供图）

二、内部运猪车管理

猪场内部运猪车的行驶范围仅限于场区内，通常为专场专用，生物安全风险相对低于外部运猪车，但若管理不当，也可造成病原体在场内扩散、污染和传播。场区内应划分特定的区域进行内部车辆的洗消和停放，且洗消地点应配置高压冲洗机、消毒剂、清洁剂及热风机等。猪场统一管理驾驶人员，应遵守的生物安全规定与生产人员相同。内部运猪车按照规定路线行驶，注意污道、净道的划分和路线规划，不可随意行驶，更不可驶出场外。对于规模较大的猪场，应有备用车辆，同时针对洗消不净风险，应设置静置和间歇停用的机制，避免内部车辆的连续不间断使用而增加疫病传播风险。

三、饲料车的管理

饲料车应尽量做到自有、专场专用。去饲料厂装料前需清洗消毒并干燥，每次装载时按需求情况尽量满载，减少运输频次，以降低风险。车辆从饲料厂到猪场之间应沿生物安全风险较低的路线行驶，不可随意更换行驶路线；同时运输期间严禁无关人员搭乘。应尽量避免散装料车进场，可隔墙将饲料打入料塔。如果老旧猪场的料线尚未如此设置，可在围墙边改建中转料塔，饲料进入场区后再做转运（图1-6-2和图1-6-3）。打料工作由生产区人员操作，严禁司机下车。若散装料车必须进场或是选用袋装料车，则应在进场前严格做好车体的冲洗消毒和烘干工作。如果料车需跨场使用，车辆经清洗、消毒及干燥后，在指定停车点停放24～48 h方可再次使用。

图1-6-2 散装料车隔墙打料（张宁 供图）

图 1-6-3 利用中转料塔避免车辆入场（张宁 供图）

四、运输病死猪、淘汰猪和粪污车辆管理

运输病死猪、淘汰猪、粪污的车辆应专场专用，交接病死猪、淘汰猪、粪污时，应避免与外部车辆直接接触，可到场外进行中转（图 1-6-4 和图 1-6-5）。

图 1-6-4 病死猪的场内转运（张宁 供图）

图 1-6-5 粪污的转运出场（张宁 供图）

第七节 物 资

由于猪场的入场物资复杂多样，既包括人员生活必需品，也有防疫物资、生产工具、动保产品、猪场设备设施、维修器件等，它们都存在带入病原体的风险。因此，物资在入场前应该根据其性质采取不同的方式进行消毒，降低和杜绝潜在污染的病原体传入猪场的风险。大型养殖集团可在养殖场分布较多的区域设置物资中转中心，用于物资的接收、消毒和存储。

一、烘干

常见的病原体对高温都比较敏感，因此烘干是非常有效且无污染的消毒方式。金属类、机修工具、手术剖检器械、输精耗材、床上用品、纸质品、小食品等耐热的物资可以采取烘干消毒的方式进行处理。通常在烘干房或小型烘干容器内进行 60℃烘干 30 min。烘干时应该注意物体表面以及内部和房间温度的差异，要求待消毒的区域都能达到 60℃才能保证消毒彻底（图 1-7-1）。

图 1-7-1　物资烘干消毒（张宁 供图）

二、浸泡

对于不耐热，但是防水、可以耐受消毒剂的物资，可采取消毒剂浸泡的方式进行消毒。如塑料制品、部分常温保存的兽药和疫苗、密闭防水的生活用品（饮料、罐头）等可以使用消毒剂（如稀释浓度为 1∶200 的卫可）浸泡 30 min。

三、熏蒸

部分必须带入的个人用品或物资，若能耐消毒剂的作用（如氧化或腐蚀等）均可通过熏蒸消毒。通常在猪场生活区和生产区均可设置熏蒸间，根据猪场规模设置熏蒸间的大小，应在能够容纳每次入场物资的前提下尽量做得紧凑，以便保证消毒剂的熏蒸浓度和熏蒸效果。熏蒸间通常设置有内外双开门，门窗密闭性较好，有带镂空网格板的货架。应拆去熏蒸物品包装，尽量铺展，以提升熏蒸效果。通常熏蒸消毒所用的消毒剂有臭氧、过氧化氢以及氯制剂。达到熏蒸时间后方可打开内侧门通风，然后搬运物资进场（图 1-7-2）。物资熏蒸实施批次化管理，物品进入—消毒—取出，固定消毒时间，在消毒期间不得打开消毒通道放取物品，并对消毒时间、方式、执行人进行记录备案。

四、蒸汽湿热消毒灭菌

对于饭菜和耐湿热的物品，可以使用蒸汽湿热灭菌。通常在生产区入口处设置双开门蒸箱，可将烹调后的餐食连带容器一同置于蒸箱中，通过蒸汽加热消毒灭菌。处理完后从内侧门打开取出饭菜，以解决厨房受病原体污染而随饭菜食品带入生产区的风险（图1-7-3）。

图1-7-2 物资熏蒸和紫外照射消毒（张宁 供图）

五、擦拭

对于不耐热、不防水的物品如电子产品（电脑、手机、电源线等）、低温保存的疫苗和药物等物资，可通过擦拭消毒（图1-7-4）。能够经受熏蒸的部分物资，还可以配合紫外线照射或臭氧熏蒸一同消毒。

图1-7-3 用于蒸汽消毒的双侧开门蒸箱（张宁 供图）

图1-7-4 个人物品用消毒剂擦拭消毒（张宁 供图）

第八节 饲 料

饲料是生猪养殖过程中必不可少的投入品，其原料的供应链已演变成一个全球性网络。由于原料来源、加工、运输和储存过程中可能会受到病原体污染，因此有可能成为养猪场的潜在疫病传播途径。

一、原粮与原料管控

自非洲猪瘟发生以来，农业农村部已明确发文禁止使用餐厨剩余物（泔水）作为饲料喂猪，同时动物源性成分如肉粉、血粉、动物脂肪产品在采集、生产和包装过程中均存在被病原体污染的风险，因此应避免在饲料中添加此类蛋白。此外，还应关注饲料原粮（如玉米）和原料成分受到污染的风险，对购进原粮和原料进行可能污染的病原检测。

二、饲料厂源头管控

饲料厂应建立生物安全体系，制定相应的管控措施，否则生产的饲料会存在被污染而将病原体（如非洲猪瘟病毒）传入猪场的风险。因此，饲料厂应做好源头管控，做到分区管理。严格划分办公区（厨房）、原料区、加工区和成品区（图1-8-1）；对进出车辆进行管理，入厂清洗、消毒、烘干；设置淋浴室，人员洗澡更换工作服后入厂，封闭管理；定期消毒、灭鼠；进厂物资做到检测、消毒、统一入厂，降低风险；做好原料管理，禁止使用猪源性原料和晾晒玉米；运输时使用一次性薄膜包裹，避免与外界接触；加工过程中加装保质器，85℃维持3 min以杀灭病原体；形成成品后，运输人员禁止接触散装饲料；销售过程中，袋装饲料经专车转移至饲料厂外仓库销售。

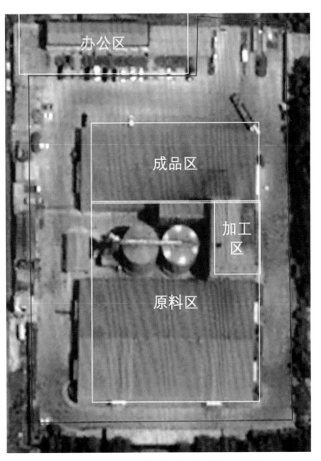

图1-8-1 饲料厂的分区管理（张宁 供图）

三、饲料的运输储存和使用

饲料运输过程中应对车辆进行严格管控，如本章第六节运输工具中所述。饲料进入猪场后，在存储过程中应防鼠、防鸟、防潮、防霉，避免病原体污染以及产生真菌毒素。定期清理料塔并清空消毒保持干净卫生。及时清理猪舍料槽中残留的饲料，避免细菌和真菌滋生影响猪只健康。

第九节 粪污处理

随着生猪养殖的规模化、集约化程度越来越高，粪便和污水排放引起的环境问题也越来越突出。猪的多种重要传染病均可利用猪只粪便及其排泄物作为载体进行传播。最常见的如非洲猪瘟病毒、猪瘟病毒、猪繁殖与呼吸综合征病毒、猪流行性腹泻病毒、猪丹毒丝菌、大肠杆菌、沙门氏菌和布鲁氏菌、钩端螺旋体、炭疽杆菌等，均有经粪污传播的风险。因此，猪场粪污处理不但是重要的环境问题，也是有机肥资源化利用和猪场生物安全控制的重要环节。本节仅对粪污无害化处理过程中与猪场生物安全以及疫病防控相关的内容进行简要概述。

一、粪污的处理方式

猪场粪污处理的方式有多种，建议首先采用固液分离方式对固体粪便与液态粪水分别进行无害化处理。机械清粪机收集的干粪或固液分离的固体成分，宜采用好氧堆肥或机械加工技术进行无害化处理，可将干粪送到异位发酵床发酵腐熟。在猪粪腐熟的过程中，内部温度可达到 50～70℃，能够有效杀灭粪中绝大部分的微生物、寄生虫及其虫卵；液态粪水则可采用厌氧发酵进行无害化处理，规模猪场可通过建设沼气工程或厌氧发酵池密闭贮存处理。大型养殖企业可建设粪污（包括病死猪）处理和有机肥生产厂（图 1-9-1、图 1-9-2 和图 1-9-3）。

图 1-9-1 猪场粪污与病死猪处理厂（杨汉春 供图）

图 1-9-2　猪粪污堆肥处理（杨汉春 供图）

图 1-9-3　粪污和病死猪处理后生产的有机肥（杨汉春 供图）

二、粪污处理过程中的生物安全控制

　　由于粪污具有传播病原体的巨大风险，处理过程如有不当，极易造成疫病的扩散和传播。因此，在粪污处理过程中应采取以下生物安全控制措施：①粪污处理的区域应划定为污区，运输粪污的道路划定为污道；②堆肥区域应远离生产区。每个猪场可根据场内干粪产生量、堆肥时间和外运

图1-9-4 粪污堆放区灭蝇处理（张宁 供图）

频率设置多个堆粪场地，便于干粪的充分发酵产热杀灭病原体，避免不同批次新旧粪便交叉污染；③粪肥外运时，经猪场专用车辆运到场外一定距离后再交接给外场车辆，车辆经过彻底洗消后再返回猪场，不允许外场车辆、人员进场或靠近猪场；④非洲猪瘟等重大疫病暴发之后或清群、重建群之前应对猪舍粪沟内残留粪污进行清理或进行有效消毒，以减少其传播疫病的风险；⑤在粪污处理区域定期喷洒灭蚊蝇药，避免蚊蝇过度滋生（图1-9-4）。

第十节　病死猪处理

猪场病死猪的无害化处理是指采用物理、化学等方法处理病死、病害猪及其相关产品，消灭其所携带或污染的病原体，消除生物安全风险的过程。农业农村部针对农场病死及病害动物印发了《病死及病害动物无害化处理技术规范》，可作为猪场病死猪无害化处理的指导原则。目前，比较常用的处理方法包括深埋法、焚烧法、化制法、高温法等。

一、深埋法

深埋法是将病死及病害动物和相关动物产品投入深埋坑中并覆盖、消毒，是一种常用、简便易行、低成本的处理方法，常用于发生动物疫情或自然灾害等突发事件时病死及病害动物的应急处理，以及边远和交通不便地区零星病死动物的处理。由于处理过程依赖微生物对动物尸体的缓慢降解，耗时长、处理慢，对细菌芽孢杀灭能力不足，因此不能用于患有炭疽等芽孢杆菌类疫病动物的处理。需要指出的是，深埋法如果做不好防渗、防漏，或填埋坑深度不足，雨季时有可能造成土壤、地下水或地表水污染，而留下疫情传播隐患。

深埋坑应选择地势高燥、处于下风向的地点，以防雨水浸泡与洪水冲刷。深埋坑底应高出地下水位1.5 m以上，进行防渗、防漏处理。同时，应远离居民区、交通要道、水源地、饲养场、屠宰场等设施和场所。深埋坑底层和尸体上层覆盖2～5 cm的生石灰或漂白粉等固体消毒剂。深埋覆土不宜太实，以免腐败产气造成气泡冒出和液体渗漏，必要时设立标识警示牌。

二、焚烧法

焚烧法是将病死及病害动物和相关动物产品置焚烧容器内燃烧进行无害化处理。该方法可将病原彻底杀灭，仅有少量灰烬，减量化效果明显。但火床焚烧和简易焚烧炉燃烧的过程中易产生烟气等污染物。

焚烧前，可视情况对病死及病害动物和相关动物产品进行破碎等预处理，投至焚烧炉，经充分氧化、热解，产生的高温烟气进入二次燃烧室继续燃烧，产生的炉渣经出渣机排出。应严格控制焚烧进料频率和重量，以保证完全燃烧。

三、化制法

化制法是在密闭的高压容器或化制机内，通过通入高温饱和蒸汽，在干热、压力或蒸汽的作用下，对病死及病害动物和相关动物产品进行无害化处理。该法具有操作简单、灭菌效果好、处理能力强、周期短，不产生烟气以及成本较低等优点。但处理过程中存在易产生恶臭气体（异味明显）和废水的问题。

化制前可视情况对病死及病害动物和相关动物产品进行破碎预处理后再送入高温高压容器，处理条件为处理物中心温度 ≥ 135℃、压力 ≥ 0.3 MPa（绝对压力）、处理时间 ≥ 30 min（随处理物种类和体积大小而定）。处理后的污水和固体废弃物应达标排放（图 1-10-1）。

图 1-10-1　病死猪高温高压化制场（杨汉春 供图）

四、高温法

高温法是在常压状态的封闭系统内利用高温对病死及病害动物和相关动物产品进行无害化处理。

第十一节　环境卫生与消毒

环境卫生的控制与清洗消毒工作是猪场切断疫病传播的重要手段，属于生物安全的重要环节，对于预防、控制、净化传染性疾病意义重大。环境的清洗消毒可以显著降低猪场内外的病原微生物载量，不但可以有效预防和控制急性传染病的暴发，对于猪群中的条件致病病原或可导致慢性感染的病原也有控制效果，还可显著减少药物用量，提高生长性能。

一、隔离区和生活区的卫生与消毒

隔离区和生活区应做好环境卫生管理，定期清理场区垃圾、杂物、杂草，彻底打扫宿舍、办公区域卫生，以利于减少蚊蝇滋生，防鼠防虫。场区路面可用生石灰水和氢氧化钠喷洒"白化"，宿舍和办公区域可使用低毒、低刺激的消毒剂进行拖地或喷洒消毒（图1-11-1）。宿舍、餐厅和办公区域日常应保持干净，尤其是餐厅的地面、餐桌、餐椅等用餐后要及时进行清洗打扫，做到餐桌、餐椅的干净整齐。垃圾桶应套塑料袋再使用，在使用中应保持外壁、桶盖洁净无污垢，桶盖要随时盖好，桶中的废弃物不得积压时间过长，不遗洒，及时清理。拖把、扫帚、抹布等应及时清洗消毒，保证其无污物、无油迹、无异味，整齐码放到指定位置。垃圾分类处理，对于厨余垃圾应做到日产日清，密封包装后，转运至环保区垃圾池或其他指定的堆放区域。隔离区员工衣物、床单被罩等相关物品在隔离结束后应及时使用消毒剂浸泡消毒，并认真清洗、晾晒或烘干，以减少不同批次隔离人员间交叉污染风险。

二、生产区的卫生与消毒

生产区卫生管理的基本原则与生活区相似，应定期清理场区垃圾、杂物、杂草，开放区域道路路面定期消毒，也可用生石灰水和2%氢氧化钠喷洒"白化"。生产过程中，每个栋舍入口处应设置消毒池、消毒脚垫、消毒洗手盆等消毒设施，人员进入猪舍前应认真执行手部和鞋靴的消毒。猪舍内应精简物资，不带入和堆放无关物品，垃圾及时装袋且密封集中处理，栏舍过道上漏出的粪污、料槽周边撒落溢出的饲料以及工具上残留的饲料和粪污等均要及时清理。免疫接种或治疗后剩下的疫苗瓶、药物容器等可打开瓶盖，可使用2%氢氧化钠溶液进行浸泡后，单独用垃圾袋包装，

A. 硬化地面消毒；B. 床单被罩浸泡消毒；C. 灭蝇灯；D. 喷洒灭蚊蝇药物；E. 安装纱窗防蚊蝇。

图 1-11-1　隔离区和生活区环境卫生控制与消毒（赵宝凯 供图）

然后运至生产区垃圾池处理。病死猪、产房胎衣等应及时进行包裹或放入封闭容器中按规划路线沿污道运出，避免运送过程中对周边环境的污染。

　　规模化猪场应实行全进全出的生产方式，以便于对栋舍进行彻底地清洗消毒。猪群转走后，应首先对栋舍进行全面清洁，猪舍和猪栏内常有干燥固化的有机污物结块，以及由菌体成分、粪污和灰尘形成生物被膜，常常会存在于地面、墙壁、猪栏和设备上，若不清除会明显阻碍后续消毒过程中消毒剂与病原微生物的接触，影响消毒效果。只有通过水和清洁剂的浸泡，再用一定压力的水进行冲洗，才能有效清除这些残存于漏缝地板、水泥地面、料槽生物膜中的病原微生物，对一些难以冲洗的隐蔽角落以及一些顽固污渍，需要使用钢丝刷等工具手工清理。同时应该注意水线、饮水器、水槽和料槽等的定期清洗消毒（图 1-11-2）。

图 1-11-2　猪场栋舍内清洗消毒（张宁 供图）

三、环境卫生与消毒的注意事项

一是猪场针对环境卫生控制与清洗消毒应有明确的制度和岗位操作规程，对场区内外定期消毒的情况应进行记录和检查，如制定消毒剂配液和使用规程，有消毒液配制、使用和更换的记录。

二是消毒剂配置时应充分溶解、混合均匀；消毒完毕，消毒设备必须彻底清洗干净、消毒备用，定期检查，及时维护。

三是清洗干净程度与消毒效果密切相关；清洗后应先充分干燥，再进行消毒，避免残留水分对消毒剂的稀释作用，影响消毒效果。交替使用酸性和碱性消毒剂时，应有足够的消毒作用时间，一种消毒剂使用后经冲洗、干燥后再使用另一类型的消毒剂，避免相互中和而影响消毒效果。

四是一般情况下，消毒剂的效果与环境温度的高低密切相关，温度降低时消毒效果也随之降低，在北方猪场冬季消毒应选择能够耐受低温不结冰的消毒剂进行消毒，同时增加消毒频次和作用时间，以保证消毒效果。

五是消毒时工作人员需做好个人安全防护，消毒后剩下的消毒剂残液应集中处理，避免对猪场工作人员健康造成影响。

第二章

猪病预防与控制技术概要

我国生猪产业发展成就巨大，成为畜牧业的重要支柱，也是我国国民经济的重要组成部分。随着生猪养殖规模化程度的不断提升，区域饲养密度增大，猪只及猪肉制品调运频度和运输范围增加，加之行业发展不均衡，疫病防控水平参差不齐，导致猪病流行日趋复杂化。当前，猪的疫病已成为严重制约产业健康稳定发展的重要因素，尤其是非洲猪瘟的传入与流行，造成了生猪养殖业的巨大经济损失。因此，提升猪病预防与控制水平是目前和未来我国兽医领域面临的重要任务，任重而道远。

我国生猪养殖面临病种繁多、流行情况复杂的局面，新发与再现疫病常有发生，细菌病成为猪场常发、多发病，免疫抑制性疾病普遍存在且危害巨大，多重感染与继发感染十分常见，一些疫病的非典型性和持续性感染病例增多。在此复杂背景下，猪病防控的思路已由原来单纯依靠疫苗免疫和发病治疗的方式，逐渐转变为遵循传染病流行规律的综合防控技术。以消灭传染源、切断传播途径、保护易感动物为防控方针，以猪场生物安全体系的建立和实施为核心，实施科学免疫与监测，以疫病的净化、根除为疫病控制的最终目标。

第一节　猪病流行现状与特点

随着非洲猪瘟流行的常态化和防控工作的日常化，猪场生物安全水平显著提升，部分疫病流行强度有所降低，但近年来新涌现的养殖生产方式（如楼房集群养猪）的出现，一些疫病如猪繁殖与呼吸综合征、猪流行性腹泻等的流行更趋复杂化。

一、猪病种类繁多，流行情况与发生态势复杂

我国猪场存在各类病毒性疾病、细菌性疾病、寄生虫病等，流行强度与发生频率以及危害程度有所不同，其实际发生情况较为复杂。从我国目前各种猪病控制程度、实际发生和对养猪生产的影响来看，危害严重的病毒性疾病包括非洲猪瘟、猪繁殖与呼吸综合征、猪流行性腹泻和猪伪狂犬病，其次是猪圆环病毒病、猪瘟、猪口蹄疫、猪传染性胃肠炎、猪轮状病毒感染、猪丁型冠状病毒感染、猪流感、猪细小病毒感染、猪日本脑炎和塞内卡病毒 A 型感染。此外，猪场还存在猪圆环病毒3型、戊型肝炎病毒、非典型猪瘟病毒、脑心肌炎病毒、猪捷申病毒、盖塔病毒、猪星状病毒、猪嵴病毒等感染。常发生且危害较重的细菌病包括猪支原体肺炎、猪传染性胸膜肺炎、猪格拉瑟病、猪链球菌病和大肠杆菌病，其次是猪副伤寒、猪波氏菌病、猪巴氏杆菌病、仔猪梭菌性肠炎、猪附红细胞体病、猪丹毒、猪渗出性皮炎、猪增生性肠病等。此外，猪场还存在衣原体、生殖

道放线菌、产单核细胞李氏杆菌等感染。一些寄生虫病、营养代谢性疾病和真菌毒素中毒病等也较为常见。

二、病毒性疾病仍然是对养猪生产危害最严重的疫病，造成的经济损失不可估量

在危害严重的病毒病中，疫苗免疫对猪瘟、猪口蹄疫的控制成效明显，实际生产中呈散发或地方性流行态势。非洲猪瘟的传入和广泛流行重创我国生猪产业，造成的经济损失巨大，其流行已呈常态化，而且田间毒株的多样化将导致临床疫情的复杂性，加之非洲猪瘟病毒的污染面大、传染源与污染源多样，大大削弱猪场生物安全的防控成效。猪繁殖与呼吸综合征、猪流行性腹泻等病毒性疾病呈现常发或不同程度的流行态势，每年造成不可估量的经济损失。

三、新发与再现疫病不断出现，猪病防控难度加大

非洲猪瘟是一种新发烈性传染病，对我国养猪业的影响极其深远。由于一时难有安全有效的疫苗问世，生物安全体系是目前猪场防控非洲猪瘟唯一可行且有效的措施。猪繁殖与呼吸综合征病毒的不断变异和新毒株的持续出现，时常引发疫情重现和再度流行，严重影响养猪生产和猪场的经济效益。近些年出现的猪流行性腹泻病毒变异毒株的流行并未消停，疫苗免疫的防控成效难以令人满意。猪圆环病毒 3 型的出现和感染的普遍性，无疑增加了之前以猪圆环病毒 2 型感染为主的猪圆环病毒病的临床复杂性。

四、细菌性疾病成为猪场常发、继发和多发疫病，药物防治难以立竿见影

除了一些原发性细菌病（如猪支原体肺炎、猪传染性胸膜肺炎、猪大肠杆菌病）以外，猪场的大多数细菌病均以继发感染形式出现。由于病毒性疾病（或感染）的普遍存在和控制程度差，病原菌的继发性感染在猪场时常发生，尤其在猪场环境卫生条件差、气候剧变、猪群应激等情况下，往往会增加细菌病的发病率和发病的严重程度，药物防治难以取得预期的控制效果。在当下禁抗和减抗的背景下，细菌性疾病的控制已成为猪场又一新挑战。

五、免疫抑制性病原感染普遍，严重影响猪群的健康和免疫功能

以繁殖与呼吸综合征病毒和猪圆环病毒 2 型等为代表的具有免疫抑制特性的病原在我国猪群中感染较为普遍，且均可造成持续性感染，感染猪群的免疫功能受到影响，不但可降低机体的抵抗力，同时还会增加其他病原共感染或 / 和继发感染的概率，也会影响其他疾病疫苗的免疫效果。

六、多病原共感染现象较为普遍，加剧猪病临床复杂性和诊断的难度

不同的病原体在同一宿主体内发生同时感染或相继感染，产生协同致病效应，已成为疫病流行的主要形式。临床上，猪繁殖与呼吸综合征病毒、猪圆环病毒2型、猪流感病毒以及猪肺炎支原体等均可发生多重共感染，可导致严重的呼吸道疾病；猪流行性腹泻病毒、猪传染性胃肠炎病毒、猪丁型冠状病毒、猪轮状病毒可共感染而引起严重的腹泻。猪链球菌、猪格拉瑟菌、胸膜肺炎放线杆菌、猪支原体之间的多重感染以及病毒与细菌的多重感染在猪场极为常见。共感染和继发感染通常会导致临床疾病的复杂化，往往容易误导临床和实验室诊断，进一步影响猪场疫病防控策略的科学制定和实施。

七、猪病发生和流行不规律，亚临床感染和非典型性病例增多

由于多病原和多病种的复杂性，一些猪病的发生和流行并不规律，如季节性不明显、临床症状不典型、亚临床感染等。猪繁殖与呼吸综合征病毒存在易变异和毒株多样的特点，不同毒株间往往致病性有所不同，感染猪群的临床表现也会有差别。我国普遍使用疫苗进行多种疫病的免疫接种，免疫猪群受到感染和发病时，呈现出临床症状不典型（如猪瘟）和非典型性病例增多。非洲猪瘟病毒的一些毒株呈现隐性感染，感染猪临床发病晚，且难以及早检测和发现，给非洲猪瘟的诊断与流行病学监测提出了新的挑战。

第二节　猪场饲养与生产管理

猪场饲养管理水平与猪群健康息息相关，是猪病预防与控制的基础。良好的饲养管理不但能够切断或降低猪群间病原体的传播，还能够增强猪群健康程度，提高猪只对疾病的抵抗力。在规模化养猪生产中，科学饲养与生产管理技术是猪群健康的保障，对于有效控制猪病极其重要。

一、单点式与多点式生产

当前绝大多数规模化猪场均采用阶段饲养的生产模式，即将日龄或生理状态及饲养目标相似的猪只放到同一单元（栋、舍）饲养，提供相同的环境条件、设备设施及特定阶段的饲料。通常将猪分为母猪群、保育群以及生长育肥群，以及公猪群。早期传统猪场将所有群体均布局到同一地点，采用单点布局模式（俗称"一条龙"）。自PIC率先推出三点式分区饲养的猪场设计模式以来，多点式生产一直被认为是更有利于切断母猪与保育猪及生长育肥猪之间病原体传播的理想化布局方

式。在实际设计规划中，受限于猪场所在地形、土地面积、周边环境等因素，或为了减少猪只在不同场区间的转运风险，而将保育和生长育肥猪饲养区域合并，形成两点式布局。总体而言，多点式分区饲养模式能够有效地将携带病原体的母猪与易感的仔猪分隔开，以减少和杜绝疫病的传播风险。

二、全进全出与批次化生产

全进全出（All in/All out）是相对于传统养殖模式下猪只连续进出方式而言的一种新的模式，已成为规模化猪场的一项基本管理制度。其核心是要求同一栋或同一间猪舍的所有猪只在同一天转进或移出。便于在下一批猪只转入之前，将猪舍彻底清洗消毒和空置，避免不同批次间猪的交叉感染。批次化生产是相对于连续生产而言，按照1周、2周、3周或者4周为间隔来组织成批次的生产，以实现栋舍及设施设备使用效率、人员劳动力生产效率和产品销售稳定性的平衡。在批次化生产中，同周龄出生的猪采取全进全出，便于猪场能够有计划、有节奏地安排生产，并能在间隔期对猪舍进行彻底地清洗消毒。在非洲猪瘟等重大疫病的防控过程中，为减少猪只移动转运过程中病原体的传播风险，降低运猪车进入频率，可以延长猪场批次的间隔时间。批次化生产虽有诸多优势，但对猪只发情的管理、查情、配种成功率的要求会更加严苛。

三、后备母猪的饲养管理

后备母猪的质量直接影响猪场后续的生产成绩与经济效益，关系到猪场的存栏成本。种猪在后备饲养阶段应实现体质的储备，保证母猪的正常发情排卵，并在配种前做好应有的疫苗免疫接种，降低对相关病原体的易感性。后备母猪饲养采用专门的日粮配方控制饲料中的能量水平，增加精氨酸、亮氨酸、谷氨酰胺、粗纤维及微量矿物质（铜、锌、锰等），并通过增加运动量、控制日增重和背膘厚度，促进生殖系统发育。配种前改用高能量高蛋白日粮进行短期优饲，并配以青绿或发酵饲料促进消化吸收，通过小群饲养、加强运动、增加光照强度和时间以及公猪刺激等，以促进其发情排卵。后备母猪在入群前应依据科学的免疫程序做好疫苗免疫和驯化，若使用活疫苗存在安全性和毒力返强风险，后备母猪在免疫之后应留有足够的"冷静期"。引入的后备母猪入群前应进行隔离饲养和相关疫病的病原监测，保证不带毒和不排毒。

四、配种管理

配种效率的高低与母猪健康状况、精液质量、情期管理以及配种操作等多种因素相关，决定母猪的利用效率以及猪场的饲养成本。配种过程中猪只的交叉接触存在疫病传播的可能，是猪场疫病防控中的重要风险点之一。为了提高优质公猪的使用效率，减少猪只接触，绝大多数规模化猪场均采用人工授精进行配种。由于非洲猪瘟病毒、猪繁殖与呼吸综合征病毒、猪伪狂犬病病毒等病原均可通过污染的精液传播，因此精液在使用前，除了品质检测外，还应对潜在污染的重要病原进行检测，以管控其传播风险。此外，鉴于非洲猪瘟等重大疫病的传播风险，在查情和配种的过程中应做好配种人员、查情公猪、人工授精器械等的生物安全管控。

配种结束后 4 h 内不要随意移动母猪，提供尽可能安静的环境，以减少应激。在配种后的 28 d 内，特别是前 14 d 对胚胎受精卵着床至关重要，尽量避免疫苗注射、混群、猪群转移、更换日粮等。经过一个发情周期（21 d）后，进行人工压背反射或用查情公猪进行妊娠检查，没有发情表现的母猪或经超声波在 28～35 d 检查后确认已经怀孕的母猪，可转移到妊娠舍。出现返情的母猪应再次进行配种或直接淘汰。如果返情比例较高，应根据猪群的其他临床表现进行繁殖障碍相关疾病的诊断与检测。

五、妊娠母猪的饲养管理

妊娠母猪的管理主要包括：①提供科学合理的饲料日粮，控制饲喂及饮水量，使妊娠猪保持合适的体况；②根据猪场制定的免疫程序对母猪进行疫苗接种，以保证母猪健康和分娩后为仔猪提供高水平的母源抗体；③妊娠期间应重点关注繁殖障碍相关疾病的影响，对流产、早产、产木乃伊胎以及发热、减料等异常猪只及时进行诊断与检测。

六、分娩以及哺乳母猪的饲养管理

分娩舍（产房）应严格执行全进全出，断奶猪只转走后应对产房进行清空和严格清洁消毒，并有足够的时间空舍干燥。同时应及时维修损坏的设备设施，确保在妊娠母猪转入前均能正常运转。通常在预产期一周前，将妊娠母猪清洗后转入分娩舍，并减少人员打扰；尽量减少不必要的诱导分娩（催产），因诱导分娩会造成仔猪初生重和断奶重低以及断奶前死亡率高。新生仔猪一出生时就尽快将其擦干，或使用干燥粉让其保持干燥，以减少新生仔猪受凉活力降低。同时可配合其他管理措施保证仔猪干燥，有助于降低断奶前死亡率。新生仔猪应尽早吃足初乳，通过被动免疫增强仔猪的抗病能力。初生重较轻的仔猪很难和同窝的其他仔猪竞争，往往导致断奶后生长速率显著低于正常猪群。通常可将新生弱仔寄养于 2～3 胎母猪，但如果猪场发生疫病时应停止寄养，避免造成疫病在产房内的快速传播。初生重较轻的仔猪应与其同日龄的仔猪一同断奶，并且断奶日龄不要超过猪场平均断奶日龄 7 d 以上。

七、保育猪的饲养管理

仔猪断奶后从产房转入保育舍面临着采食方式和环境改变的双重应激，容易造成生长迟缓、抵抗力下降、发病率升高。保育阶段应严格实行全进全出制度，在断奶仔猪转入前应做好栏舍的清理维修和清洗消毒，并有足够的空栏干燥时间。保育舍环境温度应维持在 24～29℃，宜采用网床饲养，并及时清除粪便，栏内通风良好且保持干燥。为保育猪群提供优质日粮，并根据日龄的变化过渡不同阶段的日粮。若出现发热、减料、腹泻、呼吸道疾病、精神沉郁或有神经症状的异常猪，应及时进行诊断检测；对于有健康问题（排除重大疫病）的仔猪，应移入隔离护理栏进行治疗和湿拌料饲喂。

八、生长育肥猪的饲养管理

生长育肥猪由于日龄增加，且大部分疫苗免疫接种均已结束，相对于其他生长阶段的猪只，通常具有更强的抵抗力。饲养目标主要是维持猪群健康，保证良好的生长速度，尽快达到出栏体重，并确保出栏猪无药物残留等食品安全隐患。生长育肥猪的生产模式也应遵循全进全出，在猪群转入前应完成栋舍单元的清理维修和清洗消毒，并有足够的空栏时间。大栏饲养过程中按体重相近的原则进行合理组群，并合理控制饲养密度。对于发病猪只的治疗，应严格控制用药情况，并做好记录，确保休药期结束后才能出栏上市。

九、公猪的饲养管理

公猪的生产性能除受自身品种、年龄以及健康程度影响外，饲养环境的舒适程度和日粮的营养配比对于公猪的生产性能也很重要。公猪具有经精液向母猪群传播疫病的风险，其健康和卫生状况对猪群的繁殖性能有重要的影响。因此，饲养公猪的圈舍布局、硬件设施等都需要精心设计。公猪舍往往被视为猪场生物安全级别最高的区域。饲养过程中还需确保公猪免疫程序的实施和定期的疫病监测与免疫效果评估，尤其是对查情公猪的定期监测往往可作为猪场疫病流行状况的风向标。当疫病发生和流行时，要对公猪的使用和用药采取特殊措施，并征求兽医的意见，以控制经精液传播的疫病。同时，应做好精液的日常监测（如精子活力、数量）与评估以及相关重要病原体的检测。

第三节　猪病诊断

及时而准确的诊断是猪病防控工作的关键和首要环节，事关能否正确制定有效的控制措施。疫病诊断包括临床诊断和实验室诊断。临床诊断主要涉及流行病学调查、临床观察和病理学剖检；实验室诊断包括病原学诊断、血清学诊断和组织病理学诊断等。

一、临床诊断

1. 流行病学调查

针对患病猪群，根据发病日龄、发病特点、发病时间和顺序、规模与区域范围特征等流行病学规律进行调查，并结合临床进行诊断。在调查分析过程中，应关注开始发病的时间、地点、猪只日龄和阶段、发病比例、传播速度、持续时间以及猪群免疫状况、近期生产变动、疾病处置情况等，用以综合分析潜在的发病原因和怀疑的疾病种类。准确的流行病学调查分析可以缩小疫病检测范围，减少临床诊断的盲目性。

2. 临床观察

直接利用人的感官或借助一些简单器械（如体温计）对患病猪进行检查，包括猪的体温、采食量、精神状态、皮肤和被毛变化、呼吸系统、消化系统、生殖系统、神经系统和运动系统的异常情况。一些具有典型临床症状的疾病可通过临床观察而明确诊断方向，但由于不同的疾病可能会有部分相似或雷同的临床症状，以及猪群中存在继发感染、共感染、非典型性感染或免疫群体感染等情况，猪只临床表现可能会存在差异，还需要鉴别诊断以及其他诊断方法的进一步验证。

3. 病理学剖检

通过手术器械解剖病死猪，通过肉眼检查猪只脏器的大体病变，进而分析病因。有的疾病具有特征性的病理变化，可作为诊断的重要依据。如上所述，随着临床疫病流行情况的复杂化，可能会观察到很多非典型的剖检病理变化，仍需其他手段来辅助确诊。

二、实验室诊断

利用实验室的仪器设备对临床所采取的样本进行检测分析是确诊疾病以及发现和监控疫病传入、发生、传播和转归的重要手段。实验室诊断包括病原学诊断、血清学诊断和组织病理学诊断。

1. 病原学诊断

利用实验室检测技术判断患病猪群（只）样本中是否含有某种特定病原体。病原学诊断包括病原体的分离培养以及形态学、培养特性、致病性、免疫学及分子生物学特性的鉴定，以及利用分子生物学技术对样本直接进行检测。分子生物学技术主要用于检测某一病原体特异性的核酸片段，如PCR（聚合酶链反应）、RT-PCR（反转录聚合酶链反应）、qPCR（定量聚合酶链反应）、RT-qPCR（反转录定量聚合酶链反应）、套式PCR和多重PCR等，可以结合DNA测序技术对扩增产物进行序列测定。其中，qPCR/ RT-qPCR已成为猪场最常用的病原学检测技术，与病原分离等传统诊断方法相比，具有简便、高效和快速的优点，但不能区分病原体是否仍然具有感染性。病原学检测手段仅仅能证实送检样品中是否含有某种特定的病原体，其结果应结合临床诊断、病理学观察等，进行综合分析，以确诊引起疫情的病因。

2. 血清学诊断

基于抗原抗体的特异性反应，利用免疫血清学技术对猪血清样本进行特异性抗体的检测或对临床样本进行抗原检测。目前，用于猪病诊断的抗体检测技术主要以免疫标记技术为主，如酶联免疫吸附试验（ELISA）、间接免疫荧光试验（IFA）、免疫胶体金试纸条等；其中，许多商品化的ELISA试剂盒已得到广泛应用；此外，血清凝集试验、血凝抑制试验（HI）以及病毒中和试验（VN）等也可用于抗体检测。多种免疫血清学技术均可用于样本（如血清、粪便、口腔液等）中病原（抗原）的检测，如免疫荧光抗体技术、免疫酶标记技术、免疫胶体金试纸条、免疫电镜等。同时，检测抗体的免疫血清学技术已成为猪场疫苗免疫效果监测与评价的重要手段。

3. 组织病理学诊断

通过观察患病猪的组织病理学病变（显微组织病理变化），进行猪病分析和诊断。有些疾病引起的大体病变不明显，或不同疾病具有相似或相同的剖检变化，仅靠肉眼很难做出判断，还需通过组织病理学观察其微观病变特征，才能获取必要的诊断信息。组织病理变化可与检测病原的免疫组化和原位杂交等技术相结合，对病原体进行示踪和综合诊断。

第四节　疫苗免疫

疫苗免疫是预防和控制动物疫病的有效手段，也是目前我国养猪生产防控重要病毒性疾病和细菌性疾病的主要手段。然而，从事养猪生产和猪病防控的技术管理人员应清醒地认识到：疫苗免疫是猪场疫病防控的最后一道防线，构建和完善生物安全体系是猪场疫病防控的根本，也是保证所用疫苗充分发挥免疫效力的基础。

一、猪用疫苗的种类

目前我国猪用疫苗仍然以传统的弱（减）毒活疫苗和灭活疫苗为主，少数疫病的基因缺失疫苗、基因工程亚单位疫苗、合成肽疫苗实现了商业化生产和应用。然而，猪用疫苗呈现一种疫病有不同毒株的疫苗、同一种疫苗有不同动保企业生产的制品这一现状，无疑会给养殖企业造成选择的难题，也不排除不同毒株的疫苗和不同企业生产的疫苗在质量和实际免疫效力上的差异。此外，一些疫苗的实际临床免疫效果难以令人满意，还有一些疫苗存在安全性问题。因此，猪场依据疫病流行和发生状况，合理选择疫苗和科学使用疫苗十分重要。

1. 弱毒活疫苗

弱毒活疫苗是一类应用广泛的疫苗，如猪瘟兔化弱毒疫苗、猪流行性腹泻弱毒活疫苗、猪繁殖与呼吸综合征减毒活疫苗、日本脑炎活疫苗、猪支原体肺炎活疫苗、猪伪狂犬病活疫苗等。弱毒活疫苗可刺激机体产生细胞免疫与体液免疫应答。一些减毒活疫苗毒株存在毒力返强或与野生型病毒发生重组产生新毒株的风险应予以关注和高度重视。

2. 灭活疫苗

灭活疫苗应用十分普遍，如口蹄疫灭活疫苗、猪圆环病毒病灭活疫苗、猪流行性腹泻灭活疫苗、猪伪狂犬病灭活疫苗、猪细小病毒病灭活疫苗、猪支原体肺炎灭活疫苗、猪传染性胸膜肺炎灭活疫苗、猪格拉瑟病灭活疫苗、猪大肠杆菌病灭活疫苗等。灭活疫苗的安全性好，主要诱导抗体产生，发挥体液免疫效应。

3. 基因缺失疫苗

猪伪狂犬病基因缺失疫苗已广泛使用，并在猪场伪狂犬病的净化中发挥了重要作用，配合抗体检测技术可以区分疫苗免疫猪和野毒感染猪的鉴别诊断。

4. 基因工程亚单位疫苗

近年来，一些猪病的基因工程亚单位疫苗已商业化应用，如猪圆环病毒 Cap 蛋白基因工程亚单位疫苗、猪瘟病毒 E2 蛋白基因工程亚单位疫苗等。

5. 合成肽疫苗

口蹄疫的合成肽疫苗已商业化应用。

二、免疫程序

疫苗免疫需遵循一定的基本原则，但疫苗种类的选择、免疫时间和免疫频次的确定并非一成不变，应因地制宜、一场一策。依据猪场疫病状况以及周边疫病流行情况，选择安全有效的疫苗进行免疫，并制订科学合理的免疫程序。同时，应根据猪群健康与免疫状况、流行毒株的变化，及时调整和优化免疫程序。制订免疫程序应考虑以下因素：①猪场疫病的种类与流行情况及严重程度、流行毒（菌）株类型以及不同疫病暴发的风险和所导致的经济损失大小；②仔猪母源抗体水平与消长情况，以确定合适的首免时间；③疫苗的免疫保护持续期；④不同日龄猪只的免疫应答能力；⑤疫苗的种类和特性、安全性、副反应，以及是否会引起免疫抑制、疫苗毒的病毒血症和排毒时间；⑥免疫接种途径和方法对免疫效果的影响；⑦不同疫苗接种次序、间隔时间对免疫效果的影响，以及是否可以联合免疫；⑧对猪群健康及生产的影响。

第五节　药物防治与猪病净化

猪病预防和控制应贯彻"预防为主，预防与控制、净化、消灭相结合的方针"。规模化猪场疫病防控的重点应着眼于生物安全管理、动物健康管理和疫苗免疫接种，不要拘泥于个别患病猪的治疗。猪场一旦暴发疫情，应及时采取有效措施控制疫情扩散和蔓延，坚决淘汰和处置发病猪。但对于细菌性疾病而言，对患病猪必要的治疗仍是疫病防控中一项重要的措施，可降低发病率和病死率，减少因疫病造成的经济损失。此外，针对一些具有明显感染和发病阶段的细菌性疾病，采取提前使用有效抗菌药物预防的策略也是十分必要的。

猪场应科学合理使用抗生素、抗菌类化学药物和抗寄生虫药物，杜绝盲目使用、大量使用和滥用以及非法添加禁用药物现象。依据病原菌的药敏特性和药敏试验结果，选择合适的抗菌药物，注意用药的剂量、频次、疗程以及配伍等。关注不同药物的休药期，避免药物残留、细菌耐药性增加等食品安全和公共卫生隐患。此外，可采取一些对症治疗的策略，辅以提高机体抵抗力、抗应激、补充能量、调节酸碱平衡等作用的药物。

动物疫病净化是实现动物疫病从有效控制到根除/消灭的必由之路，消灭动物疫病是终极目标。新修订的《中华人民共和国动物防疫法》第五条明确规定"动物防疫实行预防为主，预防与控制、净化、消灭相结合的方针"，一些重要猪病的净化与根除将会成为未来养猪生产和兽医工作的重要任务。

疫病净化与根除是一项系统工程，在构建全行业生物安全体系的基础上，进行顶层设计和科学制定实施方案，以养殖企业为主体，从种畜禽场疫病净化过渡到区域净化，最终走向全国根除。非洲猪瘟严重影响我国生猪产业的健康稳定发展，必须实现根除。国内外已有的实践经验表明，猪伪狂犬病、猪瘟和猪繁殖与呼吸综合征等也是可以实现根除的疫病。近些年来，在国家生猪产业技术体系和中国动物疫病预防控制中心的推动下，种猪养殖企业在猪伪狂犬病、猪瘟和猪繁殖与呼吸综合征的净化工作中积累了可供借鉴的实践经验，而且有许多成功的实例，众多种猪场通过净化创建场和示范场的评估和认证。农业农村部颁布了《非洲猪瘟等重大动物疫病分区防控工作方案（试行）》，非洲猪瘟无疫小区建设和认证也在积极有序推进，规模化猪场的生物安全体系建设已初显成效，为非洲猪瘟等猪病的净化与根除创造了有利条件和奠定了必要基础。

规模化猪场应坚持预防为主，不断完善猪场生物安全体系，严格落实免疫预防、疫病监测、疫情应急处置、无害化处理等综合防控措施，主动开展和积极推进猪病净化工作。

第三章

猪病毒性疾病

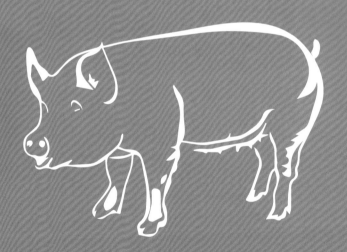

第一节 非洲猪瘟

非洲猪瘟（ASF）是由非洲猪瘟病毒感染引起的一种急性、烈性、高度接触性传染的疫病，严重威胁全球生猪产业。所有品种和年龄的猪均可感染，发病率和病死率最高可达100%。世界动物卫生组织（OIE）将该病列为必须报告的动物疫病，我国将其列为一类动物疫病。1921年肯尼亚首次发现该病，随后陆续在欧洲和拉丁美洲多个国家和地区暴发。2007年，非洲猪瘟传入高加索地区，并蔓延至俄罗斯、乌克兰、白俄罗斯、波兰等东欧国家，2017年和2018年传入中欧和西欧。2018年8月初，我国辽宁沈阳首次发现非洲猪瘟疫情并确诊，其后扩散至全国，给我国生猪产业造成了巨大经济损失。

一、病原概述

非洲猪瘟病毒（ASFV）是非洲猪瘟病毒科、非洲猪瘟病毒属的唯一的成员。ASFV为一种大的、结构复杂的DNA病毒，病毒粒子呈正二十面体结构，具有内外两层囊膜。基因组为线性双链DNA，大小为170～193 kb，含有150～167个开放阅读框，编码150～200种蛋白质；基因组的中部为保守区域，两端为可变区，含有5个多基因家族（MGFs）。同时，病毒还可以编码一种与细胞蛋白CD2同源的类似物CD2v，因此ASFV具有血凝特性。以上两个区域可能分别与ASFV的抗原变异、血凝活性以及致病性相关。ASFV毒株种类繁多，基于p72蛋白编码基因B646L部分片段的遗传演化分析，可将目前的毒株分为24个基因型。我国当前流行的主要为基因Ⅱ型毒株，但已有基因Ⅰ型毒株的报道。

非洲猪瘟病毒对外界环境的抵抗力强，在血液、组织、粪便等有机质中能存活较长时间，病毒在4℃保存的血液或冻肉中的存活时间分别可达18个月和100 d以上。ASFV对乙醚、氯仿、过硫酸氢钾、次氯酸盐、碱类、戊二醛等消毒剂以及高温敏感，在60℃处理20 min条件下可被灭活。经60℃加热30 min可灭活猪血液中的ASFV，未经加工猪肉中的ASFV在70℃加热30 min条件下可被灭活。

二、流行病学特点

非洲猪瘟目前主要流行于非洲、东欧以及亚洲，在非洲撒哈拉以南地区仍呈地方性流行。野猪和家猪为 ASFV 的自然宿主，不同品种、性别、日龄的猪均可感染。欧洲野猪对 ASFV 易感，死亡率和临床特征与家猪相似；而非洲野猪可作为 ASFV 的自然储藏宿主，感染后仅表现出亚临床症状。

传染源主要包括感染和携带 ASFV 的软蜱（钝缘蜱）、发病猪和带毒猪（包括家猪和野猪）。受到污染的泔水、饲料、猪肉制品、垫料、设施设备及工具、各种相关车辆、人员及其装备（如衣服、靴）、器具（如注射器、手术器械）等均可传播 ASFV。软蜱可作为 ASFV 的储藏宿主和传播媒介，可通过叮咬猪只传播该病，也可以经卵垂直传播给子代蜱。

非洲猪瘟的传播途径广泛，可通过直接接触、采食、叮咬、注射、近距离的气溶胶等途径传播。消化道和呼吸道是 ASFV 的主要感染途径。非洲猪瘟的流行可在生猪生产养殖体系中传播，也可通过野猪及生物媒介（钝缘蜱）扩散传播。传播的循环方式包括：①野外森林循环传播；②蜱—家猪之间循环传播；③家猪之间传播；④野猪与家猪之间的传播。发病猪和带毒猪的各种组织器官、体液、分泌物、排泄物中含有高滴度的病毒，因此 ASFV 可经病猪的唾液、泪液、鼻腔分泌物、尿液、粪便、生殖道分泌物以及破溃的皮肤、病猪血液等进行传播。ASFV 还可通过各种污染物在家猪之间传播。此外，引入 ASFV 隐性感染的种猪也可造成传播。通过带毒或污染的精液也是一种传播途径。非洲猪瘟的长距离传播与感染动物（家猪、野猪）的移动、贸易以及污染猪肉制品的流通有关。

非洲猪瘟具有高度接触性，在猪群中的传播速度慢。感染猪的潜伏期长，自然感染为 4 ～ 19 d，甚至可达 21 d；实验感染为 2 ～ 5 d。感染猪的平均死亡时间为 2 ～ 10 d，发病率和死亡率最高可达 100%，但因毒株类型、猪群健康状况等因素的不同而存在差异。ASFV 感染的耐过猪可长时间带毒和间歇性排毒，是重要的传染源。

三、临床症状

根据临床表现的不同，通常 ASF 可分为最急性型、急性型、亚急性型和慢性型。ASFV 的强毒力和中等毒力毒株引起的症状是以发热和网状内皮组织出血为特征，而低毒力毒株可引起慢性型。高毒力和中等毒力毒株均可引起妊娠母猪发生流产。

1. 最急性型

发病猪食欲减退或废绝、高热（>41℃）、精神沉郁和皮肤充血变红（图 3-1-1）。发病后 1 ～ 4 d 内死亡，病死率达 100%。

2. 急性型

发病猪食欲不振、持续发热（40 ～ 42℃）、呼吸困难、皮肤有出血斑点（图 3-1-2），可出现口鼻流血、便血、呕吐、便秘或腹泻（图 3-1-3），妊娠母猪流产，发病后 7 d 左右死亡，病亡率达 90% ～ 100%。

3. 亚急性型

症状与急性型相似，但严重程度和病死率稍低，病程更长。主要表现为中度发热、食欲下降，感染猪在感染后 7 ～ 20 d 死亡，病亡率 30% ～ 70%。发病猪可能在感染后 3 ～ 4 周恢复，但成为带毒者。

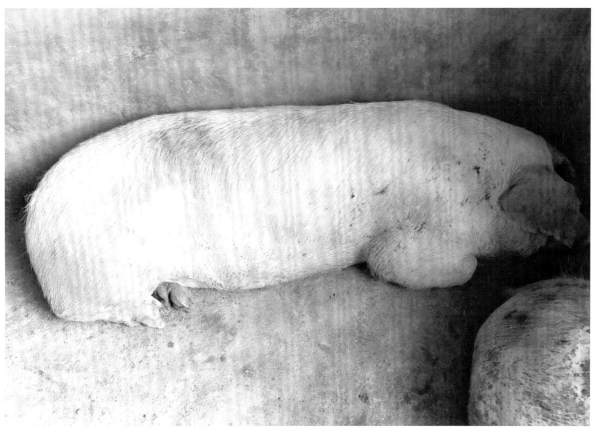

图 3-1-1　发病猪高热、精神沉郁、皮肤发红、耳发绀（杨汉春　供图）

图 3-1-2　发病猪皮肤可见出血斑点（刘芳　供图）

图 3-1-3　发病猪口鼻流血（杨汉春　供图）

4. 慢性型

　　常见于感染耐过猪或低毒力毒株感染，临床表现不明显，表现为生长发育不良、消瘦，部分猪只出现皮肤发生坏死、溃烂，关节炎（关节肿大）和呼吸系统疾病等（图 3-1-4）。感染猪在应激因素作用下可出现突然不食、流产甚至死亡。感染猪可出现血清学转阳，但由于病毒的持续性感染，恢复猪成为病毒携带者。

图 3-1-4　病猪生长发育不良、消瘦、关节肿大、皮肤坏死和溃烂（周磊 供图）

四、病理变化

1. 最急性型

发病猪急性死亡，内脏组织器官的肉眼病变不明显。

2. 急性型

病死猪皮肤出血、发红（图3-1-5），主要病理变化表现为组织器官出血，淋巴器官尤为明显。脾脏充血和出血性肿大、梗死，呈黑紫色，大小为正常的 3～6 倍，边缘钝圆，质地易碎（图 3-1-6 和图 3-1-7）；胃、肝和肾等部位的淋巴结出血、肿大、质地变脆、呈现大理石花斑（图3-1-8）；肾脏皮质和肾盂通常可见出

图 3-1-5　病死猪皮肤发红（杨汉春 供图）

血点（图 3-1-9）；肺脏严重水肿和出血（图 3-1-10）；胃底部淤血，胆囊充盈。其他非典型病理变化还包括膀胱、心内膜、心外膜和胸膜的出血点。发生腹泻或血便的病猪可见出血性肠炎，肠道出血（图 3-1-11）。

图 3-1-6　病死猪脾脏肿大、梗死
（刘道新　供图）

图 3-1-7　病死猪脾脏肿大、梗死、黑紫
色、边缘钝圆、易碎（刘芳　供图）

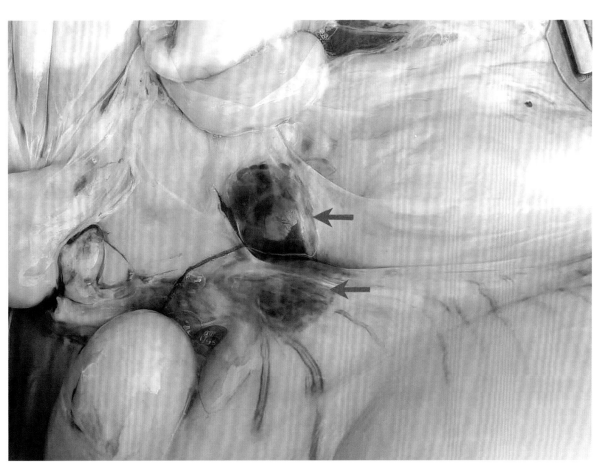

图 3-1-8　病死猪淋巴结出血、肿大（张桂红　供图）

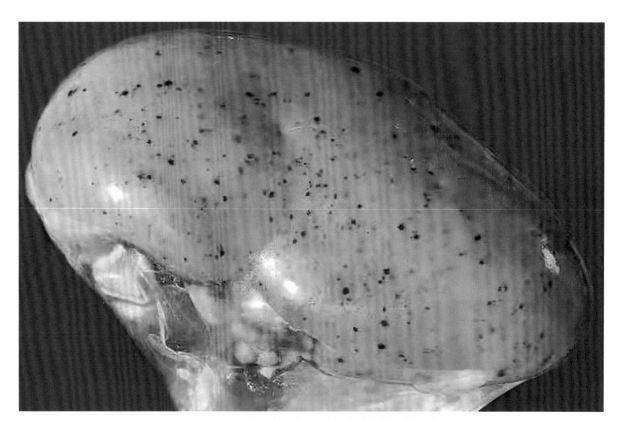

图 3-1-9　病死猪肾脏皮质出血点（刘道新　供图）

图 3-1-10　病死猪肺脏水肿和出血
（刘道新　供图）

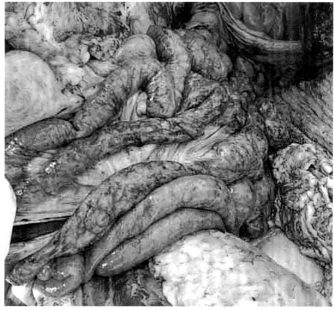

图 3-1-11　病死猪肠道出血
（杨汉春　供图）

3. 亚急性型

猪只呈现腹水、心包积液、胆囊和胆管壁的特征性水肿以及肾周边水肿。脾脏表现为出血性肿大。淋巴结出血、水肿和易碎，主要是胃和肾的淋巴结，以及下颌、咽后、纵隔、肠系膜和腹股沟淋巴结。肾脏皮质、髓质和肾盂的出血比急性型更严重（图 3-1-12）。

4. 慢性型

慢性病变特点表现为肺脏局部肉芽肿、肉样实变、纤维素性胸膜炎，以及淋巴网状内皮组织增生。常见纤维素性心包炎和坏死性皮肤病变。在一些病例，可见扁桃体和舌坏死。

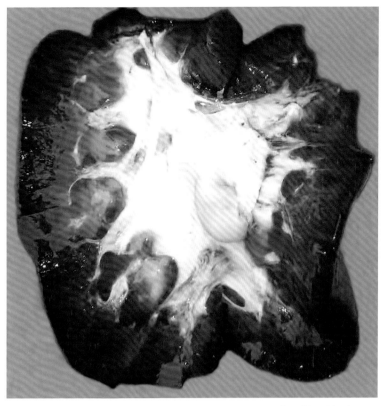

图 3-1-12 病死猪肾脏皮质、髓质和肾盂严重出血（刘道新 供图）

五、诊断

根据非洲猪瘟的临床症状和病理变化可做出初步诊断，脾脏异常肿大可作为非洲猪瘟的特征性肉眼病变，但确诊必须采用实验室检测方法。

1. 临床诊断

临床上，发现猪只不食、发热、皮肤出血和母猪流产，剖检病死猪见到组织器官广泛性出血、脾脏肿大且质脆、淋巴结出血等，应疑似最急性和急性非洲猪瘟。慢性型病例可见到关节肿大以及皮肤溃烂。

2. 实验室诊断

（1）非洲猪瘟病毒分离。可采集猪的血液、血清以及脾脏、淋巴结、肝脏、扁桃体等组织样本，利用原代猪骨髓（PBM）细胞和猪肺泡巨噬细胞（PAMs）分离 ASFV。进一步可进行分离毒株的血吸附（HAD）试验、荧光抗体试验（FAT）鉴定。

（2）非洲猪瘟病毒检测。包括 ASFV 抗原检测技术和分子（核酸）检测技术。可采取发病猪的血液、血清、口腔液，以及死亡猪的脾脏、淋巴结、肝脏、扁桃体、肺脏、肾脏等组织，进行 ASFV 的检测。ASFV 抗原检测技术主要有荧光抗体试验（FAT）和夹心 ELISA；分子检测技术包括 PCR、多重 PCR、实时荧光定量 PCR（real-time PCR）、环介导等温扩增检测（LAMP）以及重组酶聚合酶扩增（RPA）技术。其中，基于 ASFV *p72* 基因的 PCR 和 real-time PCR 是最常用的检测方法，特异性和敏感性较高，适合于各类 ASFV 毒株核酸的检测。此外，新近发展起来的免疫荧光微球抗原检测试纸条也可用于 ASFV 的检测。

（3）非洲猪瘟病毒抗体检测。检测抗体可用于 ASFV 感染猪的诊断，检测方法主要有酶联免疫吸附试验（ELISA），也可采用间接免疫荧光抗体试验（IFA）以及胶体金试纸条。最急性和急性病例死亡率高，通常血清抗体转阳前即会死亡。亚急性病猪或耐过猪可产生高水平的 ASFV 特异性抗体。一般而言，ASFV 感染后 4 d 可产生 IgM 抗体，感染后 6～8 d 产生 IgG 抗体。抗体与 ASFV 可同时存在于感染猪血液，大约持续 6 个月。

3. 鉴别诊断

非洲猪瘟的临床症状和剖检病变与猪瘟、猪丹毒、仔猪副伤寒、猪繁殖与呼吸综合征以及猪伪狂犬病等有相似之处，容易混淆。应结合传染源分析、流行病学调查以及实验室检测进行鉴别诊断。

六、预防和控制

1. 预防

目前全球尚无安全有效的疫苗用于非洲猪瘟防控，猪场的生物安全措施是最有效的预防手段。构建完善的猪场生物安全体系十分重要，严格管控猪、人、运输工具、物资、饲料和环境等关键环节和风险点，切断 ASFV 传入猪场的途径。

2. 控制

猪场一旦发生疫情，应按农业农村部颁布的《非洲猪瘟疫情应急实施方案（第五版）》，立即采取相应的措施，并对病死猪、发病猪和感染猪进行严格无害化处置，严防疫情扩散。

3. 根除

根除非洲猪瘟是我国生猪产业健康稳定发展的必由之路，开展非洲猪瘟无疫区建设，由区域净化逐步走向全国根除。

第二节　猪繁殖与呼吸综合征

猪繁殖与呼吸综合征（PRRS）是由猪繁殖与呼吸综合征病毒引起的一种以母猪繁殖障碍和各日龄猪呼吸系统疾病为特征的重要传染性疾病。因部分病猪可出现耳发绀，俗称"猪蓝耳病"。自 20 世纪 80 年代末美国首次报道该病以来，已在大部分养猪国家和地区流行，给世界养猪业造成了巨大经济损失。

一、病原概述

猪繁殖与呼吸综合征病毒（PRRSV）属套式病毒目、动脉炎病毒科、乙型动脉炎病毒属成员。PRRSV 有囊膜，基因组为单股正链 RNA，病毒粒子为多形性球状，直径在 50～70 nm。基因组全长约 15 kb，5′ 端有帽子结构，3′ 末端有 poly（A）尾；基因组包含约 11 个开放阅读框（ORFs），

即 *ORF1a*、*ORF1b*、*ORF2a*、*ORF2b*、*ORF3*、*ORF4*、*ORF5a*、*ORF5*、*ORF6*、*ORF7* 和 1 个 短 的移码 ORF（*ORF1a'-TF*）。其中，*ORF1a* 和 *ORF1b* 编码病毒复制酶非结构蛋白，翻译后能自剪切为至少 14 个非结构蛋白，参与病毒复制转录过程中 RNA 的合成；而 *ORF2-7* 分别编码结构蛋白 E、GP2a、GP3、GP4、GP5、GP5a、M 和 N，组成病毒粒子。

根据基因组的差异，曾将 PRRSV 分为以 Lelystad 为代表的基因 1 型（欧洲型）和以 VR-2332 为代表的基因 2 型（北美型），二者引起的临床症状以及基因组结构相似，但全基因组序列相似性仅为 60% 左右。目前将其划为 2 个种，分别称为猪乙型（β）动脉炎病毒 1 型（*Betaarterivirus suid 1*）（PRRSV-1）和猪乙型（β）动脉炎病毒 2 型（*Betaarterivirus suid 2*）（PRRSV-2）。PRRSV 具有易变异、毒株多样、免疫抑制、持续性感染以及异源毒株交叉保护差等特性，常常由于变异毒株的出现或新毒株的传入而引起新的疫情暴发。

PRRSV 在 -70℃的培养基、血清和组织匀浆中稳定，但对环境的抵抗力不强；在中性环境中稳定，但在 pH 值为 6 以下或 pH 值为 7.5 以上时则被灭活。PRRSV 的囊膜破坏后会失去感染性，因此可被脂溶剂（氯仿和乙醚）、各类去污剂和酸碱性消毒剂灭活。猪场常用的消毒剂均可有效杀灭 PRRSV。

二、流行病学特点

PRRS 呈全球分布，目前在大部分生猪养殖国家和地区以地方性流行为主。PRRSV-1 主要流行于欧洲、亚洲，而 PRRSV-2 则主要流行于北美洲和亚洲。PRRSV 仅感染家猪和野猪，各品种、不同年龄阶段的猪均可感染，但以妊娠母猪和 1 月龄以内的仔猪最易感。患病猪和带毒猪是主要传染源，感染猪可通过口鼻分泌物、粪、尿、乳汁和精液等排毒。PRRSV 既可经水平传播，也可通过胎盘垂直传播。受到 PRRSV 污染的设备、物资、衣服、水、饲料、气溶胶等可间接传播 PRRSV，人员、运输工具以及节肢动物可起到机械传播作用。主要感染途径包括呼吸道（鼻）、消化道（口）、生殖道（配种、人工授精）、肌肉（注射）以及伤口（断尾、剪牙）。耐过猪可长期带毒和排毒。

PRRSV 传播迅速。猪场一旦受到感染，可在 7～10 d 或稍长时间内传播至整个猪群。猪场内猪只的移动和猪场间猪只的调运是最常见的传播方式。

PRRSV 可在猪群中持续传播和形成持续性感染，这是 PRRS 重要的流行病学特征。在呈地方流行性的猪场，妊娠母猪、保育猪和生长育肥猪会周期性出现 PRRS 疫情，易感的后备母猪或替换的种公猪入群会受到感染，或者引入带毒种猪、新毒株传入以及猪场出现变异毒株，均可引起猪群不稳定或发生临床疫情。

PRRSV 具有广泛的毒株多样性，不同毒株的致病性存在差异，引发的临床疾病的严重程度有所不同。基于 PRRSV *ORF5* 基因序列的遗传演化分析，可将 PRRSV-2 分为 9 个谱系，当前我国主要流行谱系 8、1 和 3，但由于 PRRSV 在同一基因型内可存在广泛的重组，谱系划分并不能代表毒株的致病性。PRRSV 感染猪群可继发猪链球菌、猪格拉瑟菌、支气管败血波氏菌等细菌性疾病，且易与其他病原混合感染。

三、临床症状

PRRS 的临床表现受到毒株的致病性、宿主的易感性与免疫状态、饲养管理水平与环境条件以及其他病原混合感染等因素的影响。临床上，可分为急性型、慢性型、亚临床型以及非典型等。

1. 急性型

妊娠母猪以繁殖障碍为主要特征，表现为流产、产死胎、弱仔、自溶性胎儿和木乃伊胎（图 3-2-1）；5% ~ 80% 的母猪出现晚期（妊娠第 100 ~ 118 天）流产，分娩母猪群的死胎率可达 7% ~ 35%；母猪还可表现出无乳症、运动失调、发情异常等，母猪的死亡率一般为 1% ~ 4%。哺乳仔猪断奶前的死亡率可达 60%，可见体温升高、精神萎靡、食欲废绝、嗜睡、扎堆、消瘦、呼吸急促和结膜水肿等症状。保育猪、生长—育肥猪可表现出食欲下降、精神沉郁、耳发绀、呼吸困难、咳嗽、被毛粗乱、平均日增重降低（图 3-2-2 和图 3-2-3）；一般而言，发病猪群的死亡率可达 12% ~ 20%；如果继发或并发其他疾病，病情会加重，导致死亡率增高。公猪可表现出食欲下降、精神沉郁、呼吸道症状以及性欲不强、精液质量下降等。

2. 慢性型

主要表现为母猪零星流产、产下异常胎儿、不规律返情、空怀等，所产仔猪的成活率下降；易感后备母猪、保育猪和生长育肥猪群不稳定，猪群生长不良、消瘦，周期性地发生小范围临床疫情，出现细菌性继发感染（如猪格拉瑟菌）以及生长猪群的死淘率增高（可达 5% ~ 20%）（图

图 3-2-1　妊娠母猪晚期流产（死胎）（杨汉春　供图）

3-2-4）。

3. 亚临床型

猪群一般无明显临床症状，但血清学检测 PRRSV 抗体阳性。

4. 非典型

非典型 PRRS 又称严重型 PRRS，是由高致病性 PRRSV 毒株所致的以高热、高发病率和高死

图 3-2-2　发病的保育猪发热、精神沉郁、呼吸困难、扎堆（杨汉春　供图）

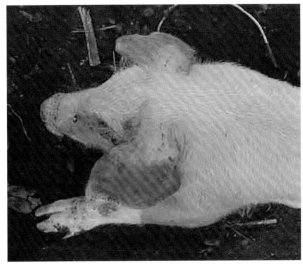

图 3-2-3　发病的保育猪发热、耳发绀、呼吸困难
（杨汉春　供图）

图 3-2-4　PRRSV 感染的保育猪生长不良、消瘦、被毛
粗乱（杨汉春　供图）

亡率为特征，可引起不同妊娠阶段的母猪流产以及生长猪死亡。妊娠母猪的流产率为40%～100%，死亡率可达10%以上，并可出现共济失调、轻度瘫痪等神经症状；发病猪体温升高（40～42℃），并持续高热，可见皮肤发红、耳发绀、呼吸困难、流涕、呕吐、腹泻、便秘、震颤和结膜炎等临床症状，猪只体重迅速降低和高死亡率，哺乳仔猪的病死率可高达100%，保育猪的死亡率可达50%以上（图3-2-5至图3-2-10）。

图3-2-5　母猪妊娠中期流产（死胎）
（杨汉春　供图）

图3-2-6　发病猪体温升高、皮肤潮红、呼吸困难（杨汉春　供图）

图 3-2-7　发病猪体温升高、皮肤发红、耳发绀、呼吸困难（杨汉春 供图）

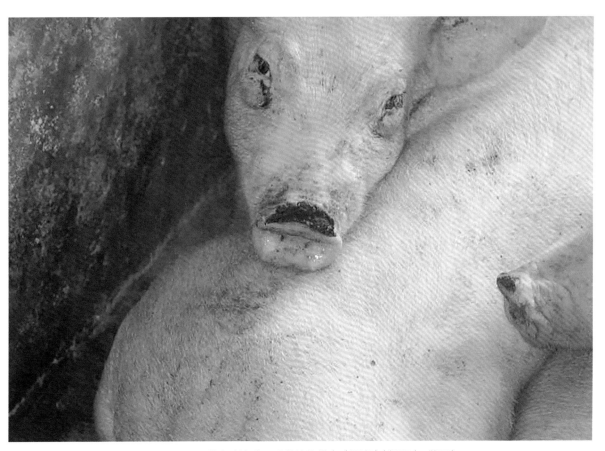

图 3-2-8　发病猪流涕、眼分泌物增多（泪斑）（杨汉春 供图）

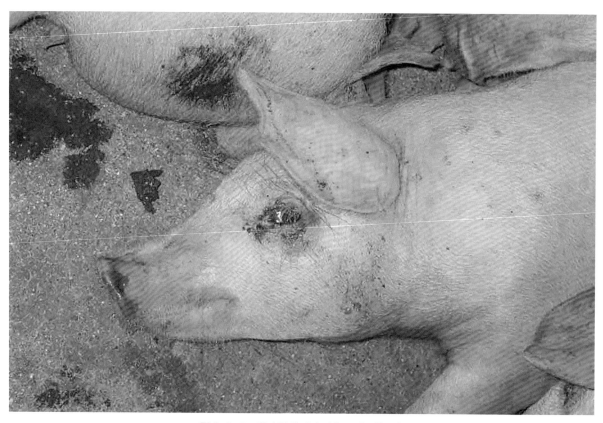

图 3-2-9　发病猪结膜炎（杨汉春　供图）

图 3-2-10　发病猪腹泻（杨汉春　供图）

四、病理变化

感染猪病理变化的严重程度以及涉及的组织器官与 PRRSV 毒株的毒力有关。主要病理变化为间质性肺炎，肉眼可见肺脏轻度或中度水肿、变硬、有弹性、呈橡胶样；病灶呈棕褐色或暗紫色（图 3-2-11）。日龄较小的仔猪可出现眼睑水肿、阴囊水肿和皮下水肿。高致病性 PRRSV 感染病死猪可见皮肤出血，肺脏严重水肿、实变、出血，呈肝样肉变（图 3-2-12、图 3-2-13 和图 3-2-14）；淋巴结肿大，偶见出血（图 3-2-15）；心外膜、肾皮质的多灶性出血，结膜水肿和胸腺萎缩；部分病例脾脏边缘或表面可见梗死灶。如继发某些细菌感染，可见到胸膜炎、心包炎、腹膜炎、关节炎等病变（图 3-2-16）。

肺脏的显微病变主要为肺间隔增宽，巨噬细胞、淋巴细胞浸润，Ⅱ型肺泡上皮细胞增生，淋巴细胞和浆细胞可在气管或血管周围形成管套。淋巴结显微病变主要表现为早期的生发中心坏死和消失，晚期的淋巴结生发中心变大。高致病性 PRRSV 感染可造成肺小叶间结缔组织多灶性出血、肺组织结构紊乱、肺泡塌陷，后期肺脏弥漫性纤维化（图 3-2-17），胸腺不同程度的淋巴样坏死，甚至完全消失。

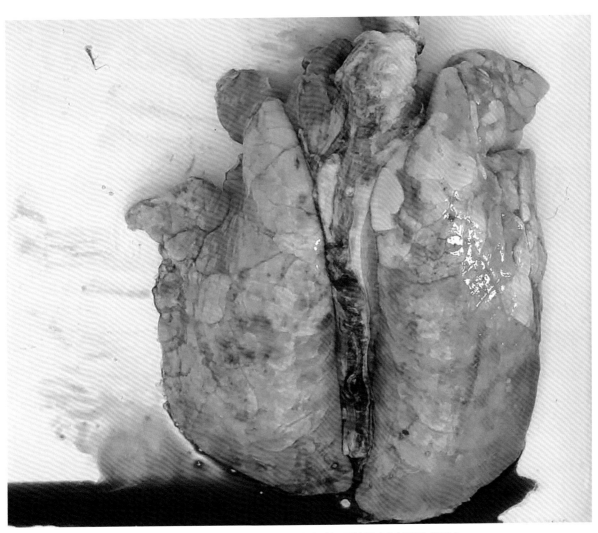

图 3-2-11 感染猪肺脏水肿、实变（间质性肺炎）（周磊 供图）

图 3-2-12　病死猪皮肤出血（杨汉春　供图）

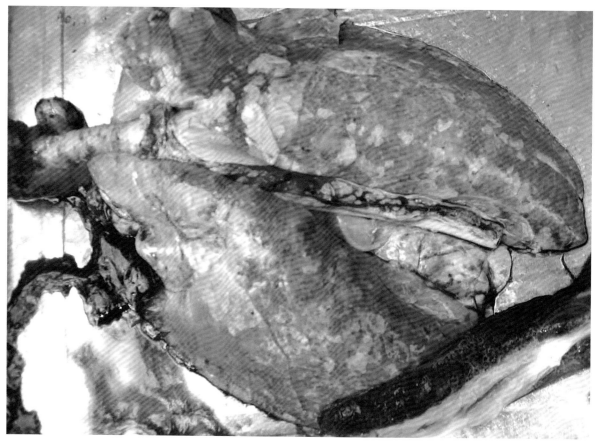

图 3-2-13　病死猪肺脏严重水肿、实变、呈肝样肉变（杨汉春　供图）

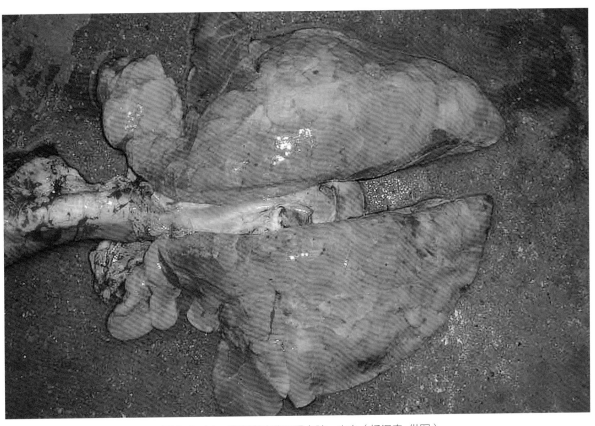

图 3-2-14 病死猪肺脏严重水肿、出血（杨汉春 供图）

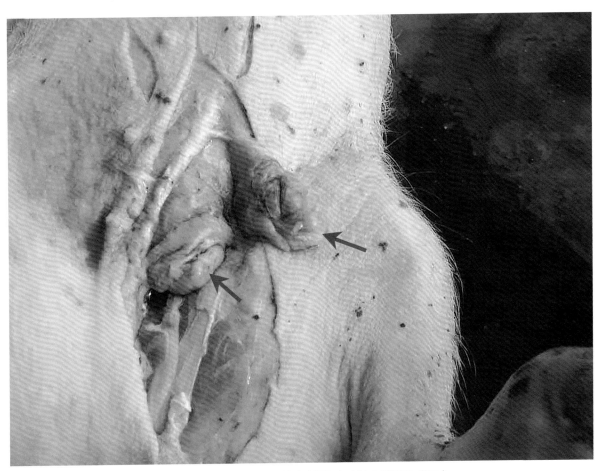

图 3-2-15 病死猪淋巴结（腹股沟）水肿（杨汉春 供图）

图 3-2-16　继发猪格拉瑟菌感染（心包炎、胸膜炎、腹膜炎）（杨汉春 供图）

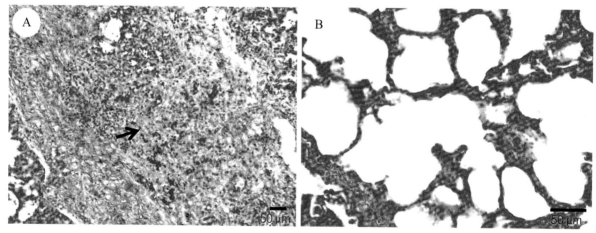

图 3-2-17　高致病性 PRRSV 感染猪肺脏显微病变（A）和对照猪肺脏（B）（HE 染色）（杨汉春 供图）

五、诊断

1. 临床诊断

根据临床症状及流行病学特点难以对 PRRS 做出确切诊断，需依靠病原学诊断与检测技术。一般而言，阴性猪群暴发或者猪群感染新毒株可表现出典型的 PRRS 临床症状。如果猪场出现种猪繁殖障碍以及各种日龄猪的呼吸道疾病，应结合对母猪群繁殖生产记录和产仔情况以及猪群的生产成绩的分析和观察，可以怀疑与 PRRS 有关。

2. 实验室诊断

可采集发病猪（群）血清或全血、组织（肺脏、扁桃体和淋巴结等）、公猪精液、口腔液（唾液）样本、流产胎儿或死胎等，进行 PRRSV 的分离、检测与鉴定。病毒分离可用猪原代肺泡巨噬细胞（PAMs）、非洲绿猴肾细胞系 MA-104 及其衍生细胞（MARC-145、CL-2621）。免疫荧光抗体试验、免疫组化染色等可用于组织病料中的 PRRSV 抗原检测，RT-PCR、real-time RT-PCR、环介导等温扩增技术（LAMP）以及基因序列测定等可用于检测临床样本中的 PRRSV 核酸。采用免疫过氧化物酶单层细胞试验（IPMA）、间接免疫荧光抗体试验（IFA）、酶联免疫吸附试验（ELISA）和病毒中和试验（VN）可以检测感染猪血清中的 PRRSV 特异性抗体。

3. 鉴别诊断

应与其他繁殖障碍和呼吸道疾病进行鉴别诊断，包括非洲猪瘟、猪瘟、猪伪狂犬病、猪流感、猪细小病毒感染、猪乙型脑炎、猪圆环病毒病、猪巴氏杆菌病、猪传染性胸膜肺炎、猪丹毒、附红细胞体病、猪捷申病、猪血凝性脑脊髓炎等。

六、预防和控制

1. 预防措施

预防与控制 PRRS 须采取综合防控措施。完善猪场的生物安全体系是控制 PRRS 的前提，严格执行生物安全措施可以有效降低或杜绝将 PRRSV 引入阴性种群或者将 PRRSV 新毒株引入阳性种群的风险。控制 PRRSV 传入的生物安全措施主要包括引种隔离与检疫、精液检测、运输车辆和进场物资的洗消和干燥、饲料控制、人员进场清洁与淋浴、蚊虫控制与杀灭等。猪场内部的生物安全措施主要包括环境的清洁消毒、避免人员和饲养员串舍、定期清洗消毒用具、净道与污道分开等。养殖规模和密度较大的猪场，可以采用空气过滤系统。猪场应坚持自养自繁，建立稳定的种猪群；彻底实现全进全出，采取多点式饲养；优化猪场的生产与饲养管理，减少毒株在猪群中的传播。

2. 疫苗免疫

商业化的 PRRS 疫苗包括减活（MLV）疫苗和灭活疫苗，以 MLV 疫苗应用较为普遍。疫苗免疫有助于降低临床疫情的影响和经济损失，但由于 PRRSV 的易变异、重组以及毒株多样性，科学合理使用 MLV 疫苗极为重要。疫苗使用的基本原则：①PRRSV MLV 疫苗适用于疫情发生猪场和不稳定猪场，稳定猪场不宜使用，种猪场和种公猪站应禁止使用；②选择安全性相对较好的 MLV 疫苗，采取一次性免疫方式，即经产母猪在配种前接种，后备母猪在配种前 1～3 个月接种，仔猪于断奶前 1～2 周接种；③经产母猪群 ELISA 抗体阳性率超过 80%，不必进行接种；④猪群生产成绩稳定后，可停止 MLV 疫苗免疫。

3. 疫情控制

猪场发生疫情时，应及时隔离、淘汰发病猪，对病死猪、流产的胎衣、死胎进行无害化处理，对产房、发病猪舍、猪场环境进行消毒，降低 PRRSV 在猪场的传播与循环，避免疫情扩散。可在饲料或饮水中添加抗菌药物，或使用一些抗菌药物注射剂，以控制发病猪群的细菌性继发感染。对于 PRRSV 阳性不稳定猪群，有必要对阴性后备母猪或引入的阴性种猪进行驯化。设置专门的后备母猪培育舍，后备母猪断奶或体重达到 25kg 以后，采用猪场流行的 PRRSV 活病毒接种（LVI）（通常是制备感染猪血清）或使用 MLV 疫苗接种，以保证后备母猪有足够的时间（4～6 个月）产生保护性免疫。高致病性 PRRSV 毒株不适宜采用 LVI 方式进行驯化。

4. 净化与根除

从猪场、区域和国家层面净化或根除 PRRSV 是控制 PRRS 的方向和最佳策略。种猪场 PRRSV 的净化十分必要，可显著提高猪群健康水平和经济效益。净化措施包括整体清群 / 再建群、部分清群、检测和淘汰以及闭群。

第三节　猪　瘟

猪瘟是由猪瘟病毒引起猪的一种急性、热性、出血性的高度传染性疫病。欧洲称该病为经典或古典猪瘟（Classical swine fever，CSF），以区别于非洲猪瘟。感染猪表现为持续高热、高发病率和高死亡率以及全身广泛性出血、白细胞减少。猪瘟呈全球分布，对养猪生产的危害极大，世界动物卫生组织（OIE）将其列为必须报告的动物疫病。目前猪瘟主要流行于东欧、东南亚、中美洲和南美洲的部分地区。澳大利亚、新西兰、北美和西欧已经根除家猪的猪瘟，少数南美洲国家（如智利和乌拉圭）也已宣布消灭了猪瘟。

一、病原概述

猪瘟病毒（CSFV）属于黄病毒科、瘟病毒属（*Pestivirus*）成员。病毒粒子直径为 40 ～ 60 nm，呈球形，有囊膜，核衣壳为二十面体对称。CSFV 的基因组为单股正链 RNA，全长约 12.3 kb，仅有一个开放阅读框，编码一个含有 3 898 个氨基酸的多聚蛋白，即 NH$_2$–（Npro–C–Erns–El–E2–p7–NS2/3–NS4A–NS4B–NS5A–NS5B）–COOH，并可酶切为 4 种结构蛋白（C、E^{rns}、El 和 E2）和 8 种非结构蛋白（Npro、p7、NS2、NS3、NS4A、NS4B、NS5A 和 NS5B）。其中，E2 蛋白是猪瘟病毒的主要保护性抗原，可诱导机体产生中和抗体。CSFV 仅有一种血清型，但可分为 3 个主要基因型，每个基因型又可分为 3 ～ 4 个亚型。

猪瘟病毒对自然环境的抵抗力较强，对一些消毒剂也有抵抗力。猪瘟病毒对温度较为敏感，在 56℃ 处理 60 min 或 60℃ 处理 10 min 条件下可被灭活。猪瘟病毒不耐酸碱，对乙醚、氯仿和去污剂等敏感，2% 氢氧化钠最适用于 CSFV 污染场所的消毒。

二、流行病学特点

家猪和野猪是 CSFV 的易感动物，不同品种、年龄、性别的猪均易感。病猪是主要的传染源，可经唾液、粪便、尿液和眼鼻分泌物排毒。感染途径主要是消化道，也可经呼吸道、结膜、生殖道黏膜及皮肤创口感染。健康带毒猪、持续性感染猪和先天感染仔猪也可传播该病。食入被病猪分泌物（如唾液、泪液、鼻液等）和排泄物（尿、粪）污染的饲料、食物、饮水，以及接触 CSFV 污染的猪舍地面、土壤等，可造成猪的感染。

人员、运输工具、鸟和昆虫可机械传播猪瘟病毒。猪场如果引进感染猪或带毒猪，可造成猪瘟的暴发。CSFV 也可经垂直传播，带毒母猪妊娠后病毒通过胎盘屏障感染胎儿；受感染的公猪可经精液排毒，因此 CSFV 可通过人工授精而传播。猪瘟的流行和发生无明显的季节性，发病猪可继发猪沙门氏菌病、猪丹毒、猪巴氏杆菌病等，导致猪群病情加重和猪场更大的经济损失。

三、临床症状

猪瘟的潜伏期为 2 ～ 21 d，一般为 5 ～ 7 d。因 CSFV 毒株毒力、猪的品种与日龄、疫苗免疫情况等不同，临床表现存在差异。一般而言，基于病程长短猪瘟可分为急性、亚急性、慢性和持续性感染 / 非典型。

1. 急性型

在新疫区和无免疫力猪群的发病初期，常可见到无明显症状而突然死亡的最急性型病例，病程 1 ～ 2 d，病死率极高。急性型的病程为 1 ～ 3 周，死亡率可达 60% ～ 80%。主要临床表现为体温升高（41 ～ 42℃）、稽留不退；食欲减退、精神沉郁、扎堆、颤抖、嗜睡（图 3-3-1）；结膜炎和鼻黏膜炎、眼和鼻分泌物增多、眼睑粘连；病初便秘，后期腹泻、粪便恶臭和带黏液或血。病猪消瘦、虚弱、步态不稳、后肢麻痹而不能站立，常呈犬坐姿势。在病猪鼻、耳、腹部、四肢，甚至全身皮肤可见大小不等的红色或紫色出血点，进而可发展成出血斑，甚至坏死区（图 3-3-2 和图 3-3-3）；口腔黏膜发绀，唇内面、齿龈、口角等处有出血斑点。公猪包皮炎，用手挤压有恶臭混浊液体射出。仔猪还伴有神经症状，受外界刺激时出现尖叫、倒地、痉挛。

2. 亚急性型

临床症状与急性型相似，一般较缓和，病程 3 ～ 4 周。

3. 慢性型

病猪的临床症状不规律，体温时高时低，便秘与腹泻交替出现。病猪明显消瘦、贫血、全身衰弱、精神委顿、步态不稳，皮肤有紫斑或坏死痂（图 3-3-4）。病程一般持续 1 个月以上，终归死亡，但有的病例成为"僵猪"或终身带毒猪。

图 3-3-1　发病猪体温升高、精神沉郁、扎堆
（杨汉春 供图）

图 3-3-2　发病猪全身皮肤出血斑点
（刘芳 供图）

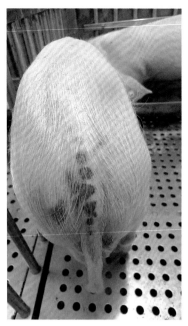

图 3-3-3　实验感染猪皮肤出血斑
（王琴　供图）

图 3-3-4　发病仔猪腹泻、消瘦
（杨汉春　供图）

4. 持续性感染 / 非典型

低毒力 CSFV 毒株感染或免疫猪群受到中、强毒力毒株感染，可形成持续性感染和出现非典型猪瘟病例。病程较长，临床症状和剖检变化不典型，发病率和死亡率都较低。先天性感染猪瘟病毒时，母猪表现为流产、死产、产弱仔或产出部分外表健康的带毒仔猪，胎儿木乃伊化、畸形；生后仔猪在较短时间内无明显异常临床症状，但随后可见轻度厌食、沉郁、结膜炎、皮炎、腹泻、共济失调、后躯麻痹等，最终死亡，这类病例又称为"迟发性"猪瘟。

四、病理变化

最急性病例常无明显的病理变化，在有的病例可见浆膜、黏膜和部分器官组织出血。急性和亚急性猪瘟呈典型的败血症病变，以实质器官多发性出血性为特征（图 3-3-5 至图 3-3-15）。皮肤和皮下脂肪有出血斑点；全身淋巴结肿大、呈暗红色、呈大理石样或红黑色外观；肾脏皮质散在或密集出血点，肾盂和肾乳头出血；脾脏边缘梗死（呈暗红色），被认为是猪瘟最具特征性的病变；喉头黏膜、会厌软骨、膀胱黏膜、心脏、肺脏、胃、肠道、胆囊、腹膜等有大小不一、数量不等的出血斑点；有的病例可见扁桃体出血、坏死。

急性病例体温升高时血细胞数明显减少，其中白细胞可由 1.5 万个 /mm³ 减至 0.9 万个 /mm³，甚至 0.3 万个 /mm³；红细胞由 800 万个 /mm³ 减至 300 万个 /mm³ 左右；血小板由 40 万个 /mm³ 减至 0.5 万～ 5 万个 /mm³ 以下。

病程稍长的病例（慢性猪瘟），在盲肠和结肠可见坏死（纤维素性坏死性肠炎）、纽扣状溃疡（图 3-3-16）。如果继发多杀性巴氏杆菌感染，可见到肺脏出血性坏死（图 3-3-17）。

妊娠母猪感染可见死胎全身皮下水肿、腹水和胸水；胎儿畸形，表现为小脑、肺、肌肉发育不良，头、四肢变形。胸腺萎缩是先天感染的胎猪的突出病变。

64

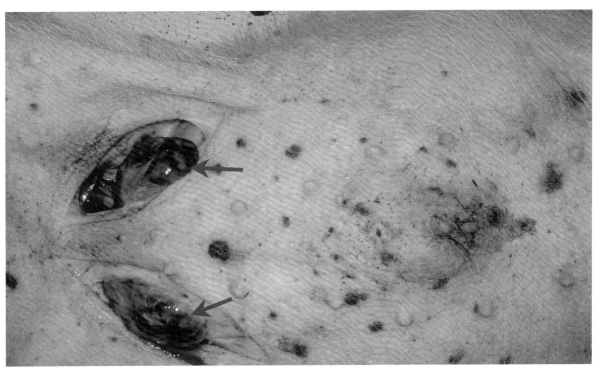

图 3-3-5　病死猪皮肤出血斑、腹股沟淋巴结出血、肿大（杨汉春 供图）

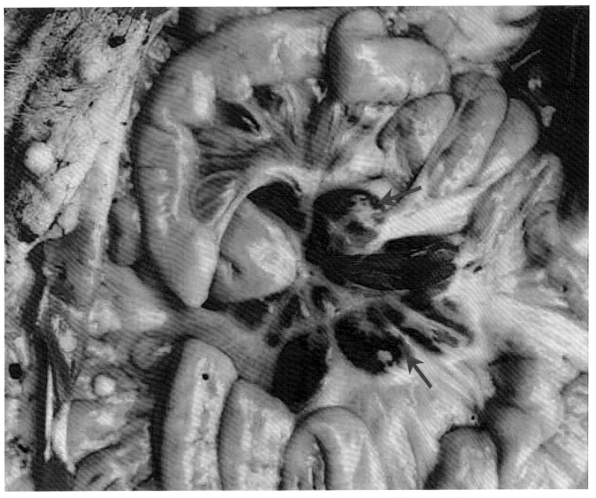

图 3-3-6　实验感染病死猪肠系膜淋巴结出血、肿大（王琴 供图）

图 3-3-7　实验感染病死猪肠系膜淋巴结大理石样病变（王琴　供图）

图 3-3-8　病死猪脾脏严重
梗死、呈暗红色（杨汉春　供图）

图 3-3-9　实验感染病死猪
脾脏梗死（王琴　供图）

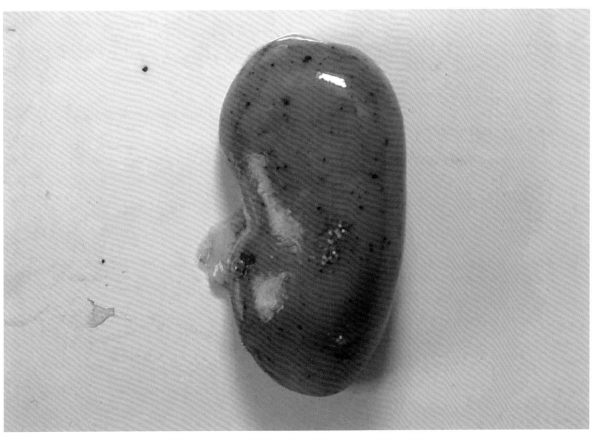

图 3-3-10　病死猪肾脏皮质出血点（杨汉春　供图）

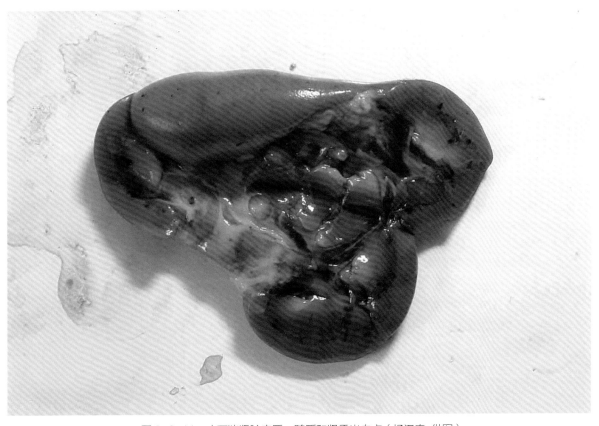

图 3-3-11　病死猪肾脏皮质、髓质和肾盂出血点（杨汉春　供图）

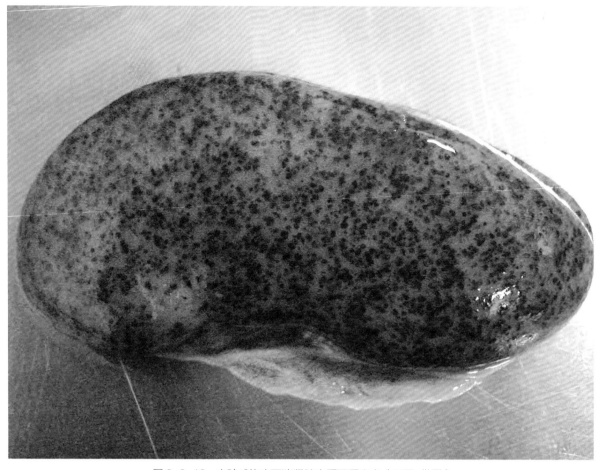

图 3-3-12　实验感染病死猪肾脏皮质严重出血（王琴　供图）

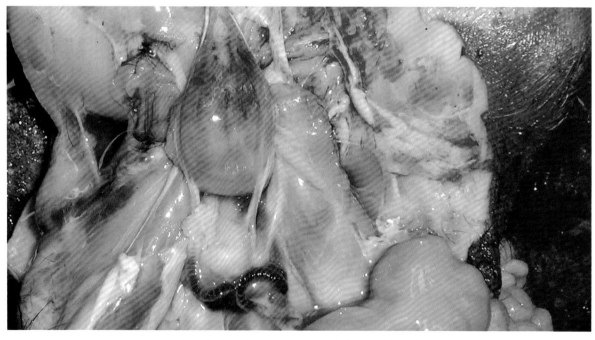

图 3-3-13　病死猪膀胱黏膜出血（杨汉春　供图）

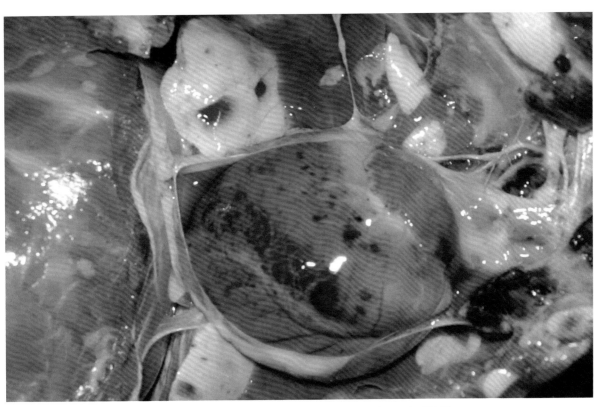

图 3-3-14　病死猪心脏外膜出血、心包积液（杨汉春　供图）

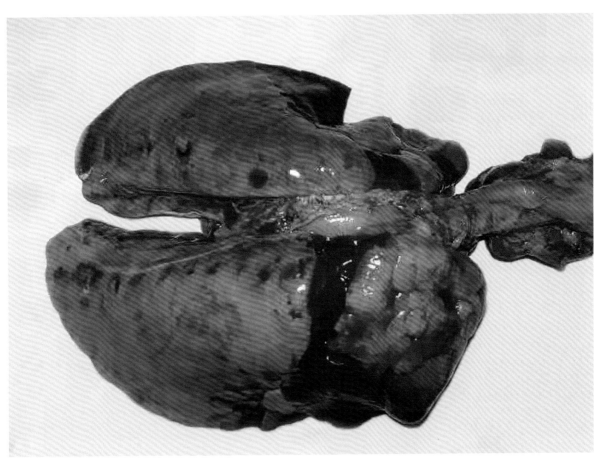

图 3-3-15　病死猪肺脏出血（杨汉春　供图）

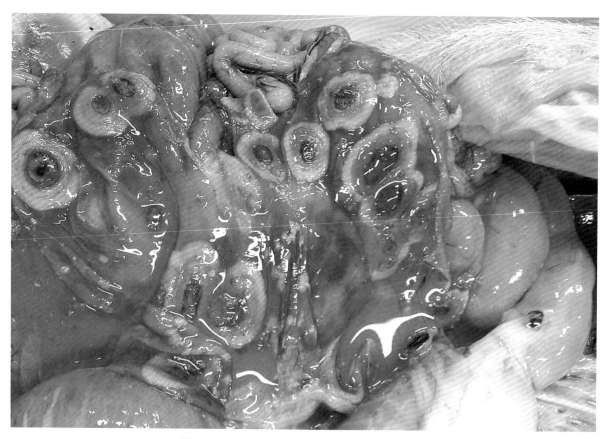

图 3-3-16　病死猪大肠纽扣状溃疡（刘芳　供图）

图 3-3-17　继发多杀性巴氏杆菌感染（肺脏出血性坏死灶）（杨汉春　供图）

五、诊断

对于典型猪瘟而言，根据临床症状、流行病学调查与分析和现场剖检可做出初步诊断。我国普遍采用疫苗免疫接种控制猪瘟，临床上典型猪瘟的病例已较为少见，多以非典型猪瘟为主。因此，准确诊断需依靠相应的实验室诊断技术。

1. 猪瘟病毒分离

采取全血（血清、血浆或白细胞）、扁桃体、脾脏、淋巴结、肾脏等病料，利用猪肾细胞PK-15 或 SK6 进行病毒分离。进一步可用荧光抗体试验（FAT）进行鉴定。

2. 动物接种

可用病料接种易感幼龄仔猪，或接种家兔进行家兔交互免疫试验。

3. 猪瘟病毒检测

可采用双抗体夹心 ELISA 检测病料中的猪瘟病毒抗原。扁桃体等组织可触片或做成病理切片，进行荧光抗体试验或免疫过氧化物酶试验。可采用 RT-PCR 和 real-time RT-PCR 对组织病料和流产胎儿等进行检测，是目前猪瘟病毒检测最常用的技术。

4. 猪瘟病毒抗体检测

用于猪瘟病毒抗体检测的技术包括病毒中和试验、间接 ELISA、阻断 ELISA、间接免疫荧光抗体试验（IFA）等。抗体检测可用于非免疫猪群的诊断，不能区分疫苗免疫猪和野毒感染猪。ELISA 可用于血清学调查和无 CSFV 地区的监测。E^{rns}-ELISA 可用于猪瘟病毒 E2 蛋白亚单位疫苗免疫猪群的鉴别诊断。

临床上，应与非洲猪瘟、猪繁殖与呼吸综合征、猪丹毒、猪巴氏杆菌病、败血型猪链球菌病、仔猪副伤寒以及猪弓形体病等进行鉴别。

六、预防和控制

1. 预防措施

我国对猪瘟防控采取预防为主的方针，依靠生物安全措施减少病原引入，切断传播途径。特别是要严格引种检疫，避免引入带毒猪，引进种猪应进行隔离观察。如果发生猪瘟，应采取封锁、隔离，限制猪只流动，扑杀发病猪和感染猪并进行无害化处理，对猪场进行彻底消毒。

2. 疫苗免疫

疫苗免疫是防控猪瘟的重要手段，兔化弱毒疫苗具有良好的保护效力和安全性，应用普遍。此外，近年来已研发出猪瘟病毒 E2 蛋白基因工程亚单位疫苗，并已商业化。猪场应根据疫苗免疫后的仔猪母源抗体水平消长规律，科学制订和调整免疫程序。

3. 净化

开展种猪场的猪瘟净化对于猪瘟防控具有重要的意义。猪瘟净化技术的核心是制定严格的生物安全措施、病原监测与检测和带毒猪的清除。可对种猪群和后备种猪群进行活体采样（采集扁桃体），经组织切片用免疫荧光抗体进行检测，清除阳性带毒种猪和后备种猪。猪场从免疫无疫过渡到非免疫无疫，从种猪场净化到区域净化，建立猪瘟无疫区（Free-CSF zone），再到全国根除，是逐步消灭猪瘟的有效方式。

第四节　猪口蹄疫

口蹄疫（FMD）是口蹄疫病毒引起偶蹄动物的一种急性、热性、高度接触性传染病。该病主要以成年动物的口腔黏膜、蹄部和乳房等处皮肤发生水疱和烂斑为特征；幼龄动物感染可致心肌受损，表现出不见症状的猝死。该病遍及世界许多地区，非洲和亚洲流行较重，严重影响畜牧业发展和畜产品贸易。世界动物卫生组织（OIE）将该病列为必须报告的动物疫病，我国将其列为一类动物疫病。

一、病原概述

口蹄疫病毒（FMDV）属于微RNA病毒科、口蹄疫病毒属成员。病毒粒子呈球形、无囊膜，直径为 26～30 nm，二十面体对称。基因组为单股正链RNA，长度约为 8 300 nt，由 5′UTR、一个大的多聚蛋白编码区和 3′UTR 构成；可编码 4 种结构蛋白（VP1～VP4），构成完整的病毒衣壳，其中结构蛋白 VP1～VP3 暴露于病毒表面，而 VP4 位于病毒内部，与 RNA 紧密结合。口蹄疫病毒可分为 7 个血清型，即 A、O、C、SAT1、SAT2、SAT3 及 Asia Ⅰ，我国主要流行 O、A 和 Asia Ⅰ型。各血清型之间几乎无交叉免疫反应性，即使同一血清型的毒株也可能因亚型不同，而仅有部分交叉免疫反应性。

病毒具有显著的环境耐受性，冬季在干草和稻草上至少存活 20 周，在粪液中可存活 6 个月，在骨髓和淋巴结中可长期存活。口蹄疫病毒对有机溶剂（乙醚和氯仿）耐受，但易被酸性或碱性溶液破坏，不耐热，对紫外线敏感，对碱性消毒剂（氢氧化钠和碳酸钠）和醋酸敏感。

二、流行病学特点

口蹄疫目前主要流行于非洲、亚洲和南美洲，部分南美国家已获得 OIE 官方认可的无口蹄疫状态。口蹄疫病毒主要感染偶蹄动物，包括家养和野生的反刍动物及猪等，易感动物种类多。FMDV的变异性极强、感染和致病性强、感染途径和传播方式多样。

病畜和带毒动物是主要的传染源，传播途径为消化道、呼吸道和皮肤或黏膜创口。病畜可通过分泌物、排泄物和呼出的气体等严重污染水源、饲料、空气、土壤、运输工具、用具等，造成疫情流行。畜产品及病畜的长途运输是造成口蹄疫远距离传播的一种重要方式。猪只通常通过与感染动物、受污染的物品直接或间接接触而感染。FMDV 具有经气溶胶传播的能力，从而加速疫情在某一区域的流行。此外，饲喂泔水的猪场存在因餐厨剩余物污染 FMDV 而引起猪群感染的风险。

口蹄疫一年四季均可发生，但以寒冷的冬、春季节多见。新疫区发病率可高达 100%，新生幼畜感染后死亡率极高。

三、临床症状与病理变化

该病的潜伏期平均为 1～3 d，但最长可达 9 d，取决于接触病毒的强度和毒株类型。发病猪体温升高至 40～41℃，精神不振、食欲减少或废绝、侧卧不起、跪行；蹄冠、蹄叉和蹄踵部皮肤出现局部红肿、热、敏感，形成米粒至黄豆大小水疱，内含灰白色或暗黄色液体；水疱破溃后，可见暗红色糜烂、溃疡（图 3-4-1 和图 3-4-2）。破溃处若无继发感染，会很快结痂愈合；否则，蹄匣可能脱落，严重时导致跛行、消瘦或死亡。病猪鼻盘、吻突、口腔黏膜也可能出现水疱，破溃后形成浅表溃疡（图 3-4-3 和图 3-4-4）；少数母猪的乳房、乳头也可出现水疱。

新生仔猪感染后常呈急性死亡，主要病理变化为心肌变性、似水煮过，切面为灰白色与淡黄色条纹相间，类似虎皮斑纹，称"虎斑心"（图 3-4-5）。妊娠母猪偶尔流产，哺乳母猪泌乳减少或停乳。

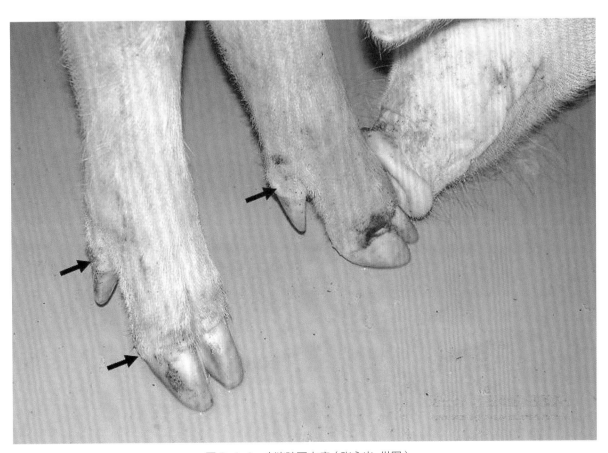

图 3-4-1　病猪蹄冠水疱（张永光　供图）

图 3-4-2　病猪蹄冠水疱破溃、糜烂（张永光　供图）

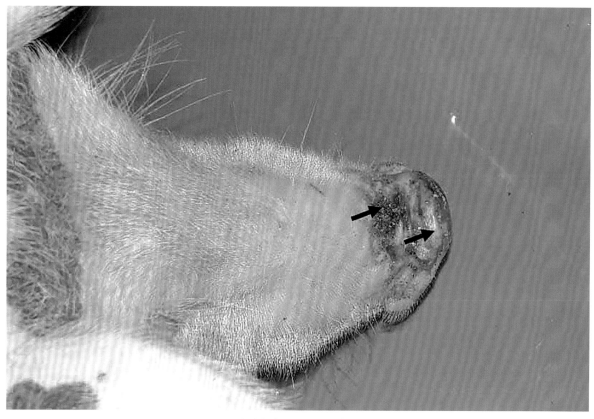

图 3-4-3　病猪鼻盘、吻突水疱（张永光　供图）

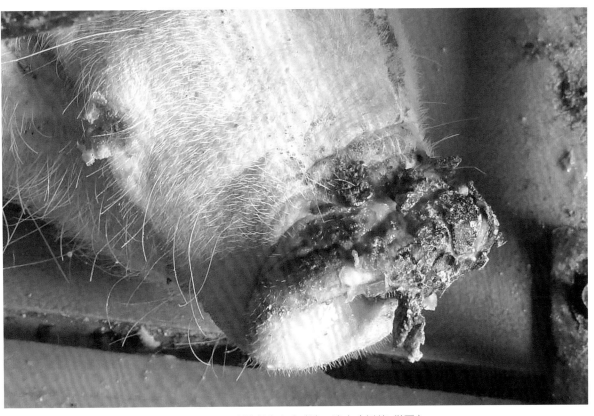

图 3-4-4 病猪鼻盘水疱破溃、溃疡（刘芳 供图）

图 3-4-5 死于心肌炎的哺乳仔猪（虎斑心）（刘芳 供图）

四、诊断

根据猪口蹄疫的流行病学、临床症状和病理变化的特点，一般容易做出初步诊断。但为了与其他水疱性病毒病相区分，需进一步进行实验室检测以确诊。通常可采集水疱液、水疱皮等进行口蹄疫病毒检测，采集的血清可用于口蹄疫病毒抗体检测。

1. 实验室诊断

可采用猪肾细胞传代细胞系（IB-RS-2）等分离 FMDV。夹心 ELISA 可用于检测病料中的 FMDV 抗原，RT-PCR 和 real-time RT-PCR 用于检测病料中的 FMDV 核酸。用于检测 FMDV 抗体的方法包括液相阻断 ELISA、固相竞争 ELISA、固相阻断 ELISA 以及病毒中和试验等，3ABC-ELISA 可用于区分感染动物和去除 FMDV 非结构蛋白疫苗免疫动物。OIE 规定病毒中和试验可作为最终评估 ELISA 不确定结果的参考标准。

2. 鉴别诊断

临床上，猪口蹄疫应与猪水疱病、猪水疱性口炎和塞内卡病毒感染等进行区分。

五、预防和控制

1. 预防措施

做好猪场生物安全措施，加强引种检疫与检测，严格限制活畜的移动和转运，不从疫区进猪或猪制品及其他易感动物的畜产品，加强饲养管理，改善环境卫生，增强猪群的抵抗力。对于疑似感染病例，应尽早发现和确诊，及时采取相应控制措施，以降低疫情扩散风险。

2. 疫苗免疫

疫苗接种是当前猪场最重要的防控手段之一，用于猪口蹄疫免疫预防的疫苗包括全病毒灭活疫苗（O 型、O 型 +A 型）、合成肽疫苗以及病毒样颗粒（VLP）疫苗。种猪群每年免疫 2 次，生长猪群免疫 2 ～ 3 次。猪场除制订适合的免疫程序以外，还需做好免疫效果监测，并依据口蹄疫的流行情况及时调整和优化免疫程序。

3. 疫情控制

如果猪群发生口蹄疫疫情，应及时上报畜牧兽医行政主管部门，执行严格的隔离和封锁措施，病死猪进行无害化处理，对受污染的环境、设施及其他物品进行全面严格的消毒。限制猪只流通，对猪场或疫区内健康猪只，用疫苗进行紧急免疫接种，在受威胁区建立免疫带。

第五节　猪伪狂犬病

伪狂犬病是由伪狂犬病病毒引起猪的一种急性传染病，又称为奥耶斯基病（AD）。临床上以妊娠母猪流产、死产、木乃伊胎，仔猪高热、出现神经症状至衰竭死亡为特征。该病严重危害养猪业，呈世界性分布，但美国、加拿大以及欧洲的德国、丹麦、英国、法国等已成功根除此病。2011年，我国猪群出现伪狂犬病病毒变异毒株，引发疫情再度流行，造成巨大经济损失。

一、病原概述

伪狂犬病病毒（PRV）又称为奥耶斯基病病毒（ADV），现国际病毒分类委员会（ICTV）的种名为猪甲型疱疹病毒1型，属于疱疹病毒科、甲型疱疹病毒亚科、水痘病毒属。基因组为线性双股DNA，大小为140～143 kb，包含至少72个开放阅读框，编码70种不同蛋白。成熟的病毒颗粒多为球形，核衣壳呈二十面体对称，衣壳外包裹着的脂质囊膜来源于宿主细胞。囊膜糖蛋白的免疫原性较强，糖蛋白gB、gC、gD、gE和gI与病毒毒株的毒力有关，gB、gC和gD可诱导机体产生中和性抗体。*TK*基因编码胸苷激酶，是伪狂犬病病毒最主要的毒力基因之一。PRV仅有一个血清型。不同的毒株对HeLa细胞的易感性、在细胞培养物上形成合胞体的能力、对实验动物（兔、鼠）的致病性、对干扰素的敏感性、热稳定性及对pH的敏感性和对胰酶的抵抗力等方面有差异。

PRV能够在宿主感觉神经节的神经元中建立潜伏感染，并终生存在。潜伏期内病毒基因的表达受到限制，不产生具有感染性的病毒粒子；一旦被激活即产生具有传染性的病毒粒子而造成新的感染。*TK*基因的缺失能够减轻潜伏感染的症状。PRV能在兔肾细胞（RK-13）、猪肾细胞（PK-15）、牛肾细胞（MDBK）、非洲绿猴肾细胞（Vero）、乳仓鼠肾细胞（BHK-21）中增殖和培养。病毒会导致细胞肿胀变圆、脱落形成多核巨细胞，可以观察到核内包涵体。兔肾和猪肾细胞最敏感，可用于PRV的分离。

PRV宿主范围较广，除猪以外，自然条件下还能感染牛、绵羊、犬、猫、小鼠和大鼠以及野生动物。实验动物中以家兔最为敏感。近年来，PRV引致人的脑炎及其公共卫生意义受到关注。

PRV的抵抗力较强，37℃时半衰期为7 h，8℃可存活46 d，25℃干燥环境中可存活10～30 d。5%石炭酸2 min可灭活病毒，但0.5%石炭酸处理32 d后病毒仍具有感染性；0.5%～1%氢氧化钠可迅速杀灭PRV；对乙醚、氯仿等脂溶剂以及甲醛和紫外线敏感。

二、流行病学特点

猪伪狂犬病流行广泛，在该病得到根除的欧洲、北美洲国家，野猪群中仍然存在PRV流行。猪是PRV唯一的自然宿主和储藏宿主。病猪、带毒猪以及带毒啮齿类是重要的传染源。病毒主要通过污染的分泌物、排泄物和气溶胶在猪群中传播，受到污染的垫料和饮水、肉制品、人员和器具、猪及其他动物尸体在传播中起重要作用。病毒还可通过胎盘垂直传播，气溶胶、乳汁和精液也是可能的传播方式。

感染猪鼻咽分泌物中的病毒滴度最高，排毒期最长可持续18～25 d。康复猪携带有潜伏感染的病毒，在一定条件下（如运输、管理、温度等应激条件下或妊娠、产仔等激素刺激下）病毒能够被激活，成为新的传染源。

猪伪狂犬病的发生具有一定的季节性，多发生于寒冷的冬春季节，但其他季节也有发生。

三、临床症状

PRV 感染猪的临床症状和严重程度与猪只的日龄、免疫状态以及毒株的毒力有关。

1. 仔猪

新生仔猪感染一般从第 2 天开始发病，并在 1～2 d 内死亡，3～5 d 为死亡高峰期；一般以突然死亡、无明显临床症状为特征，也可见病猪明显的神经症状、昏睡、鸣叫、呕吐、腹泻。2～3 周龄仔猪出现严重的神经症状，如颤抖、共济失调、痉挛、瘫痪、体温升高至 41℃ 以上、精神极度委顿、呕吐、腹泻，病死率可达 100%（图 3-5-1、图 3-5-2 和图 3-5-3）。

2. 生长猪

断奶后的保育猪、生长育肥猪主要表现为发热、卧地不起、神经症状、腹泻、呕吐等，发病率 20%～40%，病死率 10%～50%（图 3-5-4）。随着猪日龄的增加，发病猪的病死率逐渐降低，5 月龄猪的病死率一般低于 5%，但猪的生长性能受到严重影响。

3. 成年猪

大多呈隐性感染，也可见个别猪只出现发热、精神沉郁、呕吐、咳嗽等症状，一般 4～8 d 内可恢复，但体重降低。

图 3-5-1　发病的初生仔猪口吐白沫、四肢呈游泳状，2 周内的仔猪死亡率达 100%（刘芳 供图）

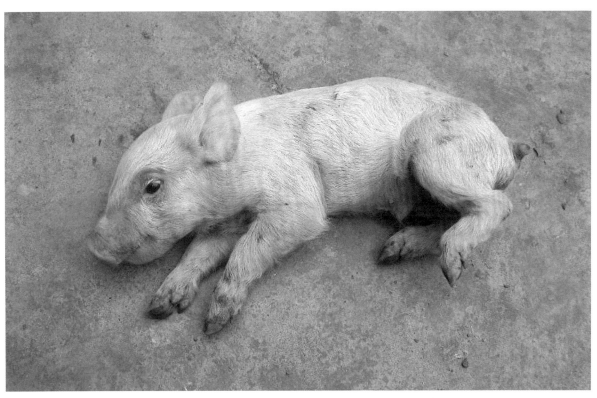

图 3-5-2　发病的初生仔猪四肢呈游泳状（刘芳　供图）

图 3-5-3　发病的初生仔猪腹泻、精神委顿（刘芳　供图）

4. 妊娠母猪

无论是初产母猪还是经产母猪，临床表现为发热和呼吸道症状，并出现流产、产死胎或木乃伊胎等，以产死胎为主（图3-5-5）。常可见到发病猪只出现奇痒症状。暴发伪狂犬病的猪场会出现母猪不孕，返情率高达90%。

5. 公猪

公猪感染PRV会出现睾丸肿胀、萎缩，性能降低或丧失种用能力。

临床上，PRV常常与猪繁殖与呼吸综合征病毒、猪圆环病毒2型和猪流感病毒混合感染，导致哺乳仔猪和断奶仔猪致死性的增生性坏死性肺炎。PRV感染猪可继发其他细菌性疾病。

图3-5-4　发病的生长猪群发热、精神沉郁、卧地不起　　　　图3-5-5　妊娠母猪流产、产死胎
（杨汉春　供图）　　　　　　　　　　　　　　　　（杨汉春　供图）

四、病理变化

PRV感染一般无特征性病理变化。剖检可见肾脏有出血点，不同程度的卡他性胃炎和肠炎；有明显神经症状的病死猪剖检可见脑膜明显充血，脑脊髓液增多，肝脏、脾脏等有灰白色坏死点，肺脏充血、水肿、有坏死点，个别病程稍长的病例可见扁桃体出血、坏死和溃疡病灶（图3-5-6至图3-5-11）。母猪子宫壁变厚水肿、多灶至弥散性子宫内膜炎及阴道炎和坏死性胎盘炎，并伴有绒毛膜凝固性坏死。

组织学病变主要是中枢神经系统的弥散性非化脓性脑膜脑炎及神经节炎，并伴有明显的血管管套及弥散性局部胶质细胞坏死。感染细胞内可见核内嗜酸性包涵体。有时可见肝脏小叶周边出现凝固性坏死。

图 3-5-6　病死仔猪肝脏表面灰白色坏死点（方树河 供图）

图 3-5-7　仔猪肾脏表面出血点（刘芳 供图）

图 3-5-8　仔猪肺脏水肿、出血斑点和灰白色坏死点（刘芳 供图）

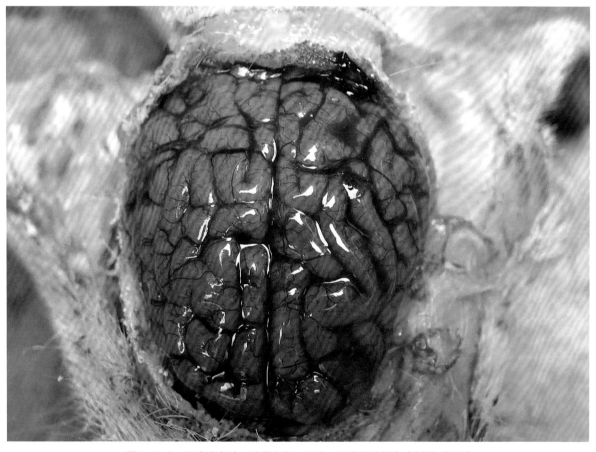

图 3-5-9　仔猪脑水肿、脑膜充血、出血、脑脊髓液增多（刘芳 供图）

图 3-5-10　病死猪扁桃体坏死（方树河 供图）

五、诊断

可结合流行病学，根据临床症状做出初步诊断。确诊需进行实验室检测。

1. 病毒分离与鉴定

采集患病猪的脑、扁桃体、肺和脾或者鼻咽分泌物，无菌处理后接种 PK15、BHK-21、Vero 细胞等，观察细胞病变。初次接种若无细胞病变可盲传 3 代。一般接种 24～72 h 内可出现典型的细胞病变。还可将处理的病料直接接种家兔或者小鼠，观察动物是否发病。分离到的病毒可通过中和试验进行鉴定。

图 3-5-11　病死猪扁桃体出血、坏死和溃疡（刘芳 供图）

2. PCR 检测

可利用 PCR、实时荧光定量 PCR，靶向 gB、gC、gD 或 gE 基因，检测患病猪分泌物（如鼻咽拭子）或组织病料中的 PRV DNA。

3. 抗原检测

将患病猪的脑或扁桃体组织制成压片或冰冻切片，利用特异性多克隆或单克隆抗体进行直接免疫荧光试验或免疫酶组化染色，检测组织细胞中的病毒抗原。

4. 抗体检测

病毒中和试验（VN）、ELISA、乳胶凝集试验（LAT）及间接免疫荧光试验均可用于 PRV 抗体检测。gE-ELISA、gG-ELISA 可用于区分野毒感染猪与基因缺失疫苗免疫猪。

5. 鉴别诊断

应与引起具有相似临床症状的疾病进行鉴别诊断，包括猪细小病毒感染、猪日本脑炎、猪繁殖与呼吸综合征、非洲猪瘟、猪瘟、猪圆环病毒病、猪链球菌病和猪流感等。

六、预防和控制

1. 预防措施

综合性预防措施包括：①加强猪场人员进出控制、运输工具清洗消毒、严格引种监测等生物安全措施；②定期灭鼠，严格控制犬、猫以及鸟类等进入猪场；③开展种猪群的血清学监测，及时淘汰和清除 gE 抗体阳性种猪。

2. 疫苗免疫

采用基因缺失（主要是 TK^-、gE^-）伪狂犬病弱毒疫苗、灭活疫苗进行免疫接种。依据猪场伪狂犬病流行和发生状况制订合适的免疫程序，后备种猪应在配种前进行 1～2 次伪狂犬病疫苗的免疫接种；母猪于产前 4 周左右接种，所产仔猪 8～10 周龄免疫。规模较小的猪场可对种猪群实施普免，2～3 次 / 年。

3. 净化与根除

基因缺失疫苗和区分疫苗免疫猪和野毒感染猪的抗体检测 ELISA（gE-ELISA）为猪伪狂犬病的净化与根除创造了条件。种猪场应开展猪伪狂犬病的净化工作，培育阴性猪群。分阶段、分区域稳步推进，从区域净化逐步走向全国根除是控制猪伪狂犬病势在必行的策略。

第六节　猪圆环病毒病

猪圆环病毒病（PCVD）是由猪圆环病毒 2 型引起的一系列疾病的总称，又称为猪圆环病毒相关疾病（PCVAD）。PCVD 包括猪圆环病毒 2 型系统性疾病（PCV2-SD）、猪圆环病毒 2 型繁殖性疾病（PCV2-RD）、猪皮炎和肾病综合征（PDNS）以及亚临床感染。PCV2-SD 曾称为断奶后多系统衰竭综合征（PMWS）。新发现的猪圆环病毒 3 型（PCV3）被认为可引起类 PCVD 病症。临床上，PCV2 常与猪繁殖与呼吸综合征病毒并发感染，PCV2 感染猪群可继发其他细菌感染，危害严重。商品化疫苗的应用有效降低了该病造成的经济损失。

一、病原概述

猪圆环病毒 2 型（PCV2）属于圆环病毒科、圆环病毒属。病毒粒子无囊膜，直径 12 ～ 23 nm，核衣壳呈二十面体对称。基因组为共价闭合的单股环状 DNA，1 767 ～ 1 768 nt，包含至少 11 个开放阅读框，但只有 4 个用于蛋白质的表达，编码复制酶 Rep 蛋白和 Rep' 蛋白（ORF1）、衣壳蛋白 Cap（ORF2）、105 aa（氨基酸残基）的非结构蛋白（ORF3）和 ORF4 编码蛋白。PCV2 与 PCV1 之间核苷酸序列的同源性小于 80%。PCV2 毒株之间的遗传演化关系密切，只有一种血清型，但可进一步分为 5 种基因型：PCV2a、PCV2b、PCV2c、PCV2d 和 PCV2e。不同毒株之间可以发生重组并可能产生新的基因型。

PCV2 可在 PK15 细胞上生长，但不产生细胞病变。用 300 mmol/L D- 氨基葡萄糖处理接毒后的细胞培养物 30 min，能够提高病毒滴度。PCV2 在原代胎猪肾细胞、恒河猴肾细胞、BHK-21 细胞上不生长。PCV2 对 pH 值为 3 的酸性环境、氯仿、高温（70℃）有较强的抵抗力，对氯己定、甲醛、碘、氧化剂、酒精等消毒剂较为敏感。

二、流行病学特点

PCVD 呈全球分布，世界各养猪国家均有流行，成为养猪生产中突出的问题之一。我国于 2000 年首次证实猪群中 PCV2 感染的存在，并有不同基因型的毒株。猪是 PCV2 的自然宿主，不同日龄、性别、品种的猪均可感染。PCV2 感染十分普遍，但大多数属于亚临床感染，并不都表现出临床症状。病猪和带毒猪是主要的传染源。口鼻接触是主要的传播途径。从眼分泌物、粪便、唾液、尿液和精液中也可检测到 PCV2。病毒也可经胎盘垂直传播。母猪可通过呼吸道分泌物、初乳和乳汁将病毒传播给哺乳仔猪。此外，部分抗体水平较高的猪只仍存在持续性感染。

PCV2-SD 主要发生于哺乳后期和保育期仔猪，一般于断奶后 2 ～ 3 d 或 1 周开始发病，PCV2 感染猪在 2 ～ 4 月龄时可发展为 PCV2-SD。感染猪场的发病率通常为 4% ～ 30%，偶尔可达 50% ～ 60%，死亡率为 4% ～ 20%。如果并发或继发其他细菌（如猪格拉瑟菌）或病毒感染，猪群死亡率会大大增加，可达 50% 以上。PDNS 主要发生于保育仔猪、生长育肥猪和成年猪，一般呈散发，发病率通常低于 1%，但大于 3 月龄的猪病死率接近 100%。繁殖性疾病主要危害初产的后备母猪和新建的种猪群。

三、临床症状

1. 猪圆环病毒 2 型系统性疾病

最常见的临床症状为猪只消瘦、生长迟缓、皮肤苍白，还可见呼吸困难、淋巴结肿大、腹泻，偶见黄疸（图 3-6-1、图 3-6-2 和图 3-6-3）。一只猪可能见不到上述所有症状，但在发病猪群中可以见到。咳嗽、发热、胃溃疡、中枢神经系统障碍和突然死亡等症状较为少见。一些症状可能由继发感染引起。不良的环境因素，如拥挤、空气污浊、不同日龄猪混养及各种应激因素会加重病情。

2. 猪皮炎和肾病综合征

感染猪表现为厌食、精神不振、轻度或不发热、喜卧、跛行、不愿走动或步态僵硬。猪只的皮肤上形成圆形或形状不规则、红色到紫色的斑疹和丘疹（坏死性皮肤病变），常融合成大的斑块（图3-6-4、图3-6-5和图3-6-6）。病变通常出现在猪的耳、后肢、会阴部以及腹部，也可分布于其他部位。随着病程的发展，病灶会结痂，消退后留下疤痕。

3. 猪圆环病毒2型繁殖性疾病

感染母猪表现为晚期流产、产死胎、木乃伊胎或弱仔。妊娠早期感染PCV2可致母猪返情。

图3-6-1 保育猪消瘦、生长迟缓（杨汉春 供图）

图3-6-2 一栏保育猪中可见消瘦、皮肤发白、呼吸困难和腹泻猪只（杨汉春 供图）

图3-6-3 同日龄猪只整齐度差、消瘦、被毛粗乱（杨汉春 供图）

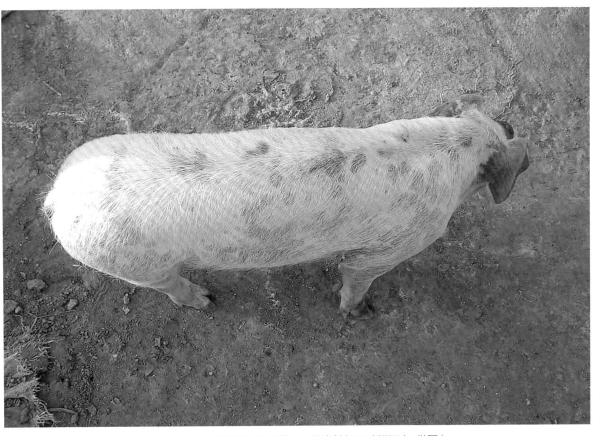

图 3-6-4　皮肤紫黑色斑块、耳出血性坏死（杨汉春 供图）

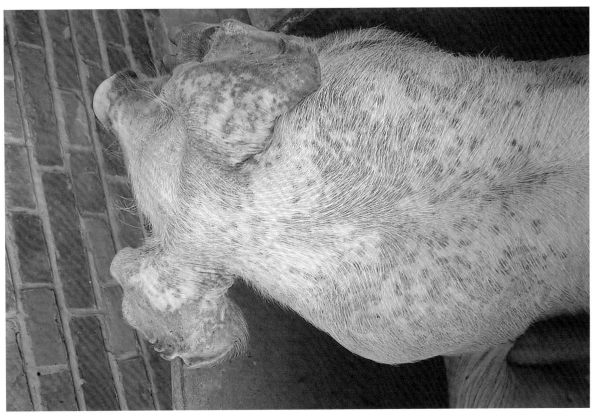

图 3-6-5　皮肤紫红色斑疹和丘疹（杨汉春 供图）

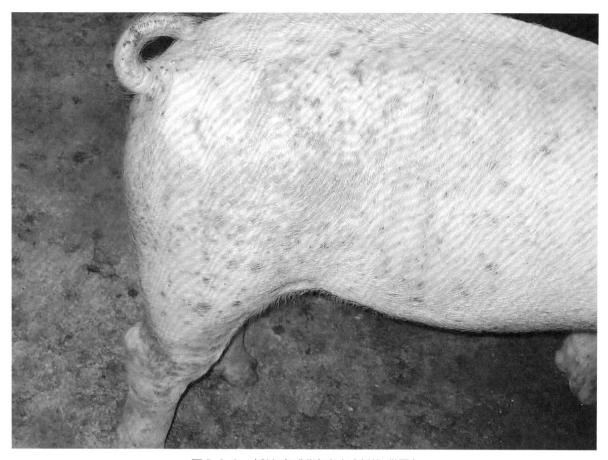

图 3-6-6　皮肤红色或紫色斑点（刘芳　供图）

四、病理变化

1. 猪圆环病毒 2 型系统性疾病

大体病理变化主要见于淋巴组织，最明显的是全身淋巴结显著肿大，切面呈灰黄色，或有出血，特别是腹股沟、纵隔、肺门和肠系膜淋巴结（图 3-6-7 和图 3-6-8）。肺脏肿大、不塌陷、呈橡皮样，有散在或弥漫性或斑块状的褐色实变区（斑驳状）（图 3-6-9 和图 3-6-10）。一些病例的肝脏肿大或萎缩、质地坚硬，肾脏明显肿大、皮质表面有散在或弥漫性白色坏死灶（白点），脾脏轻度肿大。显微组织病理变化表现为淋巴结的淋巴细胞减少、淋巴滤泡缺失、大量巨噬细胞和多核巨细胞浸润，可见组织细胞或树突状细胞胞质内病毒包涵体；胸腺皮质萎缩；肺脏局灶或弥散性间质性肺炎、肺泡间隔增厚，肺泡 II 型细胞增生，肺泡腔中有巨噬细胞和少量中性粒细胞；肝脏出现广泛的细胞病变和炎症。

如果继发细菌（如猪格拉瑟菌）感染，剖检还可观察到胸膜炎、心包炎、腹膜炎、关节炎等。

2. 猪皮炎和肾病综合征

皮肤出现红紫色斑疹和丘疹，病变皮肤显微病理变化为与坏死性血管炎相关的组织坏死和出血，但尚不能确认 PCV2 与血管病变有关。肾脏极度肿大、苍白、皮质有出血或淤血斑点，以及灰白色坏死灶（图 3-6-11 和图 3-6-12），显微病理变化为纤维素性坏死性肾小球肾炎。淋巴结肿大发红，可见脾脏梗死，淋巴结的显微病理变化与 PCV2-SD 相似，但程度较轻。

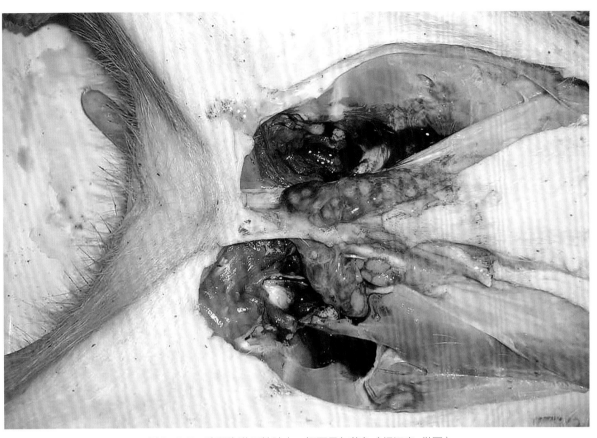

图 3-6-7　腹股沟淋巴结肿大、切面呈灰黄色（杨汉春 供图）

图 3-6-8　肠系膜淋巴结肿大（杨汉春 供图）

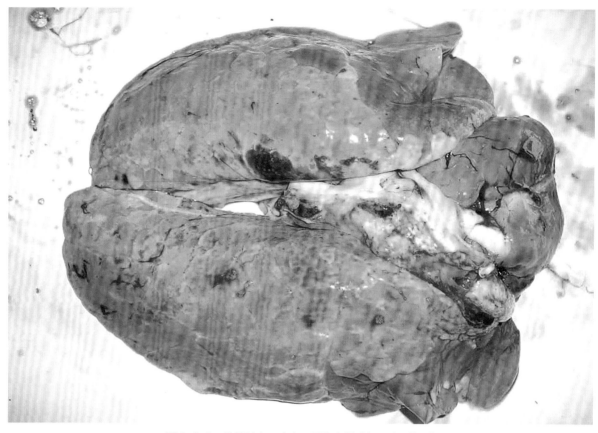

图 3-6-9　肺脏肿大、实变、呈橡皮样（杨汉春 供图）

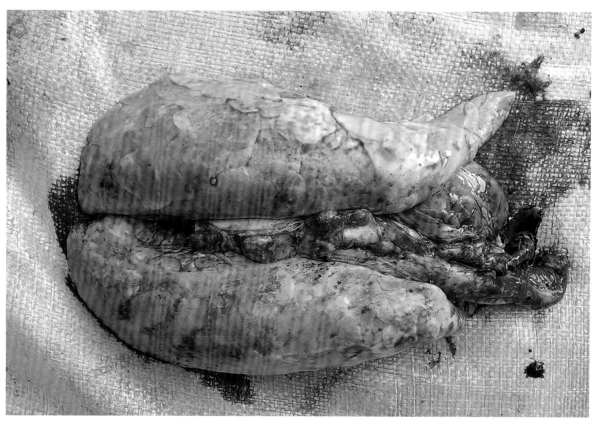

图 3-6-10　肺脏实变、呈斑驳状（杨汉春 供图）

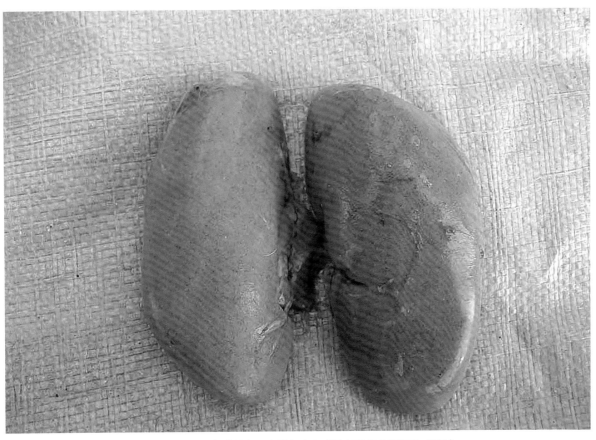

图 3-6-11　肾脏肿大、皮质有出血或淤血斑点（杨汉春　供图）

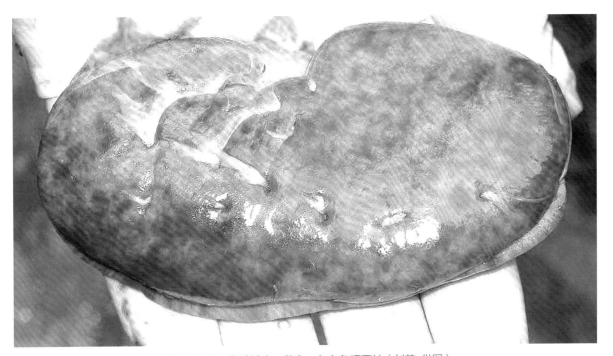

图 3-6-12　肾脏肿大、苍白、灰白色坏死灶（刘芳　供图）

3. 猪圆环病毒 2 型繁殖性疾病

死胎或死亡新生仔猪表现为慢性、被动性肝脏充血和心肌肥大、心肌多灶性变色，显微病理变化主要为非化脓性、纤维素性或坏死性心肌炎。

五、诊断

可依据猪圆环病毒病的流行特点、临床症状、剖检病变做出初步诊断。确诊需要进行实验室诊断。

1. 诊断标准

（1）**猪圆环病毒 2 型系统性疾病**。①生长迟缓、消瘦、呼吸困难和腹股沟淋巴结肿大，偶发黄疸；②淋巴组织中度到重度的组织病理变化；③感染猪的淋巴组织和其他组织有中到高滴度的PCV2。

（2）**猪皮炎和肾病综合征**。①后肢和会阴区的出血性和坏死性皮肤病变，肾脏肿大、灰白色、皮质淤血；②全身性坏死性血管炎和坏死性纤维素性肾小球肾炎。

（3）**猪圆环病毒 2 型繁殖性疾病**。妊娠晚期：晚期流产和死胎、胎儿心脏明显肥大；广泛的纤维素性或坏死性心肌炎；心肌病变和其他胎儿组织中检测到大量的 PCV2。妊娠早期：频繁返情；返情后 PCV2 血清抗体转阳或 PCV2-PCR 检测为阳性。

2. 病毒的分离鉴定

采集死亡猪的肺脏、淋巴结或肾脏，无菌处理后接种无 PCV 污染的 PK15 细胞，盲传 3 代后进行 PCV2 抗原或核酸检测。

3. 病毒检测

IFA、免疫酶组化染色等均可用于直接检测组织样本中的 PCV2 抗原。PCR、real-time PCR 可用于检测组织样本中的 PCV2 核酸。

4. 血清学检测

可采用 ELISA、IFA、免疫过氧化物酶单层试验等检测猪血清中的 PCV2 抗体。这些方法不能区分自然感染和猪圆环病毒病疫苗免疫猪。

由于临床上 PCV2 与其他多种病原的共感染以及继发感染十分普遍，诊断时应注意区别，同时检测猪繁殖与呼吸综合征病毒（PRRSV）、猪伪狂犬病病毒（PRV）、猪细小病毒（PPV）、猪格拉瑟菌等其他病原。

六、预防和控制

猪圆环病毒病由多种因素引起，但 PCV2 感染是必要条件。尽管目前已有商品化的疫苗用于猪圆环病毒病的预防，但养猪生产中采取综合性预防和控制措施十分重要。

1. 预防措施

主要措施包括：①实行全进全出的饲养方式，避免将不同日龄的猪只混养；②完善猪场的生物安全体系，加强消毒卫生工作，降低猪场内 PCV2 和其他病原微生物污染；③加强饲养管理，尽可能减少猪群应激。避免饲喂发霉、变质或含有真菌毒素的饲料，做好猪舍的通风换气，降低氨气浓度，保持猪舍干燥，降低猪群饲养密度；④做好猪瘟、猪伪狂犬病、猪细小病毒感染、猪气喘病等疫病的疫苗接种。

2. 疫苗免疫

疫苗免疫有助于提高猪群生长性能和日增重，降低 PCV2-SD 的发病率和死亡率、PCV2 病毒血症以及缩短 PCV2 感染猪群的病毒血症时间。商业化的猪圆环病毒病疫苗包括全病毒灭活疫苗、基因工程亚单位疫苗以及猪圆环病毒病与猪支原体肺炎二联灭活疫苗。断奶仔猪在 14 ～ 21 日龄首免，2 周后二免，有的动保公司产品为一次免疫。在 PCV2 感染普遍的猪场可不进行母猪的免疫，如需免疫，可在配种前 1 个月进行接种。

3. 控制继发感染

在 PCV2 感染严重的猪场，可采用药物预防细菌性继发感染。①哺乳阶段可使用长效土霉素、头孢噻呋进行注射；②保育阶段可使用泰妙菌素、金霉素或土霉素或多西环素；③生长育肥阶段可用氟苯尼考、泰乐菌素、替米考星、泰万菌素等。

第七节 猪流行性腹泻

猪流行性腹泻（PED）是由猪流行性腹泻病毒引起猪的一种高度接触性肠道传染病，水样腹泻、呕吐是该病的主要临床特征。仔猪的发病率可高达 100%，1 周龄以下仔猪的死亡率为 50% ～ 100%，对养猪业危害很大。2010 年我国出现高毒力的猪流行性腹泻病毒并广泛流行，经济损失巨大。

一、病原概述

猪流行性腹泻病毒（PEDV）是冠状病毒科、甲型冠状病毒属的重要成员之一。病毒颗粒呈球状，具多形性，直径为 60 ～ 160 nm，有囊膜；外层有 12 ～ 25 nm 长的单层棒状纤突。病毒基因组为单分子线状正链单股 RNA，编码 4 种主要结构蛋白：大的表面纤突糖蛋白（S）、小的膜蛋白（E）、膜糖蛋白（M）和核衣壳蛋白（N），还有一个由 ORF3 编码的辅助蛋白。

PEDV 仅有一个血清型，但可分为两群，即经典 PEDV 毒株（G Ⅰ 群）和 2010 年以后出现的 PEDV 流行新毒株（G Ⅱ 群）。与经典毒株相比，PEDV 流行新毒株 S 基因呈现碱基插入和缺失的特征性变异。业已发现，猪传染性胃肠炎病毒（TGEV）和 PEDV 重组的冠状病毒。

在胰酶存在的情况下，PEDV 可在 Vero 细胞、蝙蝠肺细胞系 Tb1-Lu、鸭小肠黏膜上皮细胞 MK-DIEC、人肝细胞系 HuH-7、肺泡巨噬细胞系 3D4 和小肠上皮细胞（IECs）中增殖，感染细胞出现空泡化及大的多核合胞体。

二、流行病学特点

PED 主要流行于欧洲和亚洲。2012 年底在北美洲暴发，出现 PEDV 新毒株流行。直接或间接粪—口传播是 PEDV 传播的主要途径，存在气溶胶传播的可能。受污染的设备、饲料和运输工具或人员可作为 PEDV 的传播媒介。

各种年龄的猪对该病均易感，哺乳仔猪、生长猪和育肥猪的发病率可达 100%，尤其以哺乳仔猪严重，母猪的发病率在 15% ～ 90%。PEDV 可在猪群中持续存在，猪场的疫情可反复发生。该病主要多发于冬春季节，夏季也可发生。从 12 月至翌年 2 月是我国猪场的高发期。PED 可单独发生和流行，PEDV 也可与猪传染性胃肠炎病毒、猪轮状病毒以及猪丁型冠状病毒（PDCoV）呈现混合感染。

三、临床症状

经口人工接种 PEDV，新生仔猪的潜伏期为 15 ～ 30 h，育肥猪为 2 d，自然感染稍长。PED 常以暴发性腹泻的形式发生，猪场内所有日龄的猪都可发病。典型的临床症状为水样腹泻和呕吐，粪稀如水、呈灰黄色或灰色、腥臭，吃食或吮乳后发生呕吐。发病猪表现为厌食、精神沉郁、脱水。哺乳仔猪的发病率最高（100%），整窝发病；1 周龄以内的仔猪可因急性脱水而死，死亡率达 50% ～ 100%。日龄较大的猪大约一周会康复。感染母猪表现精神不振和厌食，可见腹泻，粪便呈灰黑色水样，但不是所有母猪都一定出现腹泻（图 3-7-1 至图 3-7-4）。猪场发生 PED 疫情时，从疾病发生到停止一般持续 3 ～ 4 周或更长，但断奶仔猪腹泻会在猪场持续并反复发生。

图 3-7-1　产房仔猪呕吐与腹泻、粪便呈灰黄色或灰色、腥臭（刘芳　供图）

图 3-7-2　产房仔猪水样腹泻、粪便腥臭，体表黏附粪便（刘芳 供图）

图 3-7-3　产房腹泻仔猪严重脱水、消瘦（杨汉春 供图）

图 3-7-4　母猪腹泻、粪便灰黑色水样（刘芳 供图）

四、病理变化

　　哺乳仔猪感染 PEDV 的大体病变主要局限于小肠。病死猪严重脱水，剖检可见小肠膨胀、肠腔内充满淡黄色液体和肠壁变薄，肠黏膜充血；个别可见小肠黏膜出血点；肠系膜淋巴结水肿；胃是空的或有凝乳块，有的充满胆汁样的黄色液体（图 3-7-5 至图 3-7-8）。显微组织病理变化可见小肠上皮细胞空泡化、合胞体和脱落，肠绒毛变短，严重者绒毛萎缩，甚至消失（图 3-7-9）。

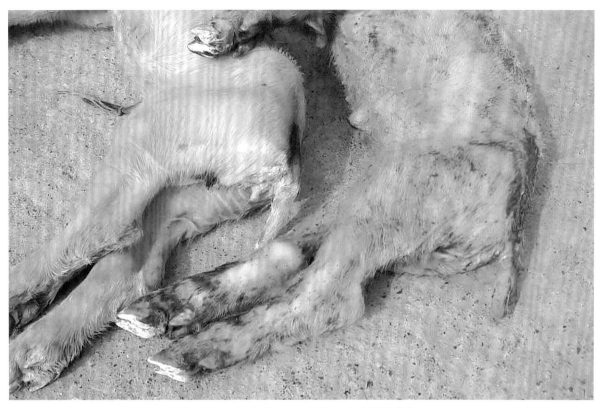

图 3-7-5　仔猪腹泻，严重脱水死亡（刘芳　供图）

图 3-7-6　仔猪腹泻死亡，胃内凝乳块（刘芳　供图）

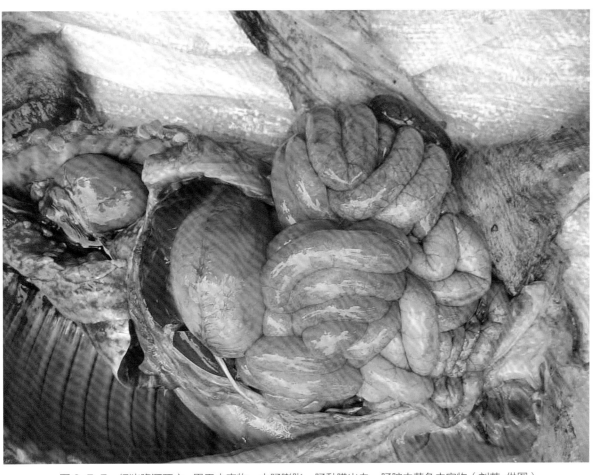

图 3-7-7　仔猪腹泻死亡，胃无内容物、小肠膨胀、肠黏膜出血、肠腔内黄色内容物（刘芳 供图）

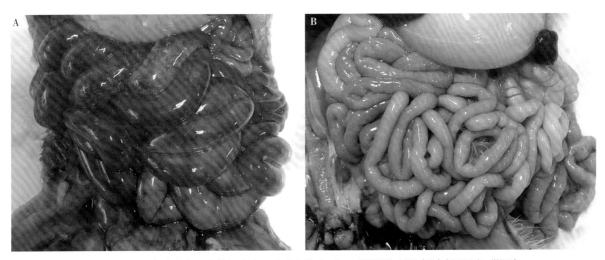

图 3-7-8　实验感染死亡的仔猪小肠病理变化（A）、对照仔猪小肠（B）（杨汉春 供图）

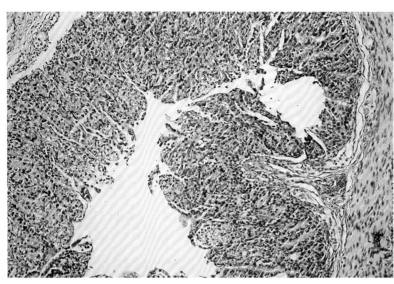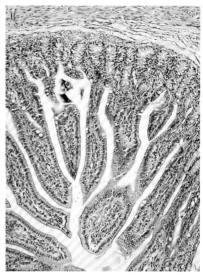

图 3-7-9 实验感染死亡的仔猪空肠显微病理变化（A）、对照仔猪空肠（B）（200×，HE 染色）（杨汉春 供图）

五、诊断

PED 的临床症状和病理变化与 TGE（猪传染性胃肠炎）类似，因此，仅根据临床症状、流行病学、病理变化进行确诊比较困难，须进行实验室诊断。

1. 病毒分离与鉴定

常用 Vero 细胞进行 PEDV 分离，但需添加一定浓度的胰酶。进一步采用 PEDV 抗体或单克隆抗体作免疫荧光进行鉴定。从肠内容物或组织匀浆液中分离 PEDV 的成功率高于粪便样本。

2. 病毒核酸检测

可采用 RT-PCR 或 real-time RT-PCR 检测粪便样本或小肠内容物与组织样本中的 PEDV 核酸。

3. 病毒检测

利用免疫荧光抗体技术（IF）和免疫酶组化（IHC）技术直接检测腹泻初期病猪小肠组织中的 PEDV 抗原。利用电镜（EM）或免疫电镜（IEM）技术、双抗体夹心 ELISA 可以检测腹泻仔猪粪便中 PEDV，IEM 还可以区分 PEDV 与 TGEV 和 PDCoV。最近新开发的一种荧光微球免疫分析方法（FMIA）可用于 PEDV 抗原检测。

4. 抗体检测

基于全病毒或 S、N 蛋白作为包被抗原的间接 ELISA 以及利用单克隆抗体或多克隆抗体作为竞争性抗体的阻断和竞争性 ELISA 可用于检测猪血清中的 PEDV 抗体。病毒感染早期猪的口腔分泌物可用于检测 PEDV IgG 和 IgA 抗体。感染后 9 ~ 14 d，从血清样本中可检测到 PEDV N 蛋白的 IgG 抗体。在 Vero 细胞上进行的病毒中和（VN）试验可用于评价 PEDV 中和抗体水平，也可用于监测或评估猪流行性腹泻疫苗的免疫效力。

六、预防和控制

1. 预防措施

①应采取严格的卫生和生物安全措施，以防止 PEDV 传入猪场。②对猪舍（特别是产房）、猪场设施与用具进行彻底清洗、消毒和干燥。③加强猪群的饲养管理，实行全进全出的生产方式，避免将不同来源和不同日龄的猪混群饲养。④减少猪场内人员流动，饲养员避免窜舍，猪舍之间用具不交叉。

2. 疫苗免疫

可使用商品化的 PEDV 灭活疫苗和弱毒活疫苗、与 TGEV 的二联或与轮状病毒的三联弱毒活疫苗，在妊娠母猪产前 4 周进行免疫，仔猪可通过初乳获得母源抗体，后备母猪可在配种前免疫一次。但是，并不是所有接种疫苗的母猪都能产生保护性的母源免疫。

3. 疫情控制

及时隔离发病猪，清除发病严重的猪只。产房仔猪发生疫情时，应整窝清除发病仔猪，对产房进行彻底消毒和干燥。可利用发病仔猪粪便或小肠内容物与组织返饲分娩前 3 ～ 4 周的母猪，刺激母猪产生母源抗体，以保护新生仔猪，缩短 PED 在猪场的流行时间。但是，返饲可能会造成猪场环境的污染以及传播其他病原的风险，不适宜在大型规模化猪场采用。

第八节 猪传染性胃肠炎

猪传染性胃肠炎（TGE）是由猪传染性胃肠炎病毒引起猪的一种高度传染性肠道疾病，以呕吐、严重腹泻和 2 ～ 3 周龄以内仔猪的高死亡率为特征。该病呈世界性分布和流行，所有日龄的猪均易感，对养猪业危害较大。

一、病原概述

猪传染性胃肠炎病毒（TGEV）属于套式病毒目、冠状病毒科甲型（α）冠状病毒属，该属还包含有与猫和犬密切相关的冠状病毒种。TGEV 粒子多呈圆形或椭圆形，直径 80 ～ 120 nm，有囊膜，囊膜表面有一层长为 12 ～ 25 nm 的棒状纤突。基因组全长约 28.5 kb，编码 4 种结构蛋白：纤突糖蛋白（S）、主要嵌膜蛋白（M）、次要嵌膜蛋白（E）和核衣壳蛋白（N）。S 蛋白含有多个中和表位，并在病毒吸附宿主细胞、膜融合和血凝中发挥作用。1984 年分离的猪呼吸道冠状病毒（PRCV）是 TGEV 的一种 S 基因缺失突变株。血凝活性位于 TGEV S 蛋白的 N- 末端区域，该区域在 PRCV S 蛋白中缺失。测定血凝活性可以区分 PRCV 和 TGEV 毒株。

TGEV 对光照和高温敏感。在粪液中可存活 8 周以上，在水和污水中病毒的感染性可保持数天。阳光照射下 6 h、56℃加热 45 min 或 65℃加热 10 min 即可被灭活。对乙醚、氯仿及许多消毒剂都敏感，可被去氧胆酸钠、甲醛、氢氧化钠等灭活。在猪胆汁中很稳定，对胰蛋白酶有抵抗力，在 pH 值为 4～9 的环境中较稳定。

TGEV 只有一个血清型。但不同致病性毒株间的特性并不完全相同。利用 TGEV 纤突蛋白单克隆抗体可以区分 TGEV 与甲型冠状病毒属的其他成员。

二、流行病学特点

TGE 主要以暴发性和地方流行性两种形式发生。暴发多见于血清学阴性且易感的猪群，一旦发病可迅速波及全群（所有日龄的猪）。2～3 周龄以内的仔猪呈现高死亡率，随着日龄增大，死亡率降低。一般而言，血清学阳性猪群和 5 周龄以上猪的死亡率较低。但血清学阳性猪群常常因扩大规模或者混入易感猪而引起地方流行性疫情。在这种情况下，TGE 在成年猪群中传播缓慢，经产母猪的后代仔猪群中会出现轻度腹泻，死亡率一般低于 20%。哺乳仔猪或断奶仔猪的 TGE 很难诊断，必须与猪流行性腹泻病毒（PEDV）、猪丁型冠状病毒（PDCoV）、猪轮状病毒和大肠杆菌等引起的腹泻进行鉴别。

TGE 的发生具有明显的季节性，多发于冬春季节。病猪和带毒猪是主要传染源。病毒可通过粪便、乳汁、鼻液、呕吐物或呼出的气体排出，污染饲料、饮水、空气及用具等，经直接或间接接触途径传播。TGEV 通过粪便的排毒时间可长达 18 个月。犬、猫和狐狸也可能传播该病。

2016 年，欧洲报道了一种致病性的猪肠道冠状病毒（SeCoV），为 TGEV 基因组中含有 PEDV S 基因的重组病毒，引起的临床疾病与 TGE 和猪流行性腹泻（PED）难以区分。

三、临床症状

TGE 暴发时，感染猪会突发呕吐，随即出现剧烈水样腹泻，粪便常为乳白色、灰色或黄绿色，带有未消化的凝乳块，体重迅速下降和脱水（图 3-8-1 至图 3-8-4）。7 日龄以下仔猪大部分会在出现临床症状后 2～7 d 内死亡。日龄大的仔猪大多数可以存活。育肥猪多表现食欲不振、短暂腹泻和呕吐。哺乳期母猪常出现厌食和无乳症，泌乳量减少。疫情可在 2～3 d 内波及全群。

地方流行性 TGE 常多发于血清学阳性的大型猪场。感染仔猪出现轻度腹泻，死亡率较低。断奶仔猪发生 TGE 难以与 PEDV、大肠杆菌、猪球虫、猪轮状病毒感染进行区分。

四、病理变化

TGE 大体病变局限于胃肠道。病死猪脱水明显，剖检可见胃部膨胀，充满未消化的凝乳块，胃底部黏膜充血或不同程度的出血。小肠内充满黄色液体和未消化的凝乳块，小肠充血，因绒毛萎缩导致肠壁薄而透明（图 3-8-5 和图 3-8-6）。显微病变主要是空肠和回肠部绒毛明显缩短。

图 3-8-1　母猪拉黄绿色水样粪便（刘芳 供图）

图 3-8-2　产房仔猪呕吐、腹泻，粪便腥臭（刘芳 供图）

图 3-8-3 患病仔猪消瘦、严重脱水（刘芳 供图）

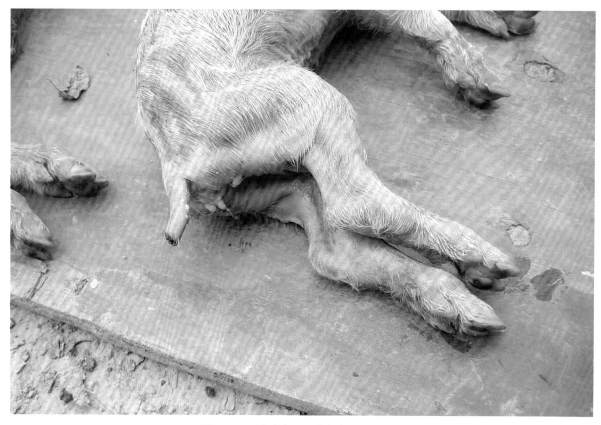

图 3-8-4 患病猪严重脱水（刘芳 供图）

图 3-8-5　仔猪肠道充满水样便和气体（刘芳　供图）

图 3-8-6　仔猪小肠充血（刘芳　供图）

五、诊断

仅靠临床症状和病理变化难以区分 TGEV 和其他肠道病原感染，必须要进行病毒抗原或核酸检测、病毒分离或特异性抗体检测。

1. 病原检测

TGEV 粒子常存在于肠上皮细胞内。在感染早期可采集病猪的空肠或回肠组织，制成冷冻或组织切片，采用间接免疫荧光（IFA）或免疫组化（IHC）方法检测肠上皮细胞内的 TGEV 抗原。ELISA 常用于粪便和肠道内容物中 TGEV 抗原的检测。

用于 TGEV 核酸检测的方法主要包括 RT-PCR、荧光定量 RT-PCR、多重 RT-PCR 和实时 RT-PCR。多重微阵列杂交技术可用于包括 TGEV 在内的 8 种冠状病毒感染的快速鉴别诊断。

2. 病毒分离

TGEV 可在原代和传代猪肾（PK）细胞、猪甲状腺细胞和 ST 细胞中增殖，可采集感染猪粪便或肠道内容物进行病毒分离。感染细胞膨胀呈球形，初次分离时细胞病变（CPE）可能不明显。

3. 血清学检测

TGEV 和 PRCV 具有较强的抗原交叉性，可应用基于单克隆抗体和 PRCV S 蛋白上缺失的 TGEV 抗原位点的阻断 ELISA 进行区分。中和试验可用于检测 2 月龄以上猪的血清样本，可以确定猪群中是否存在地方流行性 TGE。一般在 TGEV 感染后 7 ~ 8 d 可以检出中和抗体，至少持续 18 个月。

六、预防和控制

严格的生物安全措施有助于 TGE 的防控。严格引种监测，确保不引入 TGEV 感染猪。加强猪场的卫生消毒制度。严格实行产房和保育舍的全进全出生产方式。

用于猪传染性胃肠炎免疫预防的商品化疫苗包括灭活疫苗、弱毒活疫苗、猪传染性胃肠炎与猪流行性腹泻二联活疫苗以及与轮状病毒的三联弱毒活疫苗。产前 4 周给母猪免疫，仔猪可通过初乳获得母源抗体。后备母猪可在配种前免疫一次。

发病猪群的治疗措施主要是缓解饥饿、脱水和酸中毒，为发病猪提供温暖（高于 32℃）、自由和干燥的环境、补充电解质（如口服补液盐、电解多维）可减少猪只死亡。同时，应适当给予抗菌药物，以控制细菌的继发感染。

第九节　猪丁型冠状病毒感染

猪丁型冠状病毒感染是由猪丁型冠状病毒所致仔猪的一种腹泻性疾病。其临床症状与猪流行性腹泻、猪传染性胃肠炎等相似，但危害程度轻，通常与猪流行性腹泻病毒以混合感染的形式出现，对养猪生产具有一定程度的影响。

一、病原概述

猪丁型冠状病毒（PDCoV）属于冠状病毒科、正冠状病毒亚科的丁型冠状病毒属成员。病毒颗粒形态及理化特性与正冠状病毒亚科其他成员相似。病毒粒子有囊膜，基因组为单股正链 RNA，全长约 25 kb，包含 7 个主要的开放阅读框。ORF1a 和 ORF1b 编码两个复制相关蛋白，最终裂解成 16 个成熟的非结构蛋白；其余的 ORF 编码纤突蛋白（S）、主要嵌膜蛋白（M）、次要嵌膜蛋白（E）、核衣壳蛋白（N）及 3 个辅助蛋白 NS6、NS7 和 NS7a。S、M 和 N 蛋白及其编码基因是进行 PDCoV 遗传多样性分析与建立诊断方法的靶标。

与其他猪冠状病毒一样，PDCoV 仅有一个血清型。基于 S 蛋白的氨基酸序列，PDCoV 可分为 3 个谱系：中国、美国 / 日本 / 韩国、越南 / 老挝 / 泰国。近年来，中国 PDCoV 毒株的遗传多样性明显增加，表现为 S 蛋白的 S1 NTD 区高度变异以及 *Nsp2* 和 *Nsp3* 基因出现新的碱基片段缺失。PDCoV 可在猪肾细胞（LLC-PK）和 ST 细胞中增殖，其细胞病变（CPE）主要表现为感染细胞胀大、变圆、脱落。猪氨肽酶 N（pAPN）是 PDCoV 感染并进入细胞的功能性受体之一，但并非关键性受体。

二、流行病学特点

最早从美国猪群腹泻母猪和仔猪的粪便或肠道样本中检出 PDCoV，我国也相继报道猪群的 PDCoV 感染。PDCoV 主要通过粪—口途径传播。易感猪通过接触病猪的粪便、呕吐物或者其他污染物而感染，腹泻或呕吐症状通常在感染后 1 ～ 3 d 出现。病猪排出的粪便可持续带毒长达 4 周，口腔液带毒可持续 6 周。临床上常见 PDCoV 与 PEDV 的混合感染。

三、临床症状

不同日龄的猪对 PDCoV 均易感，但哺乳仔猪感染后的临床疾病相对较重。初生仔猪的临床表现包括急性水样腹泻，伴有呕吐、脱水等症状（图 3-9-1），体重下降、昏睡和死亡，发病率可高达 100%，死亡率 40% ～ 80%。10 日龄以上的仔猪感染 PDCoV 后，呈现出一过性腹泻症状，持续期不超过 10 d，随后痊愈。与 PEDV 或轮状病毒的混合感染可能会导致仔猪的死亡率升高。

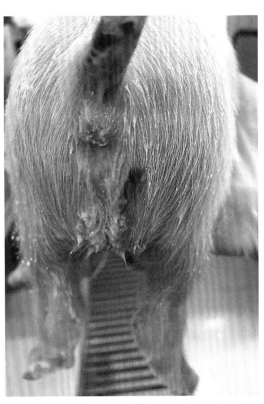

图 3-9-1　实验感染的哺乳仔猪腹泻、脱水
（杨汉春　供图）

四、病理变化

大体病变仅限于胃肠道，主要表现为空肠至结肠的肠壁变薄、透明，肠腔内充满黄色液体（图3-9-2）。显微病变主要表现为空肠和回肠急性弥漫性萎缩性肠炎，偶见盲肠和结肠浅表上皮细胞轻度空泡化。急性感染仔猪的空肠和回肠绒毛顶端可见肠细胞空泡状或大量脱落（图3-9-3）；绒毛萎缩和融合，被上皮细胞覆盖。固有层可见巨噬细胞、淋巴细胞和中性粒细胞等炎性细胞浸润。

五、诊断

PDCoV感染导致的临床症状与TGEV、PEDV等猪其他肠道冠状病毒感染相似，需进行鉴别诊断。

1. 病毒分离

可尝试采用LLC-PK或ST细胞从粪便或肠道组织中分离PDCoV，但成功率较低。

2. 病毒检测

采集腹泻猪粪便或新鲜的空肠和回肠，急性感染期可采集发病猪口腔液。基于PDCoV *M*或*N*基因保守区的RT-PCR可用于检测核酸；采集的组织可制成切片，利用免疫荧光试验（IFA）或免疫组化（IHC）以及原位杂交技术直接检测组织中的病毒抗原。也可以通过免疫电镜技术直接观察腹泻猪粪便中的PDCoV颗粒。

3. 抗体检测

IFA、病毒中和试验（VN）、ELISA和荧光微球免疫检测（FMIA）可用于PDCoV抗体的检测。仔猪感染PDCoV 7 d后，可从血清中检测到低水平的中和抗体。ELISA和FMIA可以定量检测血清和乳汁中的抗体。

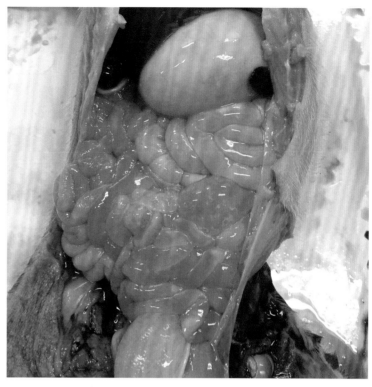

图3-9-2 实验感染的哺乳仔猪肠壁变薄、透明，肠腔内充满黄色液体（杨汉春 供图）

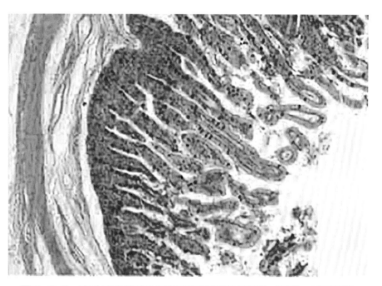

图3-9-3 实验感染的哺乳仔猪空肠肠细胞空泡状、脱落、绒毛萎缩（HE 染色，400x）（杨汉春 供图）

六、预防和控制

预防和控制 TGE 和 PED 的措施适用于 PDCoV 感染的控制。通过加强猪场的生物安全管理措施、严格执行猪场常规消毒制度、无害化处理腹泻猪的粪便及呕吐物和及时清除发病严重的仔猪，有助于切断 PDCoV 经污染物的传播，降低 PDCoV 对猪场的环境污染。可尝试用 PDCoV 灭活疫苗对母猪进行免疫。对发病猪群可适当采取对症治疗措施，如给予腹泻仔猪碳酸氢盐溶液和电解多维，以减轻其酸中毒和脱水；适当给予抗生素，以控制肠道细菌性继发感染。

第十节 猪轮状病毒感染

轮状病毒是一种可致人类和多种动物腹泻的主要病原。猪轮状病毒感染以腹泻为主要特征，仔猪多发，成年猪和育成猪多呈隐性感染。猪轮状病毒感染在世界范围内普遍存在，对养猪产生影响较大。

一、病原概述

轮状病毒（RV）为呼肠孤病毒科、轮状病毒属成员。成熟的病毒粒子呈球形，无囊膜，直径约 75 nm。病毒粒子中央为一个电子致密的六角形核心，核心周围的壳粒向外呈辐射状排列，形似车轮，外周包裹着一层光滑、薄的蛋白形成的外衣壳，形似车轮。RV 颗粒常以 3 种形态存在：完整的病毒粒子为具有双层衣壳的光滑型粒子，有感染性；只有内层衣壳的粗糙型病毒粒子，直径约 65 nm，无感染性；只有核心的病毒粒子，直径约 52 nm，含有病毒的染色体组和 RNA 依赖性、RNA 聚合酶等。此外，还可形成空衣壳的假病毒结构。

RV 基因组为双股 RNA，含 11 个节段，分别编码 6 种结构蛋白（VP1-4、VP6 和 VP7）和 5种非结构蛋白（NSP1-5）。依据基因组电泳型和空斑减少中和实验，可将其划分为 10 个不同的种群：轮状病毒 A 群（RVA）至 J 群（RVJ）。其中，轮状病毒 A 群（RVA）、轮状病毒 B 群（RVB）、轮状病毒 C 群（RVC）、轮状病毒 E 群（RVE）和轮状病毒 H 群（RVH）在猪群中均有报道。RVA在猪群中分布最广且致病力最强；RVC 是新生仔猪肠炎的重要病原，RVB 与大日龄动物感染相关。目前，依据序列对比分析 VP6 核苷酸可确定轮状病毒的基因型，核苷酸序列同源性大于 53% 的毒株为同一基因型。胰蛋白酶可裂解病毒的 VP4 蛋白而促进轮状病毒感染体外细胞。猪轮状病毒 A 群经10 μg/mL 胰蛋白酶预处理 30 min 后可适应猪原代肾细胞和悬浮培养的非洲猴肾细胞系 MA-104。

RV 对理化因素抵抗力强。粪便中的病毒粒子可耐受 60℃、30 min，18 ～ 20℃时至少可耐受 7个月。病毒可在已清空的猪舍内存活 3 个月，干燥的粪便、灰尘、污水和断奶猪舍中均可检出轮状病毒。病毒对乙醚、氯仿、去氧胆酸钠等有机溶剂和常用消毒剂有一定抵抗力，但可被 2% 戊二醛酸、70% 酒精、37% 甲醛、10% 碘酊灭活。5 mmol/L 乙二胺四乙酸（EDTA）可除去病毒外衣壳，使病毒丧失感染力。

二、流行病学特点

猪轮状病毒感染比较普遍，成年猪血清抗体阳性率达 40% ～ 100%。7 ～ 41 日龄的仔猪最易感，可表现严重的腹泻，初产母猪所产仔猪更易感。1 ～ 3 周龄仔猪的感染率高于 4 ～ 6 周龄仔猪。成年猪多呈隐性感染。经粪便排出的病毒是猪场的主要传染源，经粪—口途径在猪群中传播。轮状病毒感染具有明显的季节性，晚秋及冬季等气温低的季节多发。

三、临床症状

轮状病毒感染引起的临床表现与轮状病毒毒株、猪只的日龄、群体健康状况与免疫状况以及是否存在继发性细菌或病毒感染有关。腹泻是轮状病毒感染的主要临床特征。1 ～ 5 日龄仔猪感染的潜伏期为 12 ～ 24 h，发病最严重。病初精神不振，食欲不良，偶见呕吐，随后出现严重水泻并持续 3 ～ 5 d，粪便呈黄色到白色，可见未消化的凝乳块，严重者带有黏液和血液；腹泻 2 ～ 5 d 病猪因严重脱水而死亡，死亡率达 50% ～ 100%。7 ～ 21 日龄仔猪的腹泻和脱水情况不严重；28 日龄仔猪最长可腹泻 15 d。随日龄增加死亡率降低。

轮状病毒感染常常与猪流行性腹泻病毒（PEDV）、传染性胃肠炎病毒（TGEV）或溶血性肠毒素型大肠杆菌并发感染。

四、病理变化

大体病变主要限于小肠。14 日龄内的病猪病变最严重，常可见胃内充满凝乳块和乳汁。小肠的后 1/2 ～ 2/3 肠壁变薄、半透明，肠腔内含有大量水分、絮状物及黄色或灰白色的液体。有时可见小肠广泛出血、肠系膜淋巴结肿大。盲肠和结肠也含有类似的内容物，略微膨胀。21 日龄以上猪的大体病变不严重。

显微病变表现为小肠绒毛上皮细胞变性，与邻近的细胞或基底膜脱离，绒毛严重萎缩；肠腺上皮增生，导致肠腺深度明显增加；绒毛固有层内淋巴细胞浸润。

五、诊断

在寒冷季节，新生仔猪或刚断奶仔猪突然发生水样腹泻，应怀疑轮状病毒感染。临床上，应与猪传染性胃肠炎、猪流行性腹泻、仔猪黄痢、仔猪白痢等进行鉴别诊断。采集病猪的粪便或肠内容物，可进行轮状病毒 RNA 和抗原检测进行确诊。

RT-PCR、定量 PCR 是检测轮状病毒最常用的方法。多重 RT-PCR 可同时检测腹泻样本中的多种肠道病毒；多重定量 RT-PCR 可以区分 RVA、RVB 和 RVC 毒株。电子显微镜或免疫电镜、ELISA、小肠冰冻切片或触片免疫荧光法和聚丙烯酰胺凝胶电泳也可用于轮状病毒感染的诊断。

六、预防和控制

猪群中的轮状病毒感染难以清除，控制策略是采取相应的措施降低其发病率和死亡率。

1. 预防措施

应加强猪群的饲养管理，搞好猪舍清洁卫生与消毒，采取全进全出饲养方式。仔猪应尽早吃上初乳，不过早断奶。

2. 疫苗免疫

可用轮状病毒弱毒活疫苗或灭活疫苗、猪流行性腹泻－猪传染性胃肠炎－轮状病毒三联活疫苗，对母猪进行免疫接种，初生仔猪通过母源免疫获得保护。

3. 治疗

对发病猪可采取对症治疗方法。可辅以抗生素治疗，减少由继发的细菌感染引起的死亡；饮用含葡萄糖－甘氨酸的电解质液或静脉注射葡萄糖盐水和碳酸氢钠溶液，最大程度地防止脱水与酸中毒。

第十一节　猪细小病毒感染

猪细小病毒感染是由猪细小病毒引起猪的一种繁殖障碍性疾病，以母猪流产、产死胎、畸形胎、木乃伊胎、弱仔、屡配不孕为主要特征。该病全球分布，主要以地方性流行为主，对养猪生产危害较大。

一、病原概述

猪细小病毒（PPV）是细小病毒科、细小病毒亚科的原细小病毒属的成员。成熟的病毒颗粒直径约 28 nm，无囊膜，核衣壳呈二十面体对称。基因组为单股线状 DNA，全长约 5 kb；编码 4 种蛋白，即非结构蛋白 NS1 和 NS2 及结构蛋白 VP1 和 VP2。VP2 在细胞内被裂解可产生一个小蛋白 VP3，VP3 存在于完整病毒粒子的衣壳中。

PPV 仅有一种血清型，所有分离毒株均表现出病毒中和试验（VN）或血凝抑制（HI）试验的高度交叉反应性。PPV 具有多种基因型，包括 PPV1、PPV2、PPV3、PPV4、PPV5、PPV6 和 PPV7 等。PPV 可在原代猪肾细胞、猪睾丸细胞和传代细胞 PK-15、ST、IBRS-2 上增殖，CPE 表现为细胞变圆、核固缩和溶解，最终许多细胞碎片粘在一起呈"破布条状"。PPV 具有血凝活性，可凝集豚鼠、大鼠以及人等多种哺乳动物的红细胞，但不能凝集牛、绵羊、仓鼠和猪的红细胞。

PPV 对外界环境的抵抗力非常强，尤其耐高温，经 70℃、2 h 处理仍可保留感染性和血凝活性，80℃ 5 min 才可被灭活。对乙醚和氯仿等脂溶剂、酸、紫外线、70% 乙醇、0.05% 季铵盐、低浓度的次氯酸钠（2 500 mg/kg）和 0.2% 过氧乙酸具有抵抗力。醛类消毒剂、高浓度次氯酸钠（25 000 mg/kg）和 7.5% 过氧化氢可灭活 PPV。PPV 在 0.5% 漂白粉或氢氧化钠溶液中 5 min 可被杀灭。

二、流行病学特点

猪是 PPV 唯一已知的易感动物，不同品系、日龄和性别的猪均可感染。急性感染期的病猪可以通过粪便、尿液和精液排毒，感染猪和被污染的圈舍、器具等是主要的传染源。尽管感染猪的排毒期只有 7 ~ 14 d，但在被污染的圈舍中 PPV 的感染性至少可维持 4 个月。

PPV 主要经消化道和呼吸道传播，公猪、母猪和育肥猪大多因接触污染的饲料和饮水而受到感染。PPV 可以通过生殖道垂直传播给胎儿，啮齿类动物可能是其传播媒介。感染的公猪可将 PPV 带入猪群。

PPV 是猪场常在性病原，呈地方性流行或散发。哺乳仔猪可以从初乳中获得高滴度的抗体，并维持 16 ~ 24 周。PPV 感染对疫苗接种或自然感染母猪群不会造成严重影响。病毒可以在疫苗免疫猪体内复制，母猪免疫后仍可排毒。PPV 可与猪圆环病毒 2 型（PCV2）混合感染。

三、临床症状

PPV 感染对初产母猪危害较大，母猪繁殖障碍是其主要临床症状，表现为流产、胎儿死亡并被重吸收，妊娠母猪的腹围减小、产死胎、木乃伊胎等。其他临床表现包括返情、屡配不孕及妊娠期、产仔间隔延长等。少部分猪感染后还会出现腹泻和皮肤病变。PPV 感染对种公猪的生产性能无显著影响。

PPV 感染导致的临床疾病与母猪妊娠阶段有关。妊娠 30 d 以内感染，主要致胎儿死亡和重吸收；妊娠 30 ~ 50 d 内感染，主要造成胎儿木乃伊化；妊娠 50 ~ 60 d 内感染，可致母猪流产和产死胎；妊娠 70 d 后感染，一般不引起疾病。

疫苗免疫猪群通常较少出现繁殖障碍，但未接种疫苗的猪群或疫苗接种不当的情况下，PPV 感染可引起毁灭性的流产风暴。

四、病理变化

病理变化主要集中在妊娠母猪感染后的胎猪，成年猪感染无明显病变。妊娠早期的胎猪感染后会出现不同程度的发育不良，体腔内有浆液性渗出物，出现淤血、水肿和出血，胎猪死亡后逐渐变成黑色，重吸收后呈现木乃伊化（图 3-11-1）。显微组织病变可见死亡胚胎的组织和血管的广泛性细胞坏死。

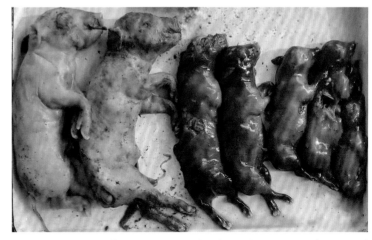

图 3-11-1　妊娠母猪流产、产死胎、胎儿发育不良、木乃伊胎（一窝仔猪）
（杨汉春　供图）

五、诊断

依据临床症状和流行病学可以做出初步诊断。如果猪场仅妊娠母猪发生流产、死胎、木乃伊胎、胎儿发育异常等，应考虑猪细小病毒感染。同一窝中同时存在正常猪和死于不同发育阶段的木乃伊胎是 PPV 感染的重要临床症状。进一步确诊需进行实验室诊断。临床上，应与猪日本脑炎、猪伪狂犬病、猪繁殖与呼吸综合征、非典型猪瘟、衣原体感染、猪布鲁氏菌病等进行鉴别诊断。

1. 病原学检测

采集木乃伊胎和死胎的组织制成切片，利用特异性多克隆或单克隆抗体进行间接免疫荧光试验（IFA）检测胎儿组织中的病毒。采集胎猪组织或其他样本，应用 PCR、qPCR 等检测病毒核酸。最终确诊可进行 PPV 分离与鉴定。

2. 血清学检测

可采集母猪血清、流产胎儿体液或摄入初乳前的脐带血清进行 PPV 特异性抗体的检测。最好采集双份血清进行检测，即出现繁殖障碍母猪的血清和发病后 2～4 周的血清。HI 试验是检测和定量 PPV 血清抗体的常用方法。ELISA 可替代 HI 试验，针对 NS 蛋白抗体检测的鉴别 ELISA 可以用于区分 PPV 灭活疫苗免疫猪和野毒感染猪。

六、预防和控制

猪场应采取严格的生物安全措施。阴性猪场应避免引入阳性猪只，引种时需要进行血清学或病原学检测。对感染猪的排泄物、分泌物、流产胎儿和死胎进行无害化处理，对污染的器具、场所和环境等进行彻底消毒。

疫苗接种是控制 PPV 感染的有效措施。可用猪细小病毒灭活疫苗和弱毒疫苗以及 VP2 蛋白亚单位疫苗，后备母猪应在配种前 1 个月进行免疫。疫苗接种可以阻止 PPV 的垂直传播，但不能完全阻止 PPV 在猪群内的传播。

第十二节　猪流感

猪流感（SI）是由猪流感病毒引起猪的一种急性、高度接触性呼吸道传染病。该病以突然发病、发热、咳嗽、呼吸困难等呼吸道症状为特征，如无继发感染，可迅速康复。猪流感遍及世界各地，我国猪群时有疫情发生。

一、病原概述

猪流感病毒（SIV）主要是正黏病毒科、甲型流感病毒属的成员。病毒粒子多呈球形，直径为

80 ～ 120 nm；有囊膜，囊膜表面有纤突，由血凝素（HA）和神经氨酸酶（NA）组成。根据 HA 和 NA 的抗原性差异，甲型流感病毒可分为不同的亚型，迄今鉴定出 18 个 HA 亚型和 11 个 NA 亚型。流行的 SIV 主要有 H1N1、H3N2 和 H1N2 亚型。此外，报道可感染猪的还有 H2N3、H3N3、H4N6、H4N8、H5N1、H5N2 和 H9N2。2009 年流行北美的 H1N1 流感病毒（H1N1pdm09）是欧洲类禽 H1N1 与北美 SIV 的重组病毒。

流感病毒基因组为单股负链 RNA，分 8 个不同节段。当同一属内的两株病毒同时感染同一个宿主时，病毒在复制过程中可以交换 RNA 节段，即发生基因重配。人源、禽源和 / 或猪源甲型流感病毒毒株基因重配可产生新的毒株。

猪流感病毒能够凝集多种动物及人的红细胞。对干燥和低温有抵抗力，冻存或 –70℃条件下可以保存很长时间。60℃、20 min 即可灭活。猪流感病毒对环境抵抗力不强，一般的消毒药都能将其杀死。

二、流行病学特点

发病猪群的病程、病情及严重程度与毒株、猪的年龄与免疫状态、环境因素、继发或并发感染有关。不同日龄、性别和品种的猪均可感染。一年四季均可发生，但天气多变的早春、初秋及冬季更易发生。病猪、带毒猪和康复猪均是传染源。病毒主要通过飞沫经呼吸道传播，传播速度快，2 ～ 3 d 内可波及全群。

猪流感的发病率高、病死率低，但常引发肺部的继发感染。常见的混合感染病原包括 PRRSV、胸膜肺炎放线杆菌、支气管败血波氏菌、多杀性巴氏杆菌、猪格拉瑟菌、猪肺炎支原体、猪链球菌等。继发感染可导致病程延长、病情加重，甚至死亡。

三、临床症状

猪群突然发病，可快速波及全群。发病猪体温可达 42℃，表现为食欲废绝或减退、精神极度委顿、卧地不起、呼吸急促、呈腹式呼吸并常夹杂阵发性咳嗽，眼、鼻流出黏液性分泌物。病程为 3 ～ 7 d，大部分猪可自行康复，病死率为 1% ～ 4%。个别病例可转为慢性，感染猪生长发育受到影响。妊娠母猪感染可致流产、产弱胎或产仔数减少。

四、病理变化

单纯猪流感病毒感染的剖检病变主要表现为病毒性肺炎，可见鼻、咽、喉、气管和支气管的黏膜充血、肿胀，表面覆盖有黏稠液体，支气管内充满泡沫样渗出液。肺脏病变主要在心叶和尖叶，呈紫色、病肺水肿、间质增宽、质硬、呈肉样实变，与正常组织界线明显（图 3-12-1）。严重病例可蔓延至大部分肺脏，可发展为支气管肺炎、纤维素样胸膜肺炎。脾脏肿大，肺部及纵隔淋巴结明显肿大。严重的胃肠黏膜会呈卡他性炎症，胃黏膜严重充血，特别是胃大弯部。流产胎儿的肺脏发育不良。肺脏的显微病理变化表现为明显充血，支气管周围聚集淋巴细胞，淋巴细胞浸润，肺泡壁增厚、肺泡腔缩小等（图 3-12-2）。

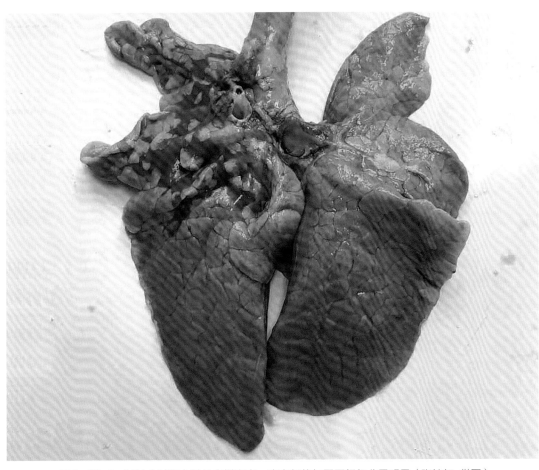

图 3-12-1　肺脏尖叶和心叶呈肉样实变、病变部位与周围组织分界明显（张桂红　供图）

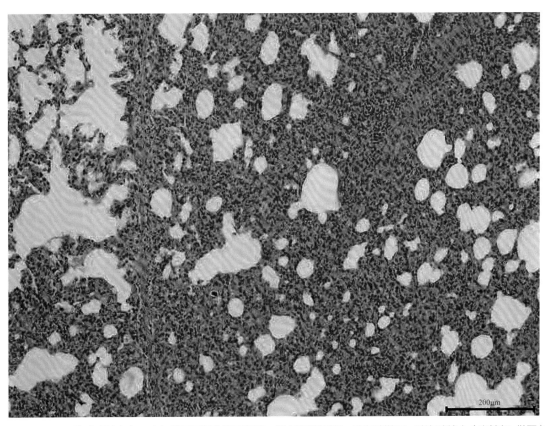

图 3-12-2　肺脏明显充血、支气管周围聚集淋巴细胞、淋巴细胞浸润、肺泡壁增厚、肺泡腔缩小（张桂红　供图）

五、诊断

根据流行病学特点、临床症状和剖检病理变化可做出初步诊断。但因猪流感的临床症状常常表现不典型，更因为并发或继发感染而使其症状变得复杂。因此，需进行实验室诊断。临床上，应与猪肺炎支原体、猪传染性胸膜肺炎、猪繁殖与呼吸综合征、猪肺疫等进行鉴别诊断。

1. 病毒分离鉴定

采集发病 2～3 d 的急性病猪鼻腔分泌物、气管或支气管渗出液，或急性病死猪的脾脏、肝脏、肺脏、肺门淋巴结样本，抗生素处理后经尿囊腔接种到 9～11 日龄的鸡胚或 MDCK 细胞。37℃孵育 3～4 d，收集尿囊液或细胞上清液，采用血凝（HA）和血凝抑制（HI）试验鉴定病毒的亚型。

2. 病毒检测

可采用 RT-PCR 直接检测病料中的猪流感病毒核酸，也可以应用抗原捕获 ELISA、IFA、免疫组化等检测分泌物或组织中的流感病毒。

3. 血清学检测

常用的检测方法是血凝抑制（HI）试验，也可用 ELISA 抗体检测试剂盒。一般采用双份血清，即采集发病猪群的急性期血清和发病后 2～3 周的恢复期血清，如果恢复期血清中的 HI 抗体效价比急性期血清高 4 倍，即可确诊为猪流感。

六、预防和控制

1. 预防

主要措施包括：①加强平时的饲养管理。保持猪舍清洁、干燥；阴雨潮湿和气候多变的季节注意防寒保暖；定期驱虫；尽量不要在寒冷多雨、气候骤变的季节长途运输猪只。②建立健全猪场的卫生消毒措施。对猪舍和饲养环境定期消毒，可用 0.3% 的百毒杀或 0.3%～0.5% 的过氧乙酸喷洒消毒。③引进猪只须严格隔离，并进行血清学检测，防止引入带毒的血清学阳性猪。

2. 控制

①疫苗免疫接种是预防猪流感的有效手段。在有猪流感流行和发生疫情的地区或猪场，可使用商品化的猪流感灭活疫苗对猪群进行免疫接种。②发生疫情时，应及时隔离病猪；加强对猪群的护理，为发病猪群提供避风、干燥、干净的环境，改善饲养环境条件，避免移群，供给清洁的饮水；对猪舍及污染的环境、用具及时严格消毒，以防疫情蔓延和扩散；对发病猪可对症治疗，如肌内注射 30% 安乃近 3～5 mL 或复方喹咛、复方氨基吡啉 2～5 mL，使用一些抗生素药物控制继发感染。

第十三节　猪日本脑炎

日本脑炎（JE）是由日本脑炎病毒引起的一种人兽共患传染病。猪感染后表现为高热、流产、产死胎及公猪睾丸炎，对养猪生产影响较大。蝙蝠和野禽可能是病毒的重要储藏宿主，库蚊是其主要传播媒介。

一、病原概述

日本脑炎病毒（JEV）属于黄病毒科、黄病毒属。病毒粒子呈球形，直径为 30 ～ 40 nm，有囊膜和纤突。基因组为单股正链 RNA，仅有一个开放阅读框，可编码 3 个结构蛋白和 7 个非结构蛋白。目前，JEV 可分为 5 种基因型，其流行与分布具有明显的地域特征。

JEV 能凝集鹅、鸭、鸽、绵羊和雏鸡的红细胞，但不同毒株的血凝活性有显著差异。JEV 可在 BHK-21、PK15、HeLa、Vero 等传代细胞系、鸡胚成纤维细胞中增殖，可产生 CPE 并形成蚀斑。小鼠是对 JEV 易感的实验动物，以 1 ～ 3 日龄乳鼠最易感，可用于分离病毒。

JEV 在低温条件下可存活较长时间，在 50% 甘油中 4℃下可存活 6 个月，但对外界环境的抵抗力不强。JEV 在 56℃经过 30 min、70℃经过 10 min、100℃经过 2 min 条件下可被灭活；对氯仿、乙醚、酒精、丙酮、胰酶等敏感；常用的消毒剂如高锰酸钾、甲醛等可有效杀灭 JEV。

二、流行病学特点

日本脑炎主要流行于亚洲，是一种自然疫源性疫病，通常在动物之间传播和流行。有 60 多种动物可自然感染 JEV，包括猪、马、骡、驴、牛、羊、鸡、鸭和野鸟等，犬、猫也可以感染。

不同品种、性别的猪对 JEV 均易感，发病日龄与猪的性成熟有关，大多在 6 月龄，主要危害妊娠母猪和公猪。猪日本脑炎发病特点为感染率高、发病率低（20% ～ 30%）和死亡率低。大多数猪只感染后无临床表现，但可带毒，呈隐性感染。

日本脑炎主要经蚊虫叮咬传播，蚊虫既是传播媒介，也是 JEV 的储藏宿主。日本脑炎具有明显的季节性。该病的流行与蚊虫的繁殖及活动特性关系密切，热带地区一年四季均可发生，亚热带和温带地区多发于 7—9 月的夏末秋初。

三、临床症状

感染 JEV 的猪常表现为突然发病，体温升高（40 ～ 41℃），呈稽留热。病猪精神委顿、嗜睡，食欲减少或废绝，饮水增加；粪干燥呈球状，表面附有灰白色黏液；尿呈深黄色；眼结膜潮红；心跳与呼吸加快。可见个别病例后肢轻度麻痹、步态不稳，后肢关节肿胀、疼痛而跛行；个别病例出现神经症状、后肢麻痹、倒地不起和死亡。

成年猪感染一般无明显临床症状。妊娠母猪（早期和中期）或后备母猪感染表现为繁殖障碍，包括流产、产死胎、木乃伊胎或弱仔（图3-13-1）。少数流产母猪的阴道流出红褐或灰褐色黏液、胎衣不下。流产对母猪以后的配种和繁殖无明显影响。妊娠晚期感染对仔猪无影响。

公猪感染主要表现为高热和睾丸炎。可见发病公猪一侧或双侧睾丸肿大，以一侧多见（图3-13-2）；睾丸阴囊皱襞消失、发亮，触摸时有热感。经3～5 d，肿胀可逐渐消退，并恢复正常。个别公猪睾丸缩小、变硬，性欲减弱，丧失生精功能。

四、病理变化

大体病变主要限于脑部。可见脑脊髓液增多，脑膜充血、出血和水肿，脑实质软化，切面可见充血或散在小点出血。还可见肝脏和肾脏水肿，肺充血、水肿，心内外膜出血等。流产母猪的子宫内膜可见充血、水肿，黏膜表面有小出血点，并覆盖有大量黏性分泌物，黏膜下组织水肿，胎盘炎性浸润。

流产或早产胎儿剖检可见脑水肿、皮下血样浸润、肌肉褪色似水煮状、腹水增多。胎儿大小不等和木乃伊化，呈黑褐色或茶褐色。有的胎儿头大、皮下弥漫性水肿、脑内积液，有的可见脑溶解（图3-13-3、图3-13-4和图3-13-5）。肝脏和肾脏肿大，肝脏、脾脏和肾脏实质可见坏死灶。全

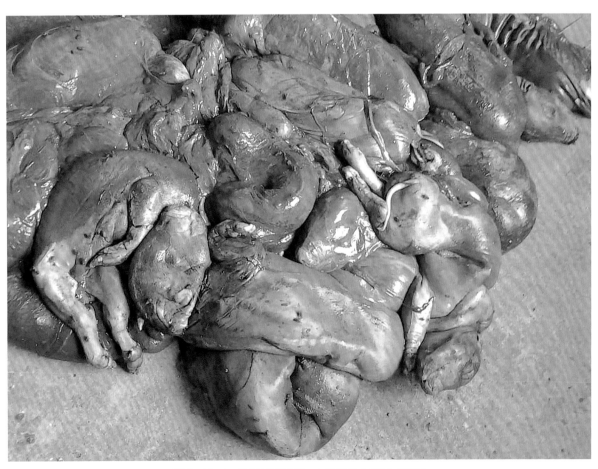

图3-13-1　妊娠母猪流产、木乃伊胎（刘芳　供图）

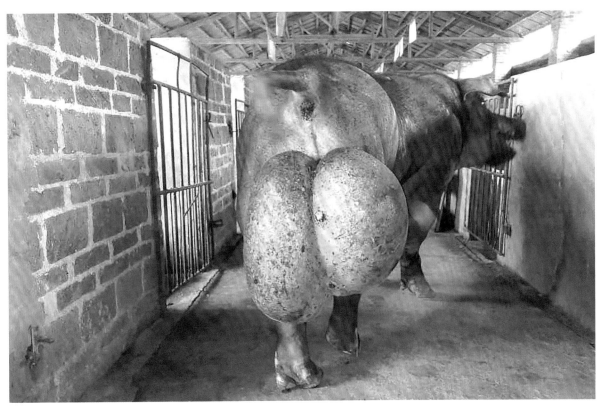

图 3-13-2　公猪双侧睾丸肿大（刘芳　供图）

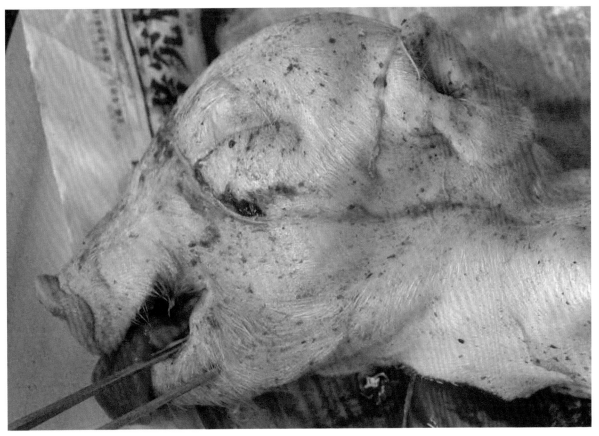

图 3-13-3　死胎头部肿大（刘芳　供图）

图 3-13-4 死胎头部肿大、皮下水肿（刘芳 供图）

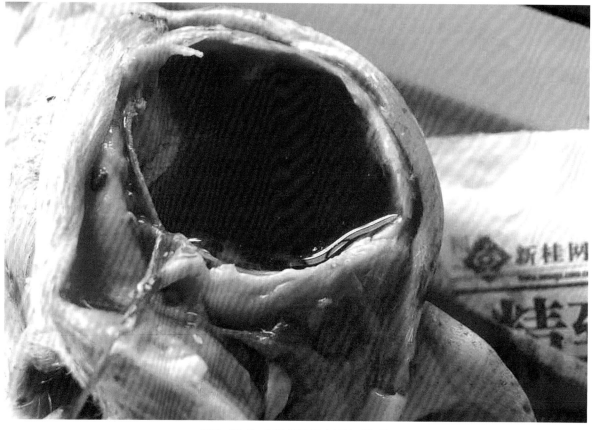

图 3-13-5 死胎脑溶解（刘芳 供图）

身淋巴结出血。肺淤血、水肿或有炎性灶。

公猪睾丸切面可见实质充血或出血、大小不等的灰黄色坏死灶。阴囊与睾丸粘连，实质部分结缔组织化。

显微病变主要表现为脑组织轻度非化脓性脑炎；流产母猪子宫黏膜增厚、充血、水肿；公猪睾丸鞘膜结缔组织水肿及单核细胞浸润、睾丸曲细精管上皮细胞变性、精细胞坏死和脱落。

五、诊断

依据流行病学特点、临床症状和病理变化可做出初步诊断，确诊需进行实验室检测。

1. 临床诊断

临床诊断要点：猪日本脑炎有严格的季节性，呈散发；妊娠母猪发生流产，产出不同大小不一的木乃伊胎和死胎，或产弱胎，或产头、腹水肿胎儿；公猪多为一侧性睾丸肿大。

2. 组织病理学检查

取出现神经症状病猪的大脑进行组织病理学检查，可观察到非化脓性脑炎。

3. 病毒分离

可采集病猪的大脑和死产胎儿的脑组织以及脾脏、肝脏、睾丸、胎盘组织等病料，制成组织匀浆液经脑内接种 1～3 日龄乳鼠或接种到易感细胞（BHK-21、Vero 细胞等）或鸡胚卵黄囊进行 JEV 分离。从流行地区的伊蚊属和库蚊属蚊体内也能分离到病毒。鉴定病毒可采用中和试验。

4. 病原学检测

RT-PCR、实时 RT-PCR、反转录环介导等温扩增法（RT-LAMP）、微球阵列测定法可用于检测临床样本中的 JEV 核酸；利用特异性单克隆抗体进行 IHC 可检测胎儿组织中的 JEV 抗原；利用血凝和血凝抑制试验可对 JEV 进行分型。

5. 血清学检测

检测感染猪血清中 JEV 抗体的方法包括 ELISA、HI、IFA 和病毒中和试验（VN）等，已有商品化的 ELISA 试剂盒。IgM 捕获 ELISA 可用于 JEV 急性或早期感染的诊断。

6. 鉴别诊断

应与引起流产、木乃伊胎或死产的繁殖障碍疾病和致脑炎的疾病进行鉴别诊断，包括猪伪狂犬病、猪瘟、猪血凝性脑脊髓炎、猪布鲁氏菌病、猪捷申病毒感染、猪细小病毒感染以及猪繁殖与呼吸综合征等。

六、预防和控制

1. 预防

在蚊虫滋生和繁殖季节前开展防蚊灭蚊工作，搞好猪场环境和猪舍的清洁卫生，铲除蚊虫滋生场所，猪舍安装防蚊纱窗以避免夏季蚊虫叮咬。发病母猪产出的死胎、胎盘及阴道分泌物严格进行无害化处理，对污染的环境进行消毒，定期对猪舍和饲养管理用具进行严格消毒。

2. 免疫

用于猪日本脑炎免疫预防的疫苗有灭活疫苗和活疫苗。一般免疫程序为在蚊虫活动季节之前进行免疫接种，种猪群在每年的3—4月免疫两次，间隔2～3周。后备母猪群在配种前免疫接种一次。

第十四节　猪塞内卡病毒感染

塞内卡病毒感染是由塞内卡病毒A型引起的以猪口鼻、蹄部出现水疱和新生仔猪急性死亡为特征的新发传染病。该病的临床症状与猪口蹄疫非常相似，不同品种和不同日龄的猪均易感。作为一种新发传染病，自2014年在巴西和美国发生以来，中国、泰国、哥伦比亚、越南等国家和地区相继报道，给全球养猪业造成了一定的经济损失。

一、病原概述

塞内卡病毒A型（SVA）属于微RNA病毒科、塞内卡病毒属。SVA粒子呈二十面体结构，无囊膜，直径为25～30 nm。基因组为单股正链RNA，全长约7.3 kb，由5′端非编码区（5′ UTR）、一个编码多聚蛋白的开放阅读框（ORF）和3′端非编码区（3′ UTR）和poly（A）尾组成。SVA的ORF首先被翻译成多聚蛋白，然后在病毒编码的特定蛋白酶的作用下，被裂解成先导蛋白（L）和P1、P2、P3三个蛋白中间体，P1进一步裂解成1A（VP4）、1B（VP2）、1C（VP3）和1D（VP1）四种结构蛋白，而P2裂解成2A、2B和2C三种非结构蛋白，P3则裂解成3A、3B、3C和3D四种非结构蛋白。

SVA在猪睾丸细胞（ST细胞）、猪肾细胞（PK-15、SK）、BHK-21细胞以及人胚胎视网膜细胞（PER.C6）、人肺癌细胞（NCI-H1299）等细胞系上生长良好，能够产生明显的细胞病变（CPE），可以利用上述细胞分离与培养SVA。SVA对次氯酸钠、氢氧化钠、碳酸钠、0.2%柠檬酸、过氧化氢等消毒剂敏感。

二、流行病学特点

感染猪是主要传染源，SVA可经口腔、鼻腔分泌物和粪便排出，持续排毒时间可达28 d，感染后1～5 d为排毒高峰；从SVA感染后长达21 d的猪口腔分泌物、10 d的猪粪便和7 d的鼻腔分泌物中可分离到感染性病毒。此外，从猪场环境样本、鼠粪便及小肠中可检测并分离到SVA，并从猪场捕捉的苍蝇体内也可检测到SVA核酸。

与口蹄疫类似，健康猪通过直接接触患病猪和间接接触被污染的饲料、饮水和器具等感染，也可以通过飞沫、气溶胶等传播。鼻内接种SVA可致健康猪发病。

SVA主要感染猪，不同性别、品种和日龄的猪均易感。此外，检测结果显示，猪、牛和鼠血清中存在SVA中和抗体，提示它们可能是SVA的自然宿主。从人的血清中也可检测到SVA中和抗体，暗示 SVA 可能具有潜在的公共卫生意义。

三、临床症状

早期的 SVA 分离毒株对猪无明显的致病性，但近年来的分离毒株可以导致猪发病。成年猪感染初期出现厌食、嗜睡和发热等症状，随后鼻镜部、口腔上皮、舌和蹄冠等部位的皮肤和黏膜产生水疱，继而发生继发性溃疡和破溃现象，严重时蹄冠部的溃疡可以蔓延至蹄底部，造成蹄壳松动甚至脱落，病猪出现跛行现象（图 3-14-1）。7 日龄以内的新生仔猪死亡率显著增加，高达 30% ～ 70%，偶尔伴有腹泻症状。

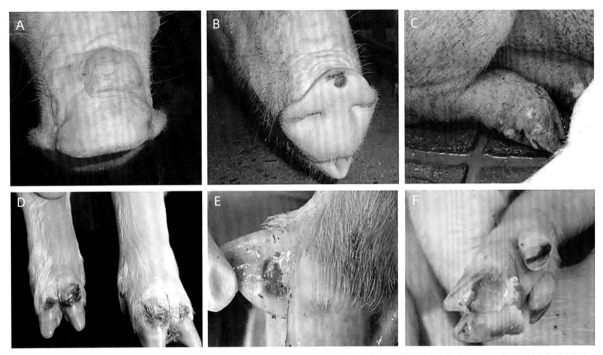

A. 猪鼻背侧出现水疱；B. 猪鼻前端的水疱破裂后形成皮肤溃疡；C. 猪后蹄冠状带周围形成水疱；D. 猪后蹄冠状带周围水疱破裂后形成溃疡和结痂；E. 猪蹄趾间水疱破裂后形成溃疡和糜烂；F. 足底垫上的水疱破裂后形成溃疡。
图 3-14-1　猪塞内卡病毒感染症状（引自张永宁等，2017）

四、病理变化

组织病理学检查可观察到 SVA 感染猪鼻吻突皮肤的表皮出现广泛的溃疡糜烂以及多灶性至聚集性小疱，内含有均质的嗜酸性液体（水肿）、纤维蛋白和坏死碎片、中性粒细胞和嗜酸性物质、细胞及细胞核碎片以及大量混合的细菌；蹄冠状带以水疱性脓疱性皮炎为主要特征，伴有真皮血管周围由淋巴细胞和浆细胞组成的炎症细胞轻度乃至多灶性浸润。经原位杂交试验，可在 SVA 感染 4 d 的猪蹄冠状带的棘层和基底层的表皮内小疱的角质细胞中观察到 SVA RNA 的染色信号。此外，还可见到 SVA 感染猪的下颌和腹股沟淋巴结水肿、出血，肺气肿和小叶性肺炎，心脏充血、出血等非特异性病变。

五、诊断

根据临床症状与病理变化可做出初步诊断，但确诊需要进行实验室检测。

1. 病毒分离

可利用 PK-15、BHK-21、ST、SK、PER.C6 和 NCI-H1299 等细胞系从患病猪血清、水疱液及拭子等样品中分离 SVA。采用中和试验、免疫组化和间接免疫荧光等技术对病毒进行鉴定。

2. 核酸检测

RT-PCR、巢式 PCR、SYBR Green 和 TaqMan 探针荧光定量 RT-PCR、微滴式数字 PCR、环介导等温扩增（LAMP）等检测方法均可用于 SVA 核酸检测。

3. 抗体检测

以灭活的 SVA 或表达的重组蛋白 VP1、VP2 或 VP3 作为包被抗原的间接或竞争 ELISA，均可用于猪血清中 SVA 特异性抗体的检测。此外，间接免疫荧光和病毒中和试验也可用于检测 SVA 血清抗体。

4. 鉴别诊断

应与猪口蹄疫、猪水疱病、水疱性口炎和猪水疱疹等具有相似临床症状的疫病进行鉴别诊断。

六、预防和控制

尚无商品化疫苗以及有效的治疗措施用于塞内卡病毒感染的预防和控制。应采取常规的生物安全措施，避免从疫区引进生猪及其遗传物质。发生 SVA 疫情时，应限制猪只移动，加强猪场及其环境的消毒，扑杀和淘汰发病猪。必要时采取封锁策略，防止疫情扩散。

第十五节　其他病毒性疾病

一、猪捷申病毒感染

猪捷申病毒感染可致猪的脑脊髓灰质炎、繁殖疾病、肠道疾病、肺炎、心包炎和心肌炎，各年龄阶段的猪均可感染，又称为猪传染性脑脊髓炎。因该病最早于 1929 年在原捷克斯洛伐克的捷申地区发现，故又名捷申病（Teschen disease）。全球均有流行，且常呈亚临床感染，对养猪业的危害较大。我国猪场也有猪捷申病毒感染与流行。

1. 病原概述

猪捷申病毒（PTV）为微 RNA 病毒科、捷申病毒属的成员。病毒颗粒呈球形，无囊膜，直径为 25 ～ 30 nm。基因组为单股正链 RNA，全长 7.2 kb 左右。与微 RNA 病毒科的其他成员相似，PTV 基因组也呈 L-4-3-4 结构。目前认为 PTV 至少有 13 个血清型（PTV-1 至 PTV-13）。PTV 可在猪原代细胞、传代 PK-15、IBRS-2 和 ST 细胞中生长。不同毒株产生的细胞病变有所不同，有的形成葡萄状聚集并从培养瓶壁上脱落，有的形成细胞周围星状突起。对外界环境的抵抗力很强，在粪、尿等潮湿环境中可存活较长时间，可耐受乙醚、氯仿等脂溶剂处理，对常用的消毒剂具有较强的抵抗力。PTV 可被次氯酸钠和 70% 乙醇完全灭活。

2. 流行病学特点

猪是 PTV 唯一的自然宿主，不同品种和日龄的猪均可感染。幼龄仔猪的易感性最高。患病猪、隐性感染猪和康复带毒猪是主要传染源。病猪的分泌物和排泄物可持续散毒，进而污染饮水和饲料，易感猪通过直接或间接接触的方式经消化道、呼吸道感染。PTV 可通过子宫和胎盘垂直传播。

3. 临床症状

不同血清型的 PTV 毒株的致病性有所不同，感染猪的临床症状差异较大。PTV-1、PTV-2、PTV-3、PTV-5、PTV-11 和 PTV-13 可致脑脊髓灰质炎；PTV-1、PTV-3 和 PTV-6 可引起妊娠母猪繁殖障碍；PTV-1、PTV-2、PTV-3、PTV-5 和 PTV-8 可引起腹泻；PTV-1、PTV-2、PTV-3、PTV-8 和 PTV-13 可致肺炎；PTV-2 和 PTV-3 可致心包炎和心肌炎。

（1）脑脊髓灰质炎。 PTV-1、PTV-2、PTV-3、PTV-5、PTV-11 和 PTV-13 感染可引起猪的神经症状。其中，PTV-1 的高致病性毒株可致严重的脑脊髓灰质炎，所有生长阶段的猪均可感染，发病率和死亡率很高。发病初期表现为发热、厌食和精神萎靡，进而出现共济失调、眼球突出和震颤、角膜混浊、抽搐、角弓反张和昏迷等症状。随后病猪出现瘫痪、犬坐姿势或侧卧，死亡通常发生于上述症状出现后的 3 ～ 4 d 内。PTV-1 的低致病性毒株以及其他血清型的毒株感染引起的临床症状轻微，死亡率也较低，主要发生于仔猪。

（2）繁殖障碍。 PTV-1、PTV-3 和 PTV-6 感染可致母猪繁殖障碍，主要表现为不孕、产死胎、木乃伊胎等。妊娠前期感染可导致产仔数减少；妊娠中期感染时，胎儿的死亡率达 20% ～ 50%；妊娠后期感染时，胎儿的死亡率达 20% ～ 40%。经产母猪和后备母猪感染一般不表现任何临床症状，配种前感染的母猪可获得免疫力，可正常怀孕与产仔。

（3）腹泻。 临床上，可从腹泻仔猪和正常仔猪（尤其是断奶后的仔猪）的粪便中分离到 PTV-1、PTV-2、PTV-3、PTV-5 和 PTV-8 等血清型毒株。人工感染试验可导致仔猪发生轻度和短暂腹泻，但危害不严重。

（4）肺炎、心包炎和心肌炎。 PTV-8 可引起呼吸困难和出血性肺炎；PTV-13 感染可导致 6 ～ 7 周龄仔猪出现脊髓灰质炎和间质性肺炎等临床症状。此外，PTV-2 和 PTV-3 感染可引起仔猪心包炎和心肌炎。

4. 病理变化

PTV 感染无特异性的大体病理变化。组织病理学变化分布于中枢神经系统，神经元呈现进行性弥漫性染色质溶解、胶质细胞局灶性增生以及血管周围淋巴细胞浸润。在死胎或新生仔猪，偶尔可见脑干有轻度的局灶性胶质增生和血管周围管套现象。PTV-2 感染猪肺脏的腹侧前部呈现灰红色实变，可见肺泡和支气管渗出物，血管和细支气管周围发生轻度的管套现象，细支气管上皮少量增生。PTV-8 感染可导致猪肺脏出血、肺脏心叶和尖叶发生实变。PTV-3 感染可引起浆液纤维素性心包炎，严重的仔猪可出现局灶性心肌坏死。

5. 诊断

猪群中出现与脑脊髓灰质炎、繁殖疾病、肠道疾病、肺炎、心包炎和心肌炎等相关临床症状时，可怀疑猪捷申病毒感染。同时，应与猪伪狂犬病、猪日本脑炎、猪血凝性脑脊髓炎等进行鉴别，确诊需进行实验室检测。

（1）病毒分离与鉴定。 利用 PK-15、IBRS-2 和 ST 细胞，可从患病猪的脊髓、脑组织中进行 PTV 分离和鉴定。

（2）核酸检测。 可采集患病猪的脑组织、心脏、肺脏、粪便等样本，进行 RT-PCR、巢式 RT-PCR 或实时荧光定量 RT-PCR 检测。

（3）抗体检测。 中和试验、免疫荧光抗体技术、ELISA 等可用于 PTV 抗体的检测。

6. 预防和控制

应采取引种严格检疫、发病猪群及时诊断、隔离和扑杀、严格消毒等综合性防控措施。限制从猪捷申病毒流行地区进口种猪和猪肉制品。有该病流行的猪场，可在母猪饲料中添加断奶仔猪的新鲜粪便，使母猪在配种前至少 1 个月自然感染流行毒株，有助于降低新生仔猪的发病率。国外有关于用氢氧化铝灭活疫苗和弱毒活疫苗进行免疫接种的报道，前者的保护率低，后者的保护率可达 80% 以上，免疫期为 6 ～ 8 个月。由于 PTV 的血清型众多，在实际生产中应考虑使用多价疫苗。猪群发病时，应及时确诊、隔离、扑杀病猪或实施全群淘汰，对猪场进行彻底消毒。

二、非典型猪瘟病毒感染

非典型猪瘟病毒感染可引起新生仔猪的神经系统疾病，以头部、四肢和身体先天性震颤（CT）为特征。该病在美洲、欧洲和亚洲的主要生猪养殖国家均有流行，对养猪生产有一定的影响。我国也有关于非典型猪瘟病毒感染的报道。

1. 病原概述

非典型猪瘟病毒（APPV）属于黄病毒科、瘟病毒属的成员之一，现种名为瘟病毒 K 型。病毒颗粒呈球形，有囊膜，直径约 60 nm。基因组为单股正链 RNA，全长为 11 ～ 11.6 kb，由 5′ 端非编码区、一个编码多聚蛋白的开放阅读框（ORF）和 3′ 端非编码区组成。ORF 翻译后的多聚蛋白可被加工成 12 种蛋白质，分别为 N^{pro}、衣壳蛋白（C）、E^{rns}、E1、E2、p7、NS2、NS3、NS4A、NS4B、NS5A 和 NS5B。APPV 可在 PK-15 等细胞中增殖。APPV 与瘟病毒属成员（如猪瘟病毒）具有相似的生物学特性。

2. 流行病学特点

APPV 可感染不同品种和日龄的家猪以及野猪，但仅新生仔猪表现临床症状。其传播途径尚不完全清楚，已有的证据表明 APPV 可通过胎盘垂直传播。经鼻腔、颈部肌肉、静脉和子宫内胚胎接种妊娠母猪，其初生仔猪可表现出先天性震颤。仔猪呈现间歇性排毒和持续性感染，病毒血症可长达 4.5 个月，粪便排毒可达 8.5 个月，猪唾液排毒可达 6 个月。从感染公猪的包皮、包皮液和精液中可检测到 APPV，但是否可通过精液传播尚不明了。

3. 临床症状

临床上，可观察到新生仔猪先天性震颤，表现为间歇性的头部抖动到全身持续颤抖，站立和行走困难，严重者出现吞咽困难甚至嘴不能合拢。

4. 病理变化

APPV 感染仔猪的脏器无明显的大体病理变化。中枢神经系统的组织病理变化表现为感染仔猪的小脑和脊髓的白质发生中度的髓鞘形成减少（低髓鞘化）、小脑白质空泡化、少突胶质细胞染色强度增强。此外，脑干、脊髓、扁桃体、肠系膜淋巴结以及血清中的病毒载量很高。

5. 诊断

若发现仔猪出现头部、四肢和身体先天性震颤的神经症状，可怀疑为 APPV 感染。可采取患病猪的中枢神经系统组织、扁桃体、淋巴结以及血清样本，经 RT-PCR、实时荧光定量 RT-PCR 以及核酸序列测定进行 APPV 核酸检测。基于 APPV 重组蛋白的间接 ELISA、阻断 ELISA 可用于猪群的 APPV 抗体检测。临床上，应与其他呈现神经症状的猪病（如猪伪狂犬病、猪日本脑炎、破伤风、猪链球菌病、猪水肿病等）进行鉴别诊断。

6. 预防和控制

目前，对 APPV 感染的流行病学及其临床意义尚不完全清楚。采取常规的生物安全措施十分必要，及时清除和淘汰先天性震颤的仔猪，防止 APPV 扩散与传播。对母猪群进行 APPV 感染监测，及时淘汰阳性母猪。

三、脑心肌炎病毒感染

脑心肌炎病毒感染可引起仔猪急性致死性心肌炎、脑炎以及怀孕母猪流产、产死胎、弱胎、木乃伊胎等繁殖障碍。成年猪多呈隐性感染。脑心肌炎病毒感染呈世界性分布，可跨物种传播并感染人类和多种动物。我国猪群也有感染，血清学阳性率较高。

1. 病原概述

脑心肌炎病毒（EMCV），现名为心病毒 A 型，属于微 RNA 病毒科、心病毒属成员。EMCV 无囊膜，二十面体对称，直径为 26～30 nm。EMCV 基因组为单股正链 RNA，全长为 7.8 kb，由 5′端非编码区（5′UTR）、一个大开放阅读框（ORF）和 3′端非编码区（3′UTR）组成，其中由 ORF 的多聚蛋白可被进一步裂解成为先导蛋白（L）、结构蛋白（VP4、VP2、VP3 和 VP1）以及非结构蛋白（2A、2B、2C、3A、3B、3C 和 3D），呈 L-4-3-4 分布特征。有 2 种血清型，即 EMCV-1 和 EMCV-2，大多数毒株属于 EMCV-1。可感染多种细胞系，BHK-21 和 Vero 细胞常用于其分离与培养。能够凝集豚鼠、大鼠、马和绵羊的红细胞。EMCV 对外界环境有较强的抵抗力，耐受酸碱（pH）的范围比较宽，并且耐受乙醚处理，60 ℃处理 30 min。有效氯含量为 0.5 mg/kg 的消毒水、含碘消毒剂以及氯化汞可有效杀灭 EMCV。

2. 流行病学特点

EMCV 感染宿主范围广泛。啮齿动物（主要是鼠类）是 EMCV 的自然宿主，猪是最易感的动物。EMCV 可致小鼠死亡。从一些发热患者、猎人、兽医、屠宰场工人以及动物园管理员的血清中可检测到 EMCV 抗体，也有从发热患者血清中分离到 EMCV 的文献报道，提示该病毒可能具有公共卫生意义。

感染猪的鼻腔、粪便等可排出病毒，进而污染饲料、饮水或器具等，易感猪经口鼻感染。也可经胎盘传播并导致胎儿死亡。鼠类在猪场 EMCV 感染与传播中发挥重要作用，被感染鼠类污染的饲料和饮水是造成猪感染的重要途径。EMCV 毒株间的致病性存在差异。

3. 临床症状

临床上有最急性型、急性型和亚临床感染。EMCV 感染仔猪可发生突然死亡，或短时间兴奋虚脱死亡。急性型病猪可见短时间的发热、厌食、精神萎靡、震颤、摇晃、瘫痪或呼吸困难等临床症状，1～2月龄仔猪的死亡率为 80%～100%。妊娠母猪感染可表现出繁殖障碍，包括流产、木乃伊胎、死胎数量增加和产弱仔等。成年猪常呈亚临床感染，偶尔可见死亡。母猪也有隐性感染。人工实验感染仔猪的潜伏期为 2～4 d，呈现一过性体温反应（41℃），大多于感染后 2～11 d 内死亡。

4. 病理变化

死于急性心力衰竭的猪最明显的病理变化为心肌炎，剖检可见心包积液，肺脏水肿和胸腔积液，心外膜和心内膜出血，心脏体积变大、质地柔软、颜色苍白、心肌有大小不等的灰白色坏死灶。此外，可见脑膜轻度充血（图 3-15-1、图 3-15-2 和图 3-15-3）。显微组织病理学检查可见严重的心肌病变，表现为多发性淋巴细胞浸润、心肌变性和坏死以及坏死心肌钙化病灶；大脑皮质和脑膜淋巴细胞浸润，大脑皮质、髓质、小脑和海马回血管周围管套现象。EMCV 感染的胎儿外观正常，有时可见出血和水肿。经免疫组化检测，EMCV 抗原信号主要分布于心肌细胞的细胞质中，扁桃体和淋巴结中的 EMCV 抗原主要分布于单核—巨噬细胞的胞质中。

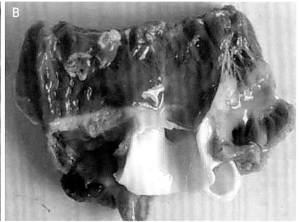

图 3-15-1　实验感染仔猪心包积液（A）和心内膜出血（B）（杨汉春 供图）

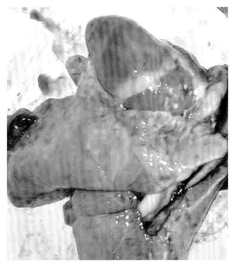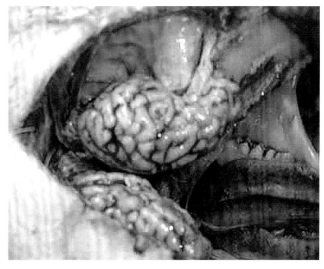

图 3-15-2　仔猪的心外膜出血和灰白色
坏死灶（杨汉春 供图）

图 3-15-3　仔猪脑膜轻度充血
（杨汉春 供图）

5.诊断

EMCV 感染所致的仔猪死亡和母猪繁殖障碍可作为临床诊断的重要指征，但需进行实验室检测确诊。临床上，应与其他可导致母猪繁殖障碍和仔猪死亡的疾病进行鉴别诊断，如猪口蹄疫、猪繁殖与呼吸综合征、猪伪狂犬病、猪瘟、猪细小病毒感染、猪圆环病毒病等。

（1）病毒分离与鉴定。 利用 BHK-21、HeLa 或 Vero 细胞可从患病猪的脑组织、心脏以及血清样本中分离 EMCV，可采用病毒中和试验、免疫荧光抗体技术、核酸序列测定鉴定病毒。

（2）核酸检测。 可采集患病猪的脑组织、心脏、脾脏、肺脏、淋巴结以及血清样本，利用 RT-PCR、实时荧光定量 RT-PCR 进行核酸检测。

（3）抗体检测。 间接 ELISA、乳胶凝集试验、免疫荧光抗体技术常用于检测猪群的 EMCV 抗体，也可用于群猪感染状况的血清学监测与调查。

6.预防和控制

定期进行猪场的灭鼠工作，防止饲料被鼠类及其粪便污染；搞好猪场的清洁卫生与消毒工作，对病死猪及时进行无害化处理；避免从发生过该病的猪场引进猪只。脑心肌炎病毒灭活疫苗有良好的免疫效果。

四、猪戊型肝炎

猪戊型肝炎（HE）是由某些基因型的戊型肝炎病毒感染引起家猪的一种急性、自限性病毒性肝炎。该病广泛流行于全球主要的生猪养殖国家和地区。HEV 还能够感染野猪和其他多种动物以及人类，是一种重要的人兽共患病，具有重要的公共卫生意义。

1.病原概述

戊型肝炎病毒（HEV）归类于戊肝病毒科、正戊肝病毒属。该属成员可被划分为 A 至 D 四个型（种），其中 A 型至少有 8 个基因型，感染猪的主要为基因 3 型、4 型、5 型和 6 型。基因 1 型和 2 型仅感染人类，基因 3 型和 4 型可感染人、猪和其他动物，基因 5 型和 6 型感染野猪，基因 7 型和 8 型分别感染单峰和双峰骆驼。迄今，猪 HEV 不能在细胞中进行培养。

HEV 粒子呈二十面体球形结构，无囊膜，直径为 27 ~ 34 nm。基因组为单股正链 RNA，全长大约 7.2 kb，分别由 5′ 端非编码区、3 个开放阅读框（ORFs）、3′ 端非编码区和 poly（A）尾组成。其中，ORF1 编码病毒的非结构蛋白，主要是 RNA 复制相关的酶（甲基转移酶、木瓜蛋白酶样半胱氨酸蛋白酶、解旋酶以及 RNA 依赖性 RNA 聚合酶）；ORF2 编码病毒衣壳蛋白，能诱导机体产生中和抗体；ORF3 与 ORF2 部分重叠，编码一种与病毒粒子形态发生和病毒从宿主细胞释放相关的多功能磷蛋白。HEV 对外界环境抵抗力不强，对高盐、氯仿敏感，但 56℃加热 1 h 后 HEV 仍具有传染性。猪肉及其制品内部温度达 71℃处理 20 min 可灭活 HEV。

2.流行病学特点

HEV 主要通过粪—口途径传播，感染猪可经粪便排出病毒，健康猪通过直接接触被感染的猪或摄入被粪便污染的饲料或水而受到感染。猪群血清 HEV 抗体阳性率与猪的日龄有关，大多数小于 2 月龄的猪呈现阴性，而多数 3 月龄以上的猪呈现阳性。无母源抗体的 2 ~ 3 月龄仔猪可被感染，病毒血症持续 1 ~ 2 周的，并通过粪便排毒 3 ~ 7 周。

3. 临床症状与病理变化

无论自然感染还是在实验感染，HEV 感染猪无特征性的临床症状，呈现亚临床感染。从病毒感染到粪便排毒的潜伏期为 1 ～ 4 周。尽管猪群中 HEV 感染率很高（80% ～ 100%），但导致的发病率和死亡率不确切。

HEV 实验感染的 SPF 猪在感染后 7 ～ 55 d 可见肝脏和肠系膜淋巴结轻度至中度肿大，显微组织病理变化为轻度至中度多灶性淋巴浆细胞性肝炎和局灶性肝细胞坏死。感染猪的肝细胞索紊乱，静脉周围轻微炎性细胞浸润，肝细胞肿胀与胞质淡染，部分肝细胞崩解，肝脏呈点状坏死和双核肝细胞数量增多（图 3-15-4 和图 3-15-5）。在感染后 20 d，肝脏炎症和肝细胞坏死程度达到高峰。HEV 感染的怀孕母猪可出现轻度多灶性淋巴组织细胞性肝炎，一些母猪可出现肝细胞坏死。基因 3 型 HEV 实验感染的尤卡坦小型猪可表现胰腺损伤以及伴有淋巴细胞浸润的肝炎。用 HEV 实验感染家兔，肝脏的组织病理变化表现为肝细胞索紊乱，肝脏汇管区周围淋巴细胞浸润，肝细胞肿胀，胞浆淡染，部分肝细胞崩解以及双核肝细胞数量增多（图 3-15-6）。

4. 诊断

猪戊型肝炎的诊断主要借助实验室手段。RT-PCR 和实时荧光定量 RT-PCR 检测方法可用于猪 HEV 核酸检测。酶联免疫吸附试验（ELISA）可用于检测猪血清中 HEV 特异性抗体。此外，基于荧光微球的免疫分析可以用于检测猪血清中 HEV 特异性 IgG 抗体。

5. 预防和控制

采取综合性防控措施控制猪戊型肝炎十分必要。做好养殖场环境卫生与消毒工作，防止犬、猫、兔、鸟类等动物进入猪舍，采取防鼠灭鼠措施，避免猪场饮用水源及饲料受到污染，加强引进和购入猪只的检疫，防止 HEV 传入猪场。对猪肉及其制品和肝脏应烹饪熟化后食用。此外，有条件的猪场应开展猪戊型肝炎流行情况的监测，及时清除感染猪。

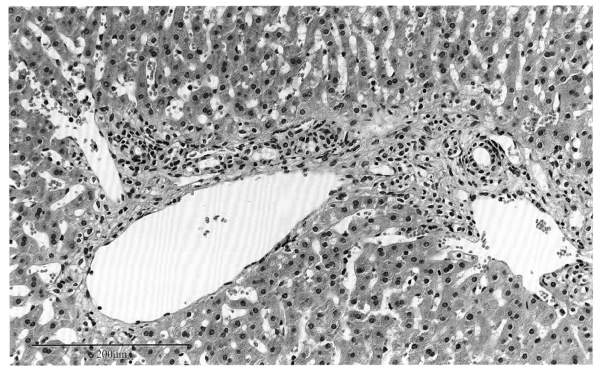

图 3-15-4　HEV 实验感染猪的肝细胞索清晰、肝脏汇管区周围炎性细胞浸润、静脉周围少量炎性细胞浸润、肝脏充血和轻微的出血、肝细胞点状坏死和双核肝细胞数量增多（赵钦 供图）

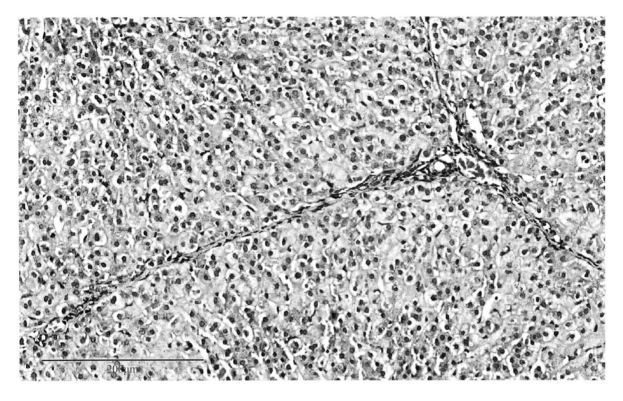

图 3-15-5　HEV 实验感染猪的肝细胞索紊乱，静脉周围轻微炎性细胞浸润，肝细胞肿胀，胞质淡染，部分肝细胞崩解，肝脏呈点状坏死和双核肝细胞数量增多（赵钦 供图）

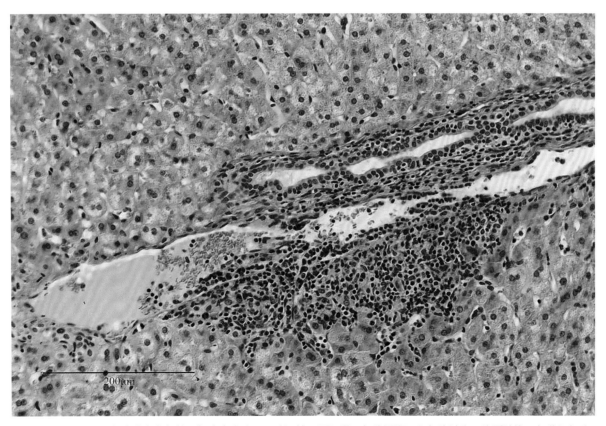

图 3-15-6　HEV 实验感染家兔的肝细胞索紊乱，肝脏汇管区周围淋巴细胞浸润，肝细胞肿胀，胞质淡染，部分肝细胞崩解以及双核肝细胞数量增多（赵钦 供图）

五、猪细胞巨化病毒感染

猪细胞巨化病毒感染可引起猪包涵体鼻炎，致胎儿和初生仔猪死亡。此外，该病毒被认为是猪呼吸道疾病综合征（PRDC）的病原之一。因此，猪细胞巨化病毒感染对养猪生产可造成一定的影响。

1. 病原概述

猪细胞巨化病毒（PCMV）属于疱疹病毒科、乙型疱疹病毒亚科、玫瑰疹病毒属，学名为猪疱疹病毒 2 型。PCMV 呈典型的疱疹病毒粒子形态，不同地理来源分离毒株的聚合酶基因和 gB 基因存在变异。可在原代猪肺巨噬细胞、猪肺细胞、猪睾丸细胞以及 PK-15 细胞和猪鼻甲骨细胞中增殖。对氯仿和乙醚敏感。

2. 流行病学特点

PCMV 感染十分普遍，呈全球分布，在猪群中的感染率达 90% 以上。PCMV 仅自然感染猪，4 周龄以内的仔猪可表现出急性或亚急性包涵体鼻炎。猪鼻、眼分泌物、尿液等可排出病毒，主要经口鼻途径水平传播。PCMV 具有潜伏感染和先天性感染特性，环境因素和营养不良可导致发病。

3. 临床症状

PCMV 感染的潜伏期为 10 ~ 20 d。感染仔猪表现出鼻炎，鼻腔分泌物增多，并伴随打喷嚏、咳嗽、呼吸困难、颤抖、增重不良等，新生仔猪可发生死亡。3 周龄以上的猪呈亚临床感染。PCMV 感染可致胎儿死亡。新生仔猪的发病率可达 100%，死亡率可达 10%，如继发细菌感染或其他病毒合并感染，死亡率可达 50%。

4. 病理变化

感染仔猪表现为卡他性鼻炎，胸腔和心包积液、肺脏水肿、肾脏淤血。感染母猪可见死胎、木乃伊胎。显微组织病理变化可见鼻黏液腺、哈德氏腺和泪腺的腺泡和腺管上皮、肾小管上皮的嗜碱性核内包涵体以及巨核细胞；也可见中枢神经系统的局灶性胶质细胞增生和包涵体。

5. 诊断

可采集鼻腔分泌物、鼻拭子和全血等样本，进行 PCMV 分离和 PCR 检测。也可采用 ELISA 检测猪群血清中的 PCMV 抗体。临床上，应与猪瘟、猪细小病毒感染、猪繁殖与呼吸综合征、猪伪狂犬病以及猪圆环病毒病进行区分。

6. 预防和控制

缺乏针对 PCMV 的有效疫苗，应开展引种检测，避免引入带毒种猪。定期对种猪群进行 PCMV 感染状况的监测，及时清除感染猪。

六、猪痘

猪痘是由猪痘病毒引起猪的一种传染病，临床特征为皮肤表面突出半球状红色硬结，化脓结痂，形成皮肤白斑。该病呈全球分布，一般呈现良性经过，对养猪生产影响不大。

1. 病原概述

猪痘病毒属于痘病毒科、猪痘病毒属的唯一成员。病毒粒子呈砖形，有囊膜，大小为

（300～450）nm×（176～260）nm；基因组为线状双股 DNA，大小为 146 kb。猪痘病毒在细胞质内增殖，并形成包涵体，在细胞单层上产生明显的细胞病变。猪皮屑内的病毒对干燥有特别强的耐受力，可存活 1 年。对热的抵抗力不强，37℃下 24 h 丧失感染性。直射日光或紫外线可迅速杀灭病毒。0.5% 的甲醛、0.01% 碘溶液数分钟即可使病毒失去感染性。

2. 流行病学特点

猪是猪痘病毒唯一的自然宿主。哺乳仔猪和断奶仔猪最为易感。疾病的发生与饲养环境的卫生条件差密切相关。不同日龄、不同品种、不同饲养管理方式及条件下，其发病率有所不同（图3-15-7）。病猪或带毒猪是主要传染源，可通过病猪排出的口、鼻分泌物污染环境而传播，还可通过猪虱、苍蝇及蚊传播，而且皮肤擦伤或创伤均有助于该病的水平传播。3～4 日龄以内仔猪的发病率可高达 100%，死亡率低于 5%，并有明显的季节性。

3. 临床症状与病理变化

潜伏期 2～5 d。猪痘的临床表现有明显的阶段性：红色斑点期、红色丘疹期、水疱期、脓疱期和结痂期（图 3-15-8）。水疱期一般较短不易发现。病程为 3～4 周，如有继发感染，病程延长。有猪虱寄生时，痘疹多见于腹下；有蚊和苍蝇时，痘疱多见于背部。病情严重的哺乳仔猪可全身出痘。3～4 月龄猪的痘疱多见于皮肤无毛区。成年猪多见于无毛区、乳房、耳（图 3-15-9）、鼻和阴部，主要病变为皮肤痘样损伤。继发细菌感染时，损伤更为严重，并形成局部化脓灶。

图 3-15-7　同群痘疹密度不同（张米申 供图）

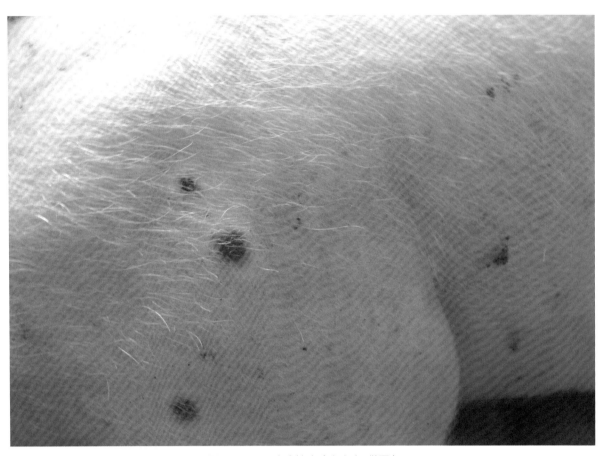

图 3-15-8　痘疹结痂（张米申 供图）

图 3-15-9　耳部是痘疹集中区域之一（张米申 供图）

4.诊断

临床诊断要点为皮肤典型痘样损伤和继发细菌感染引起的局部化脓灶，但需要与猪水疱性疾病、感染性皮肤病、寄生虫性皮肤病、过敏性皮肤病以及营养性疾病等进行鉴别诊断。采用免疫荧光技术或电子显微镜以及琼脂扩散试验可辅助确诊猪痘，PCR 可用于快速检测样本中的猪痘病毒DNA。

5.预防和控制

应注意改善猪场的环境卫生条件，进猪时应严格检疫，防止引入带毒猪，做好灭虱与驱蚊措施。隔离病猪，给予敏感抗生素以控制继发细菌感染。

七、猪星状病毒感染

星状病毒可感染人和其他多种哺乳动物以及禽类，呈全球分布。星状病毒感染主要导致猪的腹泻，偶尔引起神经系统疾病，严重者可致猪死亡，对养猪业有一定的经济损失。

1.病原概述

星状病毒（AstV）归类于星状病毒科，有 2 个属，即哺乳动物星状病毒属和禽星状病毒属。前一个属的毒株主要感染人、猪、牛、骆驼、犬、猫、鼠、貂、蝙蝠等动物，后一个属的成员主要感染鸡、鸭、火鸡、鸽等禽类。AstV 粒子直径约 30 nm，无囊膜，呈五角或六角星状形态。其基因组为单股正链 RNA，大小为 6.4 ～ 7.9 kb，由 5′ 端非编码区（5′UTR）、ORF1a、ORF1b、ORF2、3′UTR 和 poly（A）尾组成。目前，哺乳动物星状病毒可分为 19 个基因型，猪星状病毒（PAstV）有 5 个谱系（PAstV1 至 PAstV5），谱系间毒株核酸序列同源性为 40% ～ 46.6%；PAstV1 归属哺乳动物星状病毒 3 型，而 PAstV2 至 PAstV5 的分类地位尚未明确。通过在培养基中添加胰酶，利用 PK–15 和猪胚胎肾细胞（ESK）从患腹泻猪的肠道和粪便样本中可分离到致细胞病变的 PAstV。PAstV 对脂溶剂和热处理不敏感，56 ℃下可耐受 30 min，但对酸（pH 值为 3.0）比较敏感，处理 3 h 可失活。

2.流行病学特点

PAstV 可感染不同品种和日龄的猪，断奶前仔猪更易感。自然感染多发生于哺乳仔猪，主要经粪—口途径传播，具有地域性和季节性，多发于天气寒冷及气温多变的冬春季节。多数感染猪呈自限性腹泻，隐性感染猪可成为传染源。PAstV1 至 PAstV5 普遍流行于美国猪群，粪便样本中 PAstV RNA 总阳性率为 64%，其中 PAstV4 阳性率高达 97.2%。PAstV 在我国猪群也有流行。

3.临床症状与病理变化

PAstV 感染猪可表现出腹泻、呕吐、脱水和生长迟缓等临床症状。如与冠状病毒、轮状病毒以及其他肠道病毒混合感染，可致严重腹泻。在实验感染的腹泻仔猪，可见空肠和回肠表现为肠绒毛萎缩、变短，绒毛的细胞层及绒毛腔内淋巴细胞、巨噬细胞及中性粒细胞浸润。侵害神经的 PAstV 感染仔猪的大脑、脑干和小脑的白质出现轻度至中度空泡化，空泡大小不等、透明、呈圆形或椭圆形。

4.诊断

临床上，应与猪伪狂犬病、猪日本脑炎、猪血凝性脑脊髓炎、猪流行性腹泻、猪丁型冠状病毒感染、轮状病毒感染等进行鉴别。PAstV 的分离较为困难，在细胞培养基中添加胰酶，利用 PK–15 和 ESK 细胞可分离到 PAstV1，但尚无成功分离 PAstV2 至 PAstV5 的报道。可利用电镜技术、免疫荧光抗体技术以及基于随机引物扩增的二代测序技术对病毒进行鉴定。采集患病猪的粪便、脑组织等样本，运用 RT-PCR、实时荧光定量 RT-PCR 可检测星状病毒核酸。利用中和试验、免疫荧光抗体技术、ELISA 等可检测猪血清中 PAstV 抗体。

5. 预防和控制

控制措施包括引种检疫，及时诊断、隔离和扑杀发病猪以及猪场卫生消毒等。

八、猪水疱病

猪水疱病（SVD）是由猪水疱病病毒引起猪的一种急性、热性接触性传染病，临床特征为猪的蹄部、鼻端、口腔黏膜甚至乳房皮肤发生水疱，与口蹄疫相似。该病传播迅速，发病率高。

1. 病原概述

猪水疱病病毒（SVDV）属于微 RNA 病毒科、肠病毒属的成员，种名为肠病毒 B 型。病毒粒子呈球形，直径为 30 ~ 32 nm，基因组为单股正链 RNA，SVDV 只有一个血清型，对外界环境的抵抗力较强，冷冻条件下可存活较长时间。经 60℃处理 30 min 和 80℃处理 1 min 可被杀死。常用的消毒剂（如 3% ~ 5% 来苏儿、2% ~ 3% 氢氧化钠、2% 甲醛等）消毒效果不确实，短时间内很难将 SVDV 杀死。5% 甲醛、5% 氨水、1% 过氧乙酸、1% 次氯酸等消毒剂可用于消毒污染的猪舍、用具及运输车辆等。

2. 流行病学特点

猪水疱病病毒只感染猪，各种品种、年龄、性别的猪均可感染发病。发病猪和带毒猪是主要传染源。健康猪通过污染的饲料、饮水、未煮熟的泔水等经消化道感染，经损伤的皮肤和黏膜也可感染。一年四季都可发生，但多流行于冬、春寒冷季节。发病率 10% ~ 100%，死亡率很低。

3. 临床症状与病理变化

病猪病初体温升高（40 ~ 41℃），精神沉郁，食欲减退。蹄冠、蹄叉或悬蹄出现米粒大至黄豆大的水疱，水疱内充满清亮或淡黄色液体（图 3-15-10）；经 1 ~ 2 d 破溃后露出红色的、浅的破溃面，随后逐渐结痂恢复；病猪表现出疼痛感、行动困难、明显跛行（图 3-15-11）；如果破溃部位发生继发感染，可致蹄壳脱落，不能站立。部分病例的鼻盘和口腔黏膜或齿龈及舌面出现水疱和溃疡。部分哺乳母猪的乳房也可见水疱，因疼痛不愿给仔猪哺乳，可造成仔猪因吃不到奶而死亡。发病仔猪生长发育停滞，育肥猪掉膘严重，妊娠母猪可发生流产，个别猪的心内膜有条状出血斑。

4. 诊断

临床上难与猪口蹄疫、猪水疱性口炎及猪水疱疹进行区别，因此，确切诊断需依靠实验室手段。病毒主要存在于病猪的水疱液、水疱皮及淋巴结中，血液、肌肉、内脏、皮、粪便等也含有一定量的病毒。可采集病料（水疱液等）分别接种 1 ~ 2 日龄小鼠和 7 ~ 9 日龄小鼠，如果两组小鼠均发生死亡，可诊断为猪口蹄疫；如果 1 ~ 2 日龄小鼠死亡，而 7 ~ 9 日龄小鼠不死亡，则可诊断为猪水疱病；病料用 pH 值为 3 ~ 5 缓冲液处理 30 min，接种 1 ~ 2 日龄小鼠，小鼠死亡者则为猪水疱病，反之为猪口蹄疫。可进行病毒分离与鉴定以及用补体结合试验、反向间接血凝试验和免疫荧光抗体试验检测抗体进行诊断。

5. 预防和控制

强化猪场的生物安全控制措施，禁止从疫区调入猪只和引种，防止此病传入。在猪水疱病流行地区或猪场，可用猪水疱病乳鼠化弱毒疫苗（或灭活疫苗）定期进行免疫接种。用 0.1% 高锰酸钾冲洗病猪患部，然后涂擦紫药水或碘酒。采用猪水疱病高免血清或康复猪血清对发病猪进行治疗可取得较好效果。

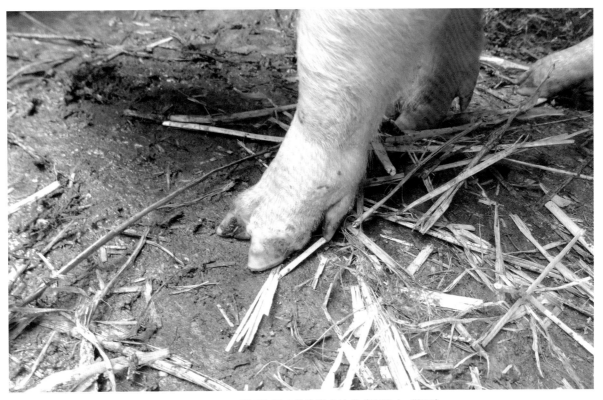

图 3-15-10　蹄冠和蹄叉首先发病较多（张米申 供图）

图 3-15-11　蹄部疼痛，谨慎行走（张米申 供图）

九、猪水疱疹

猪水疱疹（VES）是由猪水疱疹病毒所致猪的一种急性高度传染性疾病，以发热和猪口鼻、口腔黏膜、蹄部水疱为临床特征。目前，全球没有关于猪自然感染猪水疱疹的报道。

1. 病原概述

猪水疱疹病毒（VESV）为嵌杯病毒科、水疱疹病毒属成员。病毒粒子无囊膜，直径 35 ~ 40 nm，核衣壳二十面体对称，表面形成 32 个杯状凹陷。基因组为单股正链 RNA，大小为 7.4 ~ 8.4 kb。目前，猪水疱疹病毒有 40 个以上血清型。

2. 流行病学特点

该病主要经直接接触患病动物而感染，也可经喂食未经处理的污染物而传播。

3. 临床症状和病理变化

感染猪体温升高，在单一或多个部位出现水疱，如吻、唇、舌、口腔黏膜、蹄掌、趾间及蹄部冠状带。母猪（特别是哺乳母猪）乳头也可出现水疱，24 ~ 48 h 水疱可破溃而形成糜烂。

4. 诊断

临床上很难与猪口蹄疫、猪水疱病、猪水疱性口炎和塞内卡病毒 A 型感染进行区别。因此，需进行实验室诊断。可采用补体结合试验、病毒中和试验和酶联免疫吸附试验（ELISA）进行血清学检测。RT-PCR 可用于猪水疱疹病毒的检测。利用猪或猴肾细胞系可进行猪水疱疹病毒的分离培养。

5. 预防和控制

目前尚无可用于预防的疫苗，应加强进境动物及其相关产品的检疫和监测，防止该病传入。

十、猪血凝性脑脊髓炎

猪血凝性脑脊髓炎（PHE）是由猪血凝性脑脊髓炎病毒引起猪的一种以呕吐、消瘦和脑脊髓炎为特征的传染病。该病在猪中传播广泛，通常表现为亚临床感染，偶尔有暴发。

1. 病原概述

猪血凝性脑脊髓炎病毒（PHEV）属于冠状病毒科、乙型（β）冠状病毒属成员。能凝集小鼠、大鼠、鸡和其他动物的红细胞，对猪的神经组织有很强的嗜性。PHEV 只有一种血清型。可在原代猪肾细胞中增殖，形成合胞体是特征性的细胞病变；也可在 ST、PK-15、IBRS2、SK 等传代细胞系中培养。

2. 流行病学特点

猪是 PHEV 的自然宿主，其感染呈全球分布。病毒可经鼻腔分泌物、鼻—鼻接触和气溶胶传播。母源抗体对仔猪具有保护作用，非免疫母猪所产的 3 ~ 4 周龄以下的仔猪经口鼻感染才会发病。该病的临床暴发很少见，常见于初产母猪所产仔猪，新生仔猪的发病率和死亡率通常为 100%。

3. 临床症状

感染初期可见仔猪打喷嚏、咳嗽等症状。发病猪体温升高，但 1 ~ 2 d 内可恢复正常；感染后 4 ~ 7 d，出现特征性症状。3 ~ 4 周龄以下哺乳仔猪表现出与 PHEV 神经嗜性相关的临床表现：呕吐和消瘦；伴有运动障碍的急性脑脊髓炎，如步态不稳或不能站立、反应迟钝、抽搐、眼球震颤、呈犬坐姿势等。疾病后期，病猪呈现呼吸困难，昏迷后死亡。

4. 病理变化

感染猪的肉眼病变为胃扩张和腹部膨胀。显微组织病理变化为扁桃体和呼吸系统上皮变性和炎症细胞浸润、非化脓性脑脊髓炎（血管管套、胶质细胞增生和神经元变性）。

5. 诊断

临床上，应与猪传染性脑脊髓炎和猪伪狂犬病进行鉴别诊断。实验室诊断可通过病毒分离、免疫组化或 RT-PCR 进行 PHEV 检测，临床病料主要采集急性感染仔猪的扁桃体、脑干和肺脏，也可采用病毒中和试验（VN）或血凝抑制试验（HI）检测 PHEV 抗体。

6. 预防和控制

目前尚无 PHEV 疫苗，应做好猪场生物安全措施，控制 PHEV 的传播。如果猪场出现疫情，应及时清除发病仔猪，并进行无害化处理，避免疫情扩散。

十一、盖塔病毒感染

盖塔病毒可感染猪和马等多种家畜及野生动物，是一种以蚊虫为传播媒介的虫媒传染病，主要导致怀孕母猪胎儿死亡和流产等繁殖障碍，引起马发热、皮疹、腿水肿及淋巴结肿大等临床症状。该病在亚洲、大洋洲和欧洲等地区广泛流行，近年来在猪群中时有发生，引起一定的经济损失。此外，盖塔病毒也能够感染人，具有潜在的公共卫生意义。

1. 病原概述

盖塔病毒（GETV）属于披膜病毒科、甲病毒属。病毒粒子呈球形，直径约 70 nm，有囊膜和纤突。病毒基因组为单股正链 RNA，全长为 11 ~ 12 kb，5′端具有甲基化的帽状结构，3′端具有 ploy A 尾，编码 2 个并排的开放阅读框（ORF），其中 5′端的 ORF 编码 4 个非结构蛋白（nsp1 至 nsp4）；3′端的 ORF 编码 5 种结构蛋白，分别为 C、E3、E2、6K 和 E1 蛋白。GETV 基因组可频繁发生变异，变异毒株比较普遍。

GETV 可在兔肾细胞（RK-13）、Vero 细胞、猪肾细胞（SK-L）和仓鼠肺细胞（HmLu-1）等细胞系上培养和增殖。GETV 耐受低温的能力强，但在 58℃或更高温度下，数分钟内即可被灭活。在 pH 值为 7 ~ 8.15 范围内 GETV 稳定，但在酸性、紫外线以及辐射条件下会被很快灭活。此外，GETV 对甲醛、β-丙内酯、去污剂和脂溶剂等敏感。

2. 流行病学特点

GETV 主要经媒介生物传播，白雪库蚊、日本伊蚊、三带喙库蚊和棕头库蚊被认为是其主要传播媒介。在媒介生物活跃的季节，猪场 GETV 感染率显著升高。猪和马感染 GETV 可出现临床症状，但可从鸟类、灵长类、爬行动物、奶牛、水牛和山羊等多种动物以及人体内检测出 GETV 抗体。此外，小鼠、仓鼠、豚鼠和兔等动物能够经实验感染，野猪也可感染。与日本脑炎病毒共感染可能会掩盖 GETV 的感染。

3. 临床症状与病理变化

成年猪一般呈亚临床感染，胎儿和新生仔猪可发生死亡。新生仔猪的主要临床症状为震颤、精神沉郁和腹泻。5 日龄仔猪经肌肉接种 GETV，可出现厌食、皮肤发红、全身震颤、舌颤抖，一些仔猪在接种后 60 ～ 70 h 内死亡。妊娠 26 ～ 28 d 之前感染的母猪可产出发育不良、充血和变色的死胎。死亡猪无明显的大体病理变化，显微组织病理变化主要是脑组织中血管周围皮炎、脑血管管套以及淋巴组织增生。

4. 诊断

猪群中如果母猪表现繁殖障碍，仔猪出现皮肤变红、全身震颤、舌颤抖，应怀疑为 GETV 感染，但应与其他可导致母猪繁殖障碍和仔猪震颤症状的猪病（如日本脑炎、猪伪狂犬病和非典型猪瘟病毒感染等）进行鉴别。利用 RK-13、Vero 细胞等或通过脑内接种乳鼠进行病毒分离，采用中和试验、免疫荧光抗体技术等进行鉴定。感染猪的血浆、淋巴结、胎盘、羊水以及死胎的脏器样本可用于病毒分离。可采集患病猪的脾脏、淋巴结、肝脏、脑组织、肺脏、肾脏、扁桃体、胎盘、羊水以及死胎脏器，经 RT-PCR、实时荧光定量 RT-PCR 进行 GETV 核酸检测。酶联免疫吸附试验（ELISA）、血清中和试验（SN）可用于 GETV 抗体的检测。

5. 预防和控制

控制蚊虫传播媒介是预防 GETV 感染的关键措施。日本曾使用 GETV、JEV 和猪细小病毒三价减毒活疫苗用于免疫预防。我国已有的研究表明 GETV 灭活疫苗的免疫保护期至少为 7 个月。

十二、猪水疱性口炎

猪水疱性口炎（VS）是由水疱性口炎病毒引起猪的一种水疱性疾病，临床表现类似于猪口蹄疫、猪水疱病以及塞内卡病毒 A 型感染。

1. 病原概述

水疱性口炎病毒（VSV）归类于弹状病毒科、水疱病毒属。具有不同的血清型，包括新泽西水疱病毒（VSNJV）、印第安纳水疱病毒（VSIV）和安拉高斯水疱病毒（VSAV），均可导致水疱性口炎。其中，仅有新泽西水疱病毒与猪发病有关。非洲绿猴肾细胞（Vero）和乳仓鼠肾细胞（BHK-21）可用于培养水疱性口炎病毒。在 pH 值为 5 ～ 10 时水疱性口炎病毒稳定，56℃、紫外线照射可使病毒迅速失活，对脂溶剂、常规的消毒剂敏感。

2. 流行病学特点

水疱性口炎病毒可感染猪、牛、马、驴等多种动物，也可感染人。水疱性口炎仅发生于美洲地区，美国曾发生过水疱性口炎的流行。可通过多种途径传播，包括动物间的直接接触传播、昆虫媒介的机械传播。

3. 临床症状与病理变化

潜伏期为 1 ～ 3 d，流行期间的发病率可高达 90%，但死亡率极低。猪感染后 24 ～ 72 h 体温升高，口腔黏膜、鼻、乳头和蹄冠状带出现水疱，唾液分泌增多，厌食和体重减轻。蹄部可见水疱，呈现跛行症状。如无继发细菌感染，感染猪会在 2 ～ 3 周内康复。

形成的水疱通常在 1 ～ 2 d 破裂，可见稻草色的渗出物、表皮糜烂和溃疡，后可结痂。严重病例的舌上皮脱落、蹄甲脱离。

4. 诊断

临床上，应与猪口蹄疫、猪水疱病、猪水疱疹以及塞内卡病毒 A 型感染进行鉴别，同时也应排除非感染性因素引起的水疱。可采集水疱液及相关组织进行水疱性口炎病毒的检测。常用的实验室检测方法包括病毒分离培养、补体结合试验、抗原捕获 ELISA 和 RT-PCR。病毒中和试验（VN）、补体结合试验（CFT）和 ELISA 可用于血清中水疱性口炎病毒抗体的检测。

5. 预防和控制

有猪水疱性口炎流行的国家采用灭活疫苗进行预防。我国无该病，加强进境动物及其产品检疫，防止传入。如发现疑似病例，应立即上报并迅速采取严格控制措施。

十三、尼帕病毒感染

尼帕病毒感染可导致猪的呼吸系统、中枢神经系统症状的急性、热性传染病，也可呈亚临床感染。尼帕病毒是一种人兽共患病病原，可致人的病毒性脑炎和死亡，具有重要的公共卫生意义。疫情涉及南亚的马来西亚、新加坡、孟加拉国、印度和菲律宾。

1. 病原概述

尼帕病毒属于副黏病毒科、亨尼病毒属。病毒粒子呈多形性，平均直径约为 500 nm，囊膜上有长约 10 nm 的纤突。基因组为单股负链 RNA。有两种基因型：马来西亚基因型和孟加拉国基因型。尼帕病毒易于在 Vero 和 BHK-21 细胞等多种传代细胞中复制和增殖，在 Vero 细胞中可诱导大合胞体形成。抗原性与亨德拉病毒密切相关。

2. 流行病学特点

狐蝠属果蝠是尼帕病毒的自然宿主。首次疫情暴发于马来西亚，被认为是尼帕病毒从蝙蝠传播到家猪所致。尼帕病毒在猪群中具有高度传染性，传播方式为直接接触被感染动物的分泌物以及经空气传播。感染猪的调运是疫情传播的主要途径。尼帕病毒可感染犬、猫、马，人的感染与密切接触病猪有关。

3. 临床症状

尼帕病毒感染猪无特征性临床症状。临床症状因猪日龄而异，有的呈亚临床感染；有的则发病死亡，呈现呼吸系统和 / 或中枢神经系统症状。断奶仔猪和育肥猪可出现急性发热，体温升高（40℃或以上），呼吸急促、呼吸困难、干咳或张口呼吸；肌肉痉挛、后肢无力、瘫痪和共济失调。偶尔可见母猪和公猪急性死亡病例以及母猪流产。

4. 病理变化

无特征性的肉眼病理变化。亚临床感染表现为肺脏不同程度的实变、肺小叶间质增厚。有临床症状的病猪的支气管和气管充满分泌液或泡沫性液体，有时可见分泌液带血；支气管、下颌和肠系膜淋巴结肿大；脑膜充血和水肿。显微病变主要表现为呼吸道上皮多核肺泡巨噬细胞和合胞体；间质性肺炎，支气管、细支气管和血管周围单核细胞浸润，以及血管炎和纤维素性坏死；非化脓性脑膜炎和脑膜脑炎，脑膜及脑组织明显血管管套；淋巴细胞坏死和淋巴结的淋巴细胞严重缺失。

5. 诊断

基于流行病学特点和临床症状，可诊断为疑似尼帕病毒感染。确诊需在 BSL-4 实验室里进行，可采集临床样本进行病毒分离、RT-PCR 或实时荧光定量 PCR（qRT-PCR）以及免疫组化染色检测。采用 ELISA、病毒中和试验可以检测猪血中的尼帕病毒抗体。

6. 预防和控制

我国尚无此病，应加强进境、口岸检疫，防止传入。实施严格的生物安全措施，一旦发生尼帕病毒感染，必须采取严格的控制措施，封锁感染猪场和扑杀所有易感动物。

十四、猪蓝眼病

猪蓝眼病（BED）是由猪腮腺炎病毒引起猪的一种传染病，临床上以脑炎、繁殖障碍和角膜炎为特征。该病首次于1980年在墨西哥报道，目前仍时有发生。

1. 病原概述

猪腮腺炎病毒属于副黏病毒科、正腮腺炎病毒属成员。曾称为蓝眼副黏病毒或拉帕丹密考克病毒（LPMV）。其形态与分子特征和生物学特性与其他副黏病毒相似。病毒粒子呈多形性，大小为（135～148）nm×（257～360）nm，通常近似于球形。可在多种不同动物的原代细胞和传代细胞系中复制并产生细胞病变形成包涵体，也可在鸡胚中增殖。能凝集多种动物及人的红细胞。可实验感染鸡胚、小鼠、大鼠等。

2. 流行病学特点

该病仅流行于墨西哥，其他国家或地区尚无报道。猪是自然感染猪腮腺炎病毒并可出现临床症状的动物，2～15日龄仔猪最易感。疫情暴发期间，20%仔猪可受到感染，感染仔猪的发病率为20%～50%，死亡率可达90%。亚临床感染猪是主要传染源，鼻腔分泌物和尿液可排毒，主要经呼吸道（鼻—鼻接触）感染，精液也可传播病毒。此外，还可通过人员和运输车辆传播；蝙蝠、鸟类和空气有传播的可能。

3. 临床症状

通常产房仔猪最早出现临床症状，呈现神经症状和高死亡率。感染仔猪病初发热、被毛粗乱、弓背、便秘或腹泻，继而出现运动失调、虚脱、后肢强直、肌肉震颤、犬坐样姿势，驱赶时一些病例异常亢奋、尖叫或划水样运动。此外，还可见嗜睡、不愿走动、瞳孔放大、失明、眼球震颤等症状。有些仔猪出现结膜炎伴有眼睑水肿和流泪，眼睑常被分泌物粘在一起（图3-15-12）。10%以上的感染仔猪呈现单侧或双侧性角膜混浊。30日龄以上的感染猪症状轻微且为一过性，一些断奶仔猪或育肥猪可能会出现角膜混浊（图3-15-13）。受感染的母猪大多无临床症状，少数中度厌食、角膜混浊；妊娠母猪出现繁殖障碍，表现为流产、死胎和木乃伊胎增加、返情率增加、产仔率（活仔数和总产仔数）降低、空怀期延长。公猪一般无明显的临床症状，有时可见轻度厌食和角膜混浊；部分公猪精液浓度降低、畸形精子增加、精子活力降低；一些公猪睾丸和附睾明显肿胀，进而萎缩，严重者性欲缺乏。

4. 病理变化

该病无特征性病理变化。主要病理变化包括：仔猪肺脏尖叶轻度肺炎、腹腔积有少量纤维素性渗出液；脑充血（图3-15-14）、脑脊液增多；通常为单侧性结膜炎，结膜水肿；偶尔见心包和肾脏出血；公猪（单侧性）睾丸炎、附睾炎，后期睾丸萎缩。显微组织病理变化主要为非化脓性脑脊髓炎，呈多病灶和弥散性神经胶质细胞增生，淋巴细胞、浆细胞和网状细胞血管管套，神经元坏死和胞质包涵体，脑膜炎和脉络膜炎；肺脏散在的间质性肺炎，因单核细胞浸润间质增厚；角膜混浊和前眼色素层炎。

5. 诊断

基于脑炎、结膜炎和角膜混浊、母猪繁殖障碍、公猪睾丸炎和附睾炎等临床症状，并结合相关

图 3-15-12　眼睑水肿，分泌物增多（张米申 供图）

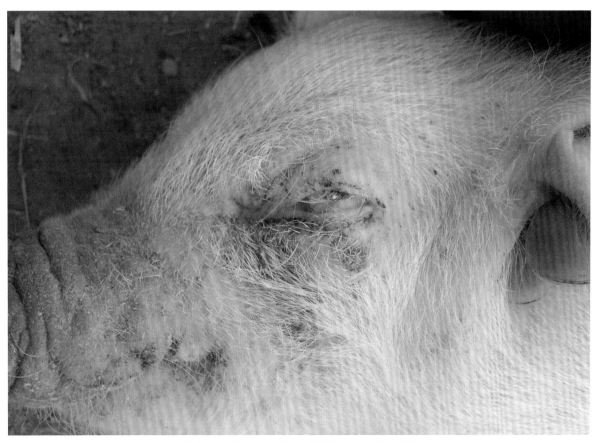

图 3-15-13　角膜混浊，眼失明（张米申 供图）

组织的显微组织病理学变化，可做出初步诊断。确诊需进行病毒分离鉴定，采用直接免疫荧光法、RT-PCR、qRT-PCR对临床组织样本进行病毒检测，采用双份血清样本（间隔15 d）经血凝抑制试验（HI）、病毒中和试验（VN）、ELISA进行抗体检测。临床上，应与致猪脑炎和繁殖障碍的其他疾病（如猪伪狂犬病、猪繁殖与呼吸综合征）进行鉴别诊断。

6. 预防和控制

国外有商业化的灭活疫苗用于猪的免疫接种。使用抗生素有助于控制发病猪群的细菌性继发感染。我国尚无此病，加强从国外引种的进境检疫十分必要。严格引种隔离和监测，实施生物安全措施，防止该病传入。

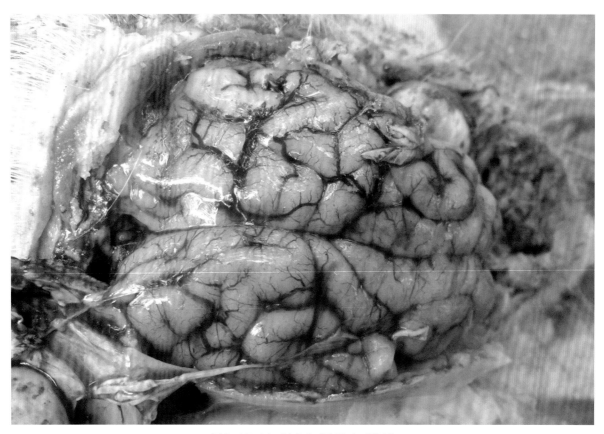

图 3-15-14 脑充血（张米申 供图）

第四章

猪细菌性疾病

第一节　猪支原体肺炎

猪支原体肺炎（MPS）是由猪肺炎支原体引起猪的一种慢性、消耗性呼吸道传染病，又称为猪地方流行性肺炎（EP），我国习惯称为猪气喘病。咳嗽和气喘是该病的主要临床特征。猪支原体肺炎对全球养猪业的影响很大，是养猪生产中最常发生、流行最广、最难净化的一种重要疫病。

一、病原概述

猪肺炎支原体（Mhp）属于支原体科的中间支原体属成员。Mhp 无细胞壁，具有多形性，常呈球状、两极状、环状、杆状，偶见分枝丝状；Mhp 不易着色，革兰氏染色阴性，吉姆萨和瑞氏染色着色良好，呈淡紫色。能在无细胞的人工培养基上生长，但培养条件严苛，需加入乳清蛋白水解物、酵母浸出物及猪血清。Mhp 对乙醚敏感，能够利用葡萄糖并产酸，1∶5 000 的亚甲蓝溶液可抑制生长。在固体培养基上生长缓慢，接种后培养 7 ～ 10 d 用肉眼或低倍显微镜可观察到露珠状、圆形、中央隆起、边缘整齐的微小菌落。

Mhp 对外界自然环境及理化因素的抵抗力不强，菌体随病猪咳嗽、喘气排出体外，污染猪舍墙壁、地面、用具，其存活时间一般不超过 36 h。日光、干燥及常用的消毒剂均可在短时间内杀灭 Mhp。病猪肺脏中的 Mhp 可在 –15 ℃存活 45 d，在 1 ～ 4 ℃存活 7 d，在 0 ℃甘油中存活 8 个月，在 –30 ℃可存活 20 个月，冻干的培养物在 4 ℃可存活 4 年。

二、流行病学特点

猪支原体肺炎的自然病例仅见于家猪和野猪，不同年龄、性别、品种的猪均可感染。哺乳仔猪和断奶仔猪易感性高，患病后症状明显，死亡率高，而怀孕母猪和哺乳母猪次之，育肥猪发病较少。病猪和隐性带菌猪是该病的主要传染源，Mhp 主要定殖于猪鼻腔和呼吸道上皮内，随鼻腔分泌物以及咳嗽、气喘和喷嚏产生的飞沫排出体外，经呼吸道感染健康猪。Mhp 可经空气短距离传播，也有长距离传播的报道。Mhp 在猪体内定殖的持续时间较长，通常为 7 ～ 8 个月，患猪具有传染性。

该病一年四季均可发生，但在气候多变、阴湿、寒冷的冬春季节发病严重，症状明显。以慢性经过为主，首次发生该病的猪群，常呈急性暴发，发病率和死亡率较高，随后渐趋缓和。在长期流行的猪场大多呈隐性感染和慢性经过，发病猪数量少，但一旦调入新的健康猪只和大量新生仔猪出生时，又可造成较为严重的临床疾病。

三、临床症状

流行性和地方流行性是该病的主要临床表现形式。阴性猪群首次感染 Mhp 时，常呈流行性，病情传播快，病猪可出现发热、咳嗽、呼吸窘迫，严重者发生死亡；通常会在感染后 2 ～ 5 个月内转变为地方流行性。地方流行性是猪支原体肺炎的常见形式，Mhp 是猪场的常在性感染病原之一。最明显的临床症状是保育猪、生长猪、育成（肥）猪咳嗽、生长迟缓和发育不良（图4-1-1）。

发病初期的猪表现为咳嗽，多为单声干咳，在进食、剧烈跑动、天气骤变时容易观察到，但病猪体温、精神、食欲都无明显变化。随着病程延长，咳嗽加重、次数增多。严重者可呈现连续痉挛性咳嗽，干咳转变为湿咳，咳嗽时常站立不动，弓背、伸颈、头下垂几乎接近地面，直到呼吸道中分泌物咳出或咽下为止；发病中期出现喘气症状，呈明显的腹式呼吸，在站立不动或静卧时尤为明显（图 4-1-2）；发病后期表现为呼吸急促、呼吸次数增多，重症猪呈犬坐姿势，张口呼吸或将嘴支于地面而喘息，病猪精神委顿，食欲废绝，体温可能超过 40.5 ℃，被毛粗乱，结膜发绀，怕冷，行走无力，最后可因衰竭窒息而死亡。

图 4-1-1　保育猪咳嗽、生长迟缓、被毛粗乱和发育不良（杨汉春 供图）

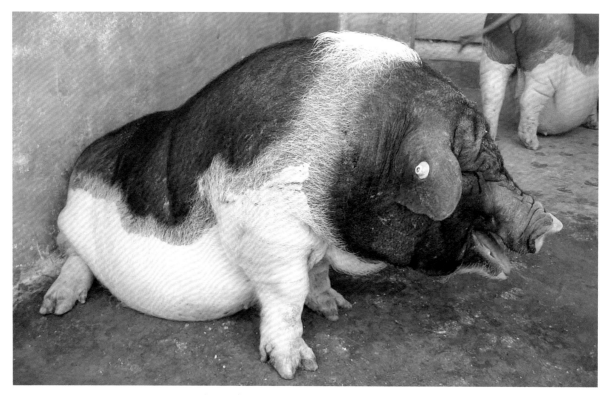

图 4-1-2　病猪咳嗽（干咳）、喘气、张口呼吸、腹式呼吸（刘芳 供图）

四、病理变化

猪支原体肺炎的大体病变见于肺脏、肺门淋巴结和纵隔淋巴结。肺脏表现为双侧肺尖叶、心叶和中间叶发生实变，有时也见于膈叶前部。实变区呈浅黄褐色、粉红色或紫红色，与正常肺组织界线明显。随着病程延长，病变逐渐扩展、融合，病变部颜色转为灰红色、灰白色或灰黄色。初期带有胶样浸润的半透明状，呈淡灰红色，如鲜嫩肉一样，俗称"肉变"（图 4-1-3、图 4-1-4 和图 4-1-5）。切面压之，从小支气管流出黏性混浊的灰白色液体。随着病程发展，病变部的颜色加深，转为浅灰或灰黄，硬度增加，类似于胰腺组织，有"胰变"或"虾肉样变"之称。随着病程延长，胶样浸润减轻，在肺膜下隐约可见粟粒大黄白色小点，切面致实、隆起，小支气管肥厚，从小支气管壁中流出白色黏液或带泡沫的暗红色液体。肺脏病变部与周围组织界线明显，病灶周围气肿，其他部分肺组织有不同程度的淤血和水肿。肺门淋巴结和纵隔淋巴结肿大、质硬，断面呈黄白色，呈髓样变，淋巴滤泡明显增生。

感染早期的显微病变包括呼吸道内、气管周围以及肺泡中存在少量中性粒细胞聚集，在小动脉、小静脉外膜以及气管周围存在少量淋巴细胞。第二期病变发生于感染后 7 ～ 28 d，其特征为肺泡内有明显的中性粒细胞、液体和巨噬细胞聚集，Ⅱ型肺泡上皮细胞增生，血管和支气管周围淋巴细胞、组织细胞和浆细胞增多，支气管周围形成淋巴结节，支气管上皮细胞或纤毛部分脱落。第三期病变发生于感染后 17 ～ 40 d，表现为进行性支气管和细支气管周围淋巴增生、血管周围单个核细胞急剧增加以及进行性肺泡性肺炎。第四期病变出现在感染后 69 ～ 210 d，为晚期和恢复期，由大量淋巴细胞和少量浆细胞形成广泛的支气管周围管套。如果病猪继发其他细菌或病毒感染，则病变更加复杂。

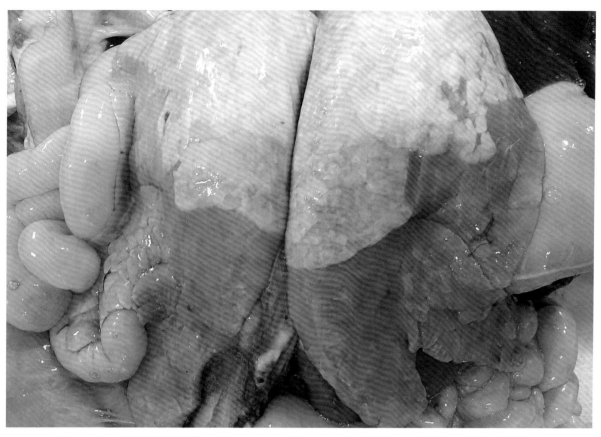

图 4-1-3　病猪肺脏隔叶前缘、心叶、尖叶、中间叶实变，呈对称性，病变组织与正常组织界线分明

（刘芳　供图）

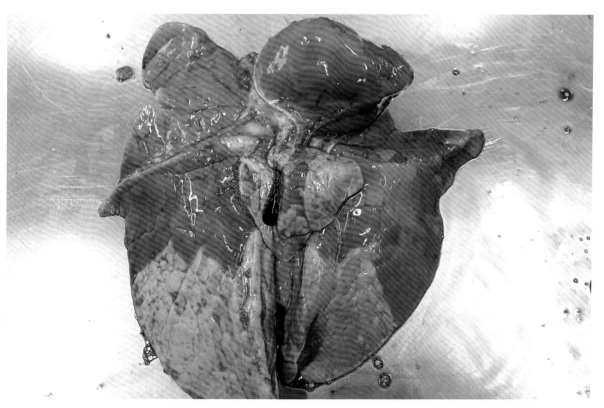

图 4-1-4　病猪肺脏隔叶前缘、心叶、尖叶、中间叶似鲜嫩肉的"肉变"，呈对称性，病变组织与正常组织界线分明

（刘芳　供图）

五、诊断

1. 临床诊断

猪群中出现咳嗽和气喘等症状时，应怀疑猪支原体肺炎。

2. 病原学检测

利用 Friis 培养基对 Mhp 进行分离培养是确诊 MPS（猪支原体肺炎）的传统金标准。此外，可采集患病猪的呼吸道上皮和肺组织，制备冷冻或石蜡切片，进行间接免疫荧光抗体试验（IFA）或免疫组化染色（IHC）检测。

图 4-1-5　病猪肺脏中间叶"肉变"，病变组织与正常组织界线分明
（杨汉春　供图）

3. 核酸检测

可利用原位杂交（ISH）检测组织中的 Mhp 核酸，PCR、巢式 PCR 和 real-time PCR 等方法均可用于 Mhp 核酸检测。最敏感的样本为出现典型眼观病变的肺组织，此外唾液、鼻拭子、扁桃体拭子、喉拭子、气管支气管拭子和气管支气管灌洗液等也可作为检测样本。

4. 抗体检测

以全菌或 Mhp 蛋白作为包被抗原的间接 ELISA 或阻断 ELISA，可用于检测血清样本中 Mhp 特异性 IgG。

5. 鉴别诊断

应注意与猪传染性胸膜肺炎、猪肺线虫病和猪蛔虫病等具有相似临床症状的疫病进行鉴别诊断。

六、预防和控制

1. 预防

应采取综合性措施预防猪支原体肺炎，包括加强饲养管理与卫生消毒工作，实行全进全出的生产方式，后备母猪适当驯化（50 日龄左右接触 Mhp），稳定的猪群免疫接种，合理的饲养密度，其他呼吸道疾病的预防以及最适的猪舍和环境条件。对 7 ～ 10 日龄仔猪进行早期断奶并转移到隔离的猪舍中，可显著降低母猪的垂直传播。目前，商业化应用的疫苗有猪支原体肺炎弱毒活疫苗和灭活疫苗以及猪肺炎支原体与猪圆环病毒 2 型二联灭活疫苗。疫苗免疫有助于降低猪群支原体肺炎的发病率，减轻肺部病变。猪场应根据实际情况制定合理的免疫程序，可采取如下免疫方案：①弱毒活疫苗，仔猪 5 ～ 7 日龄免疫，3 月龄时可对确定种用的猪进行二免；②灭活疫苗，仔猪 7 ～ 14 日龄首免，21 ～ 28 日龄二免，3 月龄时可对确定种用的猪进行三免。此外，也可采取猪支原体肺炎弱毒活疫苗与灭活疫苗联合免疫的方式，如使用猪支原体弱毒活疫苗进行基础免疫后 14 d 再使用灭活疫苗进行加强免疫，有助于提高疫苗免疫的预防效果。

2. 治疗

可使用四环素类和大环内酯类药物。其他有效药物包括林可酰胺类、截短侧耳素类、氟喹诺酮类、氟苯尼考、氨基糖苷类和氨基环醇类。

3. 净化

猪支原体肺炎的净化难度较大。对于呈隐性感染的种猪场，可经常性地开展监测工作，及时发现病猪和可疑病猪，实行隔离饲养和及时治疗，逐步淘汰，培育无猪支原体肺炎的健康猪群。

第二节　猪格拉瑟病

格拉瑟病是由猪格拉瑟菌引起猪的一种接触性细菌性传染病，又称为多发性纤维素性浆膜炎和关节炎。该病呈世界性分布，不同品种和日龄的猪均可感染，临床上以患病猪体温升高、关节肿胀、呼吸困难、多发性浆膜炎、关节炎和高死亡率为特征，是对全球养猪业危害严重的细菌性疾病之一。

一、病原概述

猪格拉瑟菌属于巴氏杆菌科、格拉瑟菌属，旧名为副猪嗜血杆菌。该菌为革兰氏阴性菌，呈多形性，从球杆状到丝链状，无鞭毛和芽孢，通常可形成荚膜，但体外培养时会受到影响。血清型复杂多样，按照 Kieletein-Rapp-Gabriedson（KRG）琼脂免疫扩散血清分型方法，至少可分为15 种血清型，另有 20% 以上的分离菌株尚不能被分型。不同血清型菌株的致病力差异较大，其中血清 1 型、5 型、10 型、12 型、13 型和 14 型的毒力最强，血清 2 型、4 型、8 型和 15 型次之，而血清 3 型、6 型、7 型、9 型和 11 型毒力相对较弱，部分菌株为条件性致病菌。临床上，血清2 型、4 型、5 型和 13 型较为常见。不同血清型的菌株之间交叉免疫力差，给该病的免疫预防带来了很大困难。

猪格拉瑟菌需氧或兼性厌氧，最适生长温度为 37 ℃，pH 值为 7.6 ～ 7.8。生长过程中需要烟酰胺腺嘌呤二核苷酸（NAD，即 V 因子），但不需要氯化血红素（X 因子）。可在营养丰富的巧克力琼脂平板中生长，但不能在血琼脂平板中生长。当该菌与可提供 V 因子的葡萄球菌交叉划线于血琼脂平板中时也可以生长，并产生特征性的卫星生长现象（图 4-2-1）。在巧克力琼脂平板上需要1 ～ 3 d 才能长出棕色至灰白色的小菌落，或在血琼脂平板上长出半透明、非溶血的小菌落。该菌对外界环境的抵抗力不强，在干燥环境中容易死亡，60℃处理 5 ～ 20 min 可被杀死，4 ℃ 可存活7 ～ 10 d。对常用的消毒剂敏感。

图 4-2-1　猪格拉瑟菌在鸡表皮葡萄球菌菌落周边呈"卫星"状生长（刘芳 供图）

二、流行病学特点

　　家猪和野猪是该病的自然宿主。2 周龄至 4 月龄的猪尤为易感，特别是断奶前后的仔猪和保育猪，发病率一般为 5% ～ 10%，严重时病死率可达 50%，成年猪通常呈现零星散发。该病的潜伏期从不足 24 h 至 4 ～ 5 d 不等。病猪和带菌猪是主要传染源，无症状的带菌猪是最危险的传染源。该菌主要定殖于猪的上呼吸道，通过呼吸道和消化道传播。猪格拉瑟菌在仔猪鼻腔内的定殖高峰出现于 60 日龄，从同一头仔猪的鼻腔中可同时分离到多种不同血清型菌株，而且有报道显示在一个生产周期内从同一个猪场可分离到多达 16 种不同的菌株。尽管在同一猪群中存在多种菌株，但是格拉瑟病的暴发一般仅与其中的一种流行菌株相关。

　　该病一般呈散发，也可呈地方流行性。饲养管理不善、空气污浊、拥挤、饲养密度过大、长途运输、天气骤冷等应激因素都可引起暴发，并使病情加重。其发生和流行的严重程度以及造成的经济损失与猪群中猪肺炎支原体、猪繁殖与呼吸综合征病毒、猪圆环病毒 2 型、猪流感病毒等病原的存在有密切关系。临床上，该病常继发于猪繁殖与呼吸综合征、猪圆环病毒病等。

三、临床症状

临床上，格拉瑟病可分为最急性型、急性型和慢性型。

1. 最急性型

病程较短，通常短于48 h，病猪可发生突然死亡，而无明显的临床症状。

2. 急性型

典型临床症状包括高热（41.5℃）、咳嗽、腹式呼吸、关节肿胀伴有跛行、侧卧、四肢划动和震颤等中枢神经症状，此类症状可同时或单独出现。患病猪一般在2～3 d内死亡，急性感染的母猪可发生流产。

3. 慢性型

尽管轻度至中度临床症状的病猪能够存活，但通常发展为以被毛粗乱、生长迟缓和跛行为特征的慢性病例，并伴有呼吸困难、咳嗽、消瘦等症状，大多成为僵猪。

四、病理变化

死于最急性型病例的猪，通常无明显的眼观病变，但在某些组织中偶尔可见点状出血，如弥散性血管内凝血和微出血等类似败血症的病变，也可见到胸腔和腹腔中不含纤维蛋白的血性浆液增多。

急性型全身感染病例以纤维素性或纤维素性脓性多发性浆膜炎、多发性关节炎和脑膜炎为特征（图4-2-2至图4-2-6）。在胸膜、心包膜、腹膜、关节滑膜及脑膜可见纤维素性渗出物，浆膜腔内液体增多（胸腔、心包与腹腔积液）、混浊，内含大量蛋白及炎性细胞成分。随着病程发展，纤维素渗出物逐渐凝集，可导致心包炎、心包粘连或绒毛心，也可导致胸膜炎或腹膜炎，并因胸肺粘连或腹腔组织粘连而引起呼吸困难或肠梗阻。关节炎主要表现为关节囊肿大，关节液增多、混浊，内含灰白色或橙黄色浆液性渗出物。在一些病例还可见肺脏水肿、肾盂炎等病变。

慢性型感染猪通常表现出严重的心包膜、胸膜和/或腹膜纤维化，以及慢性关节炎。

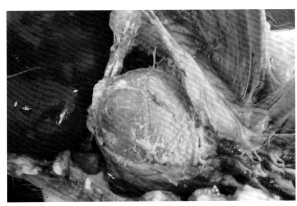

图4-2-2 心包炎（纤维素性脓性渗出物）、心包粘连（绒毛心）（杨汉春 供图）

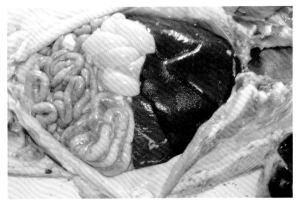

图4-2-3 病猪胸膜炎（胸腔积液）、心包炎（心包积液）、腹膜炎（腹腔积液、纤维素性渗出物、肠粘连）（杨汉春 供图）

图 4-2-4　胸腔积液、心脏和肺脏表面的纤维素性渗出物、肺脏与胸膜粘连（刘芳　供图）

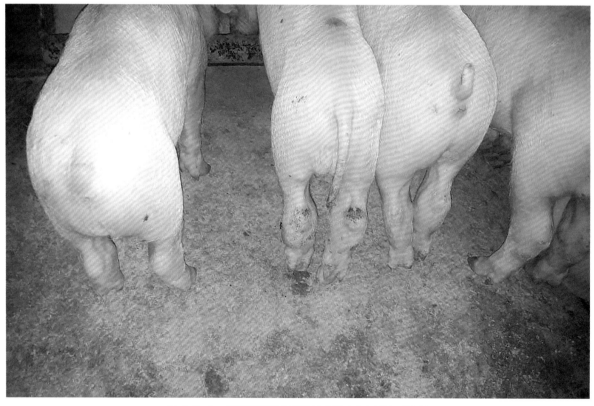

图 4-2-5　病猪关节炎（后肢关节肿大）（刘芳　供图）

五、诊断

依据该病的流行病学特点、临床症状与特征性剖检病变，可做出初步诊断。必要时可进行实验室检测进行确诊。

1. 细菌分离培养与鉴定

鉴于猪格拉瑟菌可以定殖于健康猪的上呼吸道，因此从鼻腔和气管中分离或检出细菌并非意味着发病，所以从患病猪治疗前的纤维素性渗出物、病变脏器以及肺脏病灶中分离猪格拉瑟菌才有诊断意义。可从同一头猪的多个部位进行样本采集，用艾米斯运送培养基（Amies transport media）保存采样拭子并进行冷链运输，可以极大提高分离成功率。利用巧克力琼脂培养基或与葡萄球菌做交叉划线接种于血琼脂进行猪格拉瑟菌分离，挑取可疑菌落进行生化鉴定和血清型定型。

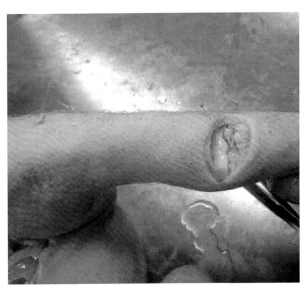

图 4-2-6　病猪关节炎（关节肿大，内有灰白色半透明渗出液）（刘芳 供图）

2. 病原检测

基于 16S rDNA 的 PCR、基于 *inf* B 基因的荧光定量 PCR 以及 ERIC-PCR 均可用于检测猪格拉瑟菌，荧光定量 PCR 的检测限为 0.83 ~ 9.5 个菌落形成单位（CFU）。PCR 方法还可以用于区分毒力和无毒力菌株。一种基于 *vtaA*s 基因的多重 PCR 方法可以进一步确定菌株是否具有潜在的侵袭力。免疫组织化学（IHC）、原位杂交技术（ISH）可用于检测感染猪组织病灶中的猪格拉瑟菌。

3. 抗体检测

酶联免疫吸附试验（ELISA）可用于检测猪群的抗猪格拉瑟菌的抗体。

4. 鉴别诊断

应注意与猪水肿病、猪鼻支原体和猪滑液支原体感染、猪链球菌病等具有相似临床症状的疫病进行鉴别诊断。同时，还应区别是继发于其他疾病还是与其他病原的混合感染。

六、预防和控制

1. 预防

主要措施包括：①加强饲养管理，避免或减少应激，严格执行生物安全措施和猪舍环境消毒，降低饲养密度；②新引进猪群时，应先隔离饲养，并维持 2 ~ 3 个月的适应期，以使那些没有免疫接种但有感染条件饲养的猪群建立起保护性免疫力；③避免将不同来源和日龄的猪混合饲养。

2. 免疫

疫苗接种是预防格拉瑟病的一种有效方法。目前已有用于免疫的商品化格拉瑟病疫苗（包括多价疫苗），但所有疫苗对异源菌株或不同血清型的菌株的交叉保护效力十分有限。自家苗可以为易感猪群提供良好的保护力，但是，必须利用分型方法确保疫苗中包含的菌株是合适的全身性分离菌株，分离菌株样本的采集应该选择全身各器官而不是呼吸系统部位。建议的免疫程序：①母猪，初免猪产前40 d一免，产前20 d二免；经免猪产前30 d免疫一次。②仔猪，7～30日龄首免，一免后15 d进行二免。

3. 治疗

格拉瑟病的治疗效果较差。猪群发病后应及时对全群猪进行治疗。应基于药敏试验结果，科学使用敏感的抗生素。只采用口服或注射途径对发病猪只的效果较好。猪格拉瑟菌对氟苯尼考、替米考星、头孢菌素、庆大霉素、壮观霉素、磺胺及喹诺酮类等抗生素敏感。

第三节 猪传染性胸膜肺炎

猪传染性胸膜肺炎是由胸膜肺炎放线杆菌引起猪的一种高度传染性呼吸道疾病。急性病例以出血性纤维素性胸膜肺炎为特征，慢性病例以纤维素性坏死性胸膜肺炎为主要特征，急性型呈现高死亡率。该病广泛分布于全球主要养猪国家，是影响规模化养猪业的重要细菌性疾病之一，造成的经济损失巨大。

一、病原概述

猪胸膜肺炎放线杆菌（App）属于巴氏杆菌科、放线杆菌属，为革兰氏阴性小球杆菌，具有多形性，新鲜病料呈两极染色。有荚膜和鞭毛，无芽孢，兼性厌氧。具有运动性，有些菌株具有周身性纤细的菌毛。在巧克力琼脂平板上生长良好，37 ℃培养24～48 h可形成圆形、隆起、表面光滑、边缘整齐的灰白色半透明小菌落。根据培养时是否需要烟酰胺腺嘌呤二核苷酸（辅酶Ⅰ）（NAD），App可分为生物Ⅰ型（NAD依赖型）和生物Ⅱ型（NAD非依赖型）。生物Ⅰ型菌株不能在血琼脂平板上生长，但在培养基中添加NAD或将其与葡萄球菌交叉划线于血琼脂平板时也可以生长，并产生卫星生长现象，培养24 h后可形成直径0.5～1 mm的菌落并呈β溶血。生物Ⅱ型菌株在不含NAD的血琼脂平板上容易生长。生物Ⅰ型菌株毒力强，危害大；生物Ⅱ型可引起慢性坏死性胸膜肺炎，常从猪体内分离到生物Ⅱ型。根据细菌荚膜多糖和脂多糖抗原性的差异，目前可将App分为18个血清型，其中生物Ⅰ型包含15个血清型（1～12型、15型、16型和18型），生物Ⅱ型包含3个血清型（13型、14型和17型），血清5型又被进一步分为5a亚型和5b亚型。有可能还存在一些未被鉴定的新的血清型。不同血清型菌株的毒力存在明显的差异，不同血清型的菌株之间具有血清学交叉反应，如1型、9型和11型，3型、6型、8型和15型，以及4型和7型之间。

细菌荚膜、脂多糖、外膜蛋白、黏附素和Apx毒素等是App的主要毒力因子，其中Apx毒素是最主要的毒力因子。App在环境中的存活时间短，对常用消毒剂和温度敏感，60℃处理5～20 min

即可被杀灭，4 ℃可存活 7 ～ 10 d；App 不耐干燥，环境中的细菌难以存活，而在黏液和有机物中可存活数天。

二、流行病学特点

家猪和野猪均可感染，6 周至 6 月龄的猪较易感，尤其是 3 月龄左右的生长猪最为易感。病猪和带菌猪是主要传染源，亚临床感染的母猪、种公猪和康复带菌猪在该病的传播中也起着十分重要的作用。App 主要存在于感染猪的鼻腔分泌物、扁桃体、支气管和肺脏病灶等部位，病菌随呼吸、咳嗽、喷嚏等途径排出，通过直接的鼻—鼻接触和短距离的飞沫传播，也可通过被病菌污染的饲料、车辆、器具以及饲养人员的衣物等间接接触传播。引入带菌猪是不同猪群间和猪场间传播的主要原因。大多数猪群会感染一种或多种血清型的菌株。

该病的发生具有明显的季节性，多发生于 4—5 月和 9—11 月。饲养环境突然改变、转群或混群、拥挤或长途运输、通风不良、湿度过高、气温骤变等应激因素均可引起该病发生和传播加速，导致猪群的发病率和死亡率升高。

三、临床症状

该病的临床症状因猪的日龄、猪群的免疫状态、养殖环境条件和病原感染程度的不同而异。临床病程可分为最急性型、急性型、亚急性型和慢性型。

1. 最急性型

同一或不同猪圈的一头或多头猪突然发病，体温升高（41 ～ 42 ℃）、精神沉郁和厌食、出现短暂的腹泻和呕吐症状，有的猪突然死亡而无任何临床症状。病猪通常躺地不起，无明显呼吸道症状、心率加快；初期鼻、耳、腿部皮肤发绀，之后全身皮肤发绀；后期心衰，出现严重的呼吸困难，常呆立或犬式坐姿、张口呼吸。临死前体温下降，严重者会从口腔和鼻腔流出大量泡沫带血的分泌物（图 4-3-1、图 4-3-2 和图 4-3-3）。病猪于出现临床症状后 24 ～ 36 h 死亡，病死率高达 80% ～ 100%。人工感染猪从感染到死亡的病程可能只有 6 h。

2. 急性型

发病猪体温升高（40.5 ～ 41 ℃），精神沉郁、不愿站立、拒食和拒饮，呼吸困难、咳嗽、张口呼吸、心衰，皮肤发红。多数病猪通常会在 2 ～ 4 d 内死亡，耐过猪可逐渐康复或转为慢性。同一猪群中可能会出现病程不同的病猪，如亚急性型和慢性型。

3. 亚急性型和慢性型

急性期后期出现，通常由急性型转化而来，多因急性病例经抗生素治疗后未能将病菌完全清除，或由中等毒力血清型菌株感染而引起。临床表现为轻度发热或不发热（39.5 ～ 40 ℃），并出现不同程度的自发性或间歇性咳嗽，常有很多隐性感染猪。因食欲减退导致增重降低、生长发育迟缓。病程数天至 1 周不等。若与其他呼吸道病原混合感染时，可加重患病猪的临床症状。

图 4-3-1　病猪体温升高、呕吐、厌食（刘芳　供图）

图 4-3-2　病猪呼吸困难、呈犬式坐姿、张口呼吸（刘芳　供图）

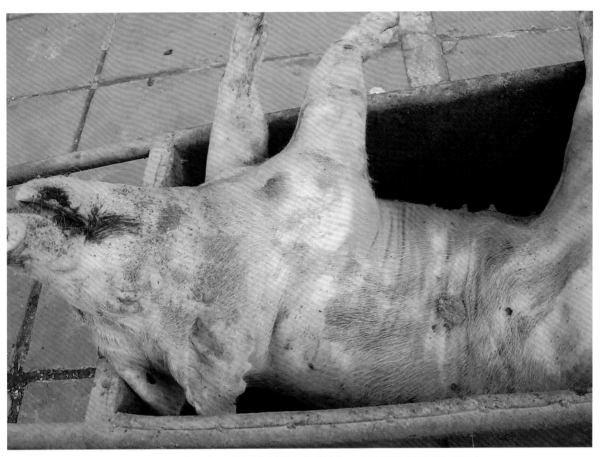

图 4-3-3　病死猪口腔流出泡沫带血的分泌物、皮肤发绀（杨汉春　供图）

四、病理变化

以肺脏和呼吸道的病理变化为主，肺脏病变的严重程度与临床病程有关，呈现单侧、双侧、大叶性、弥漫性或多灶性肺炎（图 4-3-4、图 4-3-5 和图 4-3-6）。

1. 最急性型

病死猪剖检可见气管和支气管内充满泡沫状带血的黏液性渗出物，肺脏的炎症区域呈暗红紫色，轻度至中度坚硬且有弹性，伴有少量或无纤维性渗出物，肺切面呈弥漫性出血，易碎。

2. 急性型

急性期病死猪（感染后存活 24 h 以上的猪）剖检可见明显的病理变化。喉头充满血样液体，胸膜表面可见明显的纤维素（蛋白）层，胸腔含有带血的液体，双侧性肺炎，常在心叶、尖叶和膈叶出现病灶，病灶区呈暗紫红色、质地坚硬有弹性、轮廓清晰，含有丰富纤维蛋白的区域有暗紫红色至浅白色的斑点。随着病程的发展，纤维素性胸膜肺炎可蔓延至整个肺脏。

3. 亚急性型和慢性型

肺脏可能出现大的干酪样病灶或空洞性坏死灶，空洞内可见坏死碎屑。若继发其他细菌感染，则肺炎病灶转变为脓肿，致使肺脏与胸膜发生纤维素性粘连。肺脏上可见大小不等的结节（常见于膈叶），结节周围包裹有较厚的结缔组织，有的结节在肺内部，有的突出于肺表面，其上因有纤维素附着而与胸壁、心包或肺脏粘连。

显微组织病理变化表现为：发病早期可见肺脏坏死、出血，中性粒细胞、巨噬细胞浸润，肺血管内有血栓形成，肺脏大面积水肿并有纤维素性渗出物；急性期后则主要以巨噬细胞浸润、坏死灶周围有大量纤维素性渗出物及纤维素性胸膜炎为特征。

图 4-3-4　病死猪气管内泡沫状的黏液性渗出物（刘芳　供图）

图 4-3-5　肺脏出血、纤维素性渗出物；病变区呈暗紫红色（杨汉春　供图）

图 4-3-6　病死猪胸腔积血、肺脏出血与坏死、纤维素性渗出物、肺脏与胸膜纤维素性粘连（杨汉春 供图）

五、诊断

基于流行病学特点、临床症状和剖检病理变化特征可以做出初步诊断，确诊需进行实验室诊断。

1. 细菌分离培养与鉴定

采集最急性期或急性期未经治疗猪只的肺脏病变区，尤其是刚死亡猪只的肺部病变部位相对容易分离出 App。利用巧克力琼脂培养基或与葡萄球菌做交叉划线接种于血琼脂进行 App 分离，挑取可疑菌落进行革兰氏染色镜检、生化鉴定和血清型定型。

2. 核酸检测

基于 *cps*、*cpx*、*apx*、*lps* 等基因的 PCR 和巢式 PCR、基于 *apxIVA* 基因的荧光定量 PCR 和 CRISPR/Cas12a 均可用于检测 App，最佳样品为肺脏病变区和扁桃体。

3. 抗体检测

ApxIV-ELISA、LPS-ELISA、基于 LPS 和荚膜抗原的多重荧光微球免疫分析法、补体结合试验（CFT）可用于检测 App 抗体。检测时应考虑所用方法与当地流行菌株的血清型相符的问题。

4. 鉴别诊断

应注意与猪支原体肺炎、格拉瑟病和猪巴氏杆菌病等具有相似临床症状的疾病进行鉴别诊断。

六、预防和控制

1. 预防

主要措施包括：①加强饲养管理，严格卫生消毒措施，注意通风换气，减少应激，保持猪群营养均衡；②加强猪场生物安全措施，采用全进全出饲养方式，从无病猪场引种，新引进的猪需经血清学检测确认为阴性，并隔离饲养一段时间后再混群；③早期断奶（＜21 d）可降低仔猪感染风险。

2. 免疫

可用商品化的猪传染性胸膜肺炎灭活疫苗和亚单位疫苗。仔猪一般在 5 ～ 8 周龄时首免，2 ～ 3 周二免；母猪在产前 4 周进行免疫接种。可应用包括国内主要流行菌株和猪场分离菌株制成的灭活疫苗进行预防，可取得较好的免疫效果。

3. 治疗

该病早期治疗可取得较好的效果，应根据药敏试验结果选择有效的抗生素。发病猪只采用注射或口服途径给药效果较好。App 对头孢噻呋、氟苯尼考、恩诺沙星、红霉素、克林霉素、甲氧苄啶／磺胺类药物和替米考星等抗生素敏感。对发病猪群可在饲料中适当添加大剂量的抗生素有利于控制疫情。抗生素虽可降低死亡率，但经治疗的病猪常仍为带菌者，药物治疗对慢性型病猪效果不理想。

第四节　猪大肠杆菌病

猪大肠杆菌病是由一些血清型的致病性大肠杆菌引起猪的急性消化道传染病的总称。仔猪黄痢、仔猪白痢和仔猪水肿病是临床上常发的 3 种疾病，以肠炎、肠毒血症为主要特征。该病在世界各地普遍存在，是导致仔猪死亡的重要原因，对养猪业的危害极大。

一、病原概述

大肠杆菌（*Escherichia coli*）属于肠杆菌科、埃希菌属，为革兰氏阴性、两端钝圆的短杆菌，有鞭毛，无芽孢，大多数菌株有荚膜和菌毛。大肠杆菌为需氧或兼性厌氧，最适生长温度为 37 ℃，最适 pH 值为 7.2 ～ 7.4。在普通培养基上生长良好，可形成隆起、边缘整齐、光滑、湿润的灰白色菌落。在麦康凯培养基上形成红色菌落，在伊红－亚甲蓝（HE）培养基上形成带金属光泽的黑色菌落。具有鉴别意义的生化特性包括：MR 试验阳性、VP 试验阴性，能够发酵葡萄糖和乳糖等多种碳水化合物、产酸产气，不液化明胶，不能利用枸橼酸盐。大肠杆菌广泛存在于自然界中，尤其是在潮湿、阴暗、寒冷的环境中可存活数月之久，但 60 ℃处理 15 min 可将其灭活，对常用的消毒剂敏感。

大肠杆菌的抗原结构较为复杂，主要由菌体抗原（O）、荚膜抗原（K）、鞭毛抗原（H）和菌毛抗原（F）等组成，抗原组合可形成不同血清型的菌株。迄今为止，正式确定的 O 抗原有 188 种、K 抗原 103 种、H 抗原 56 种、F 抗原 20 余种。其中，最常见的血清型 K88、K99 和 987P，又被命名为 F4、F5 和 F6。对猪致病的大肠杆菌主要如下。①产肠毒素大肠杆菌（ETEC），借助于黏附素黏附于肠上皮细胞，定殖和进行生长繁殖，产生耐热肠毒素（ST）和不耐热肠毒素（LT）引起新生仔猪和断奶仔猪腹泻和肠炎。②肠致病性大肠杆菌（EPEC），细菌编码的分泌蛋白进入肠上皮细胞，使细菌与宿主肠上皮细胞紧密黏附，引起特征性的黏附与脱落（AE）损伤，导致仔猪腹泻。③产志贺毒素大肠杆菌（STEC），包括水肿病大肠杆菌（EDEC）和肠出血性大肠杆菌（EHEC）。仔猪水肿病（ED）是由 EDEC 菌株通过黏附定殖于小肠，产生志贺毒素变种 Stx2e（VT2e），进入血流损伤血管壁，导致靶组织水肿，菌毛黏附素 F18ab 和 F18ac 变种也可能参与菌体对小肠的黏附定殖；而 EHEC 菌株对人具有高度致病性（主型为 O157：H7），主要引起人类血便，多数菌株具有 AE 因子。④肠道外致病性大肠杆菌（ExPEC），是一群不同种类的大肠杆菌，正常情况下定殖于肠道中，但是在特殊情况下他们能够侵袭机体，并引起菌血症、败血症或局部肠道外感染（如脑膜炎、关节炎等）。ExPEC 菌株无稳定的毒力因子，但是拥有不同菌株之间差异很大的多种毒力因子，通常携带有利于细菌黏附定殖的 P、S 和 F1C 家族的菌毛抗原以及细胞毒素。⑤其他种类的大肠杆菌，包括造成致死性休克的大肠杆菌、大肠菌群乳房炎（CM）大肠杆菌以及非特异性尿道感染（UTI）大肠杆菌等。

二、流行病学特点

大肠杆菌主要存在于猪的胃肠道和产道中，患病猪和带菌猪是主要传染源。病菌随粪便排出后污染饲料、饮水、土壤、器具、猪舍环境以及母猪的乳头和体表，健康猪通过直接或间接接触后经消化道感染，可短距离经气溶胶传播。大肠杆菌病一年四季均可发生，炎热潮湿的夏季和寒冷的冬季多发。饲养密度过大、通风不良、猪舍温度过低、卫生和消毒不彻底以及应激因素是导致大肠杆菌病发生的重要原因。

不同日龄的猪对不同血清型致病性大肠杆菌的易感性有所不同，造成的发病率、死亡率以及临床症状差异较大。①仔猪黄痢多发于 0～4 日龄仔猪，新生仔猪出生 2～3 h 后便可发生，可影响单头或整窝仔猪，发病率和死亡率可达 80% 以上。②仔猪白痢多发于 10～30 日龄仔猪，7 日龄以内及 30 日龄以上的猪很少发病，通常病情较轻，易自愈，病死率较低。③猪水肿病多发于断奶后 1～2 周的仔猪，尤其是饲养良好、体格健壮的仔猪易发，发病率为 5%～30%，发病突然，病程短，病死率达 90% 以上。

三、临床症状

1. 仔猪黄痢

仔猪出生时外表健康，无明显临床症状，但数小时后突然发病，病猪排出黄色浆状稀粪，内含凝乳块，有腥臭味，顺肛门流下，仔猪严重脱水，迅速消瘦，眼睛凹陷，最后昏迷而死（图 4-4-1、图 4-4-2）。急性病例有时见不到腹泻症状便已死亡。

2. 仔猪白痢

仔猪突然发生腹泻，排出白色、灰白色或黄白色粥状、有腥臭味的稀粪。病猪体温和食欲一般无明显变化，但逐渐消瘦、发育迟缓、拱背、行动迟缓、被毛粗糙不洁（图4-4-3、图4-4-4）。病程2～3 d，长者达1周以上，病死率较低，多数能自行康复。

图4-4-1　整窝仔猪拉黄色浆状稀粪、体表被粪便污染、严重脱水、消瘦（方树河 供图）

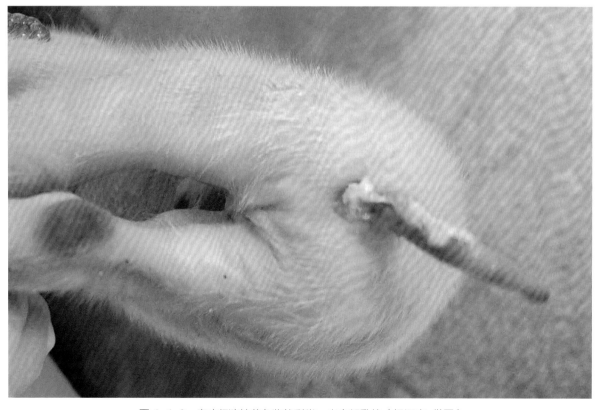

图4-4-2　患病仔猪拉黄色浆状稀粪、内含凝乳块（杨汉春 供图）

图 4-4-3　整窝仔猪腹泻、发育迟缓、拱背、被毛粗糙不洁（方树河 供图）

图 4-4-4　仔猪拉灰白色粥状稀粪（方树河 供图）

3. 猪水肿病

多发生于断奶后的仔猪，营养良好和体格健壮的仔猪突然发病，精神沉郁，眼睑、结膜和脸部水肿，有时水肿可波及颈部与腹部皮下等部位（图4-4-5、图4-4-6）。多数病猪体温无明显变化，心跳急速，病初呼吸快而浅，尔后慢而深。神经症状明显，表现为盲目运动或转圈、共济失调，口吐白沫，触之惊叫，叫声嘶哑，进而倒地抽搐，四肢呈游泳状，逐渐发生后躯麻痹，卧地不起，在昏迷状态中死亡。除最急性病例未出现症状便可突然死亡外，多数病猪在3d以内死亡或耐过。

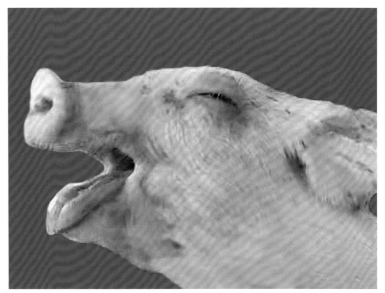

图4-4-5　病死猪（眼睑、脸部、颈部与　　　　图4-4-6　病猪眼睑与脸部水肿
腹部皮下水肿）（方树河 供图）　　　　　　　　　　（方树河 供图）

四、病理变化

1. 仔猪黄痢

病死猪尸体严重脱水。最显著的病理变化为小肠急性卡他性炎症，十二指肠最为严重，可见肠黏膜肿胀、充血或出血。肠壁变薄，黏膜和浆膜充血、水肿，肠腔内充满腥臭的黄色内容物（图4-4-7、图4-4-8）。胃膨胀，内部充满酸臭的凝乳块，胃黏膜潮红、肿胀，少数病例有出血。肠系膜淋巴结充血肿大，切面多汁。心脏、肝脏和肾脏有坏死灶，重者有出血点。

2. 仔猪白痢

病死猪尸体外表苍白消瘦，胃黏膜潮红肿胀，以幽门部最明显，上附黏液，胃内充有灰白色凝乳块，少数重症病例胃黏膜有出血点。肠黏膜为卡他性炎症变化，肠内容物呈灰白色粥状，有酸臭味，有的病例肠管空虚或充满气体，肠壁薄而透明（图4-4-9）。重症病例肠黏膜有出血点及部分黏膜表层脱落。肠系膜淋巴结常呈串珠状肿大。

3. 猪水肿病

主要病变为多种脏器和组织水肿，胃壁及肠系膜水肿最为典型。胃壁水肿多见于胃大弯和贲门部，严重者水肿可波及幽门和胃底部，水肿多位于胃的肌层与黏膜层之间，呈胶冻样。胃贲门区水肿的黏膜下层以及小肠后端和大肠前端的黏膜有明显出血。显微病理变化的特征是影响小动脉与微

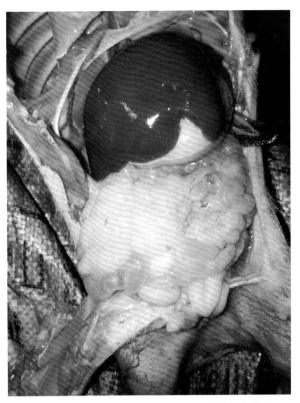

图 4-4-7 小肠肠壁变薄、肠腔内充满黄色内容物
（方树河 供图）

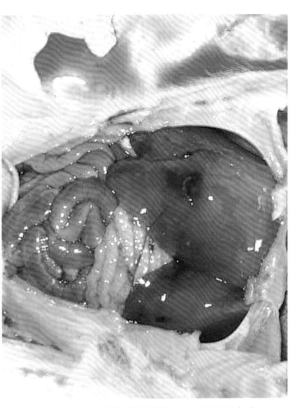

图 4-4-8 小肠黏膜和浆膜充血、出血和水肿
（杨汉春 供图）

图 4-4-9 小肠卡他性炎症（肠黏膜充血、肠腔充满气体，肠壁薄而透明）（方树河 供图）

动脉的退行性血管病，并伴发周围组织水肿。肠系膜尤其是结肠系膜通常发生水肿，有时可见小肠系膜和胆囊水肿。肠系膜淋巴结肿胀、水肿和充血。心包、胸腔和腹膜腔有时会出现少量纤维蛋白性积液。有时可观察到不同程度的肺水肿以及喉头水肿、心外膜和心内膜的出血点。

五、诊断

1. 临床诊断

根据特征性的临床症状、病理变化、发病猪的日龄以及发病率和死亡率等情况，可对仔猪黄痢、仔猪白痢以及猪水肿病做出初步诊断。

2. 细菌分离培养与鉴定

采集发病猪或病死猪的肠道内容物（十二指肠前段最佳）或肠系膜淋巴结，用麦康凯琼脂培养基进行细菌分离，进一步挑取可疑菌落进行革兰氏染色镜检、生化试验和血清型鉴定。

3. 分子生物学检测

采用 PCR 和荧光定量 PCR 检测大肠杆菌毒素和黏附素等毒力因子的编码基因，可对大肠杆菌分离菌株进行基因分型，但需要与细菌学检测相结合。

4. 免疫学检测

基于菌毛抗原特异性抗体的夹心 ELISA 可用于特定血清型大肠杆菌的检测，基于菌毛或毒素抗原的间接或竞争 ELISA 可用于检测大肠杆菌血清抗体。此外，平板凝集试验或试管凝集试验可用于鉴定大肠杆菌分离菌株的血清型。

六、预防和控制

1. 预防

主要措施包括：①平时做好产房及周围环境的清洁卫生与消毒工作，加强怀孕母猪产前、产后的饲养管理与护理，临产前可对母猪外阴部、乳房和腹部进行清洗与消毒；②严格执行全进全出饲养方式；③确保初生仔猪尽快吃上初乳，以便获得母源抗体，并做好初生仔猪的保暖与防寒工作。

2. 免疫

常用的商品化大肠杆菌疫苗包括基因工程疫苗（K88-K99、K88-LTB、K88-K99-987P）、灭活疫苗（K88、K99、987P 三价灭活苗，K88、K99 双价基因工程灭活苗）以及 K99-LTB 双基因工程活疫苗。母猪产前 40 d 和 15 d 各肌内注射免疫一次，对仔猪黄痢、仔猪白痢有一定预防效果。此外，用分离自猪场的主要流行菌株制成自家灭活疫苗，可取得较好的免疫预防效果。

3. 治疗

猪大肠杆菌病应以预防为主，一旦仔猪发病（尤其是仔猪黄痢），通常来不及实施治疗。因此，平时应定期监测猪场流行的大肠杆菌的血清型及对药物的敏感性。应根据药敏试验结果选择有效的抗生素对病猪进行治疗，并给腹泻仔猪补充电解质，防止脱水严重造成死亡，同时对同窝仔猪进行预防性给药。

第五节　猪链球菌病

猪链球菌病是由一些血清型的致病性猪链球菌引起猪的一种以败血症、脑膜炎、关节炎、淋巴结脓肿为主要临床特征的传染病。不同日龄的猪均易感，部分菌株还能感染人及多种动物，是一种重要的人兽共患传染病。该病在全球范围内流行，不仅危害养猪业，还影响人类健康。

一、病原概述

猪链球菌属于链球菌科、链球菌属，是一种革兰氏阳性球菌，菌体直径 1 ～ 2 μm，单个或双个卵圆形，液体培养基中呈短链状。多为兼性厌氧菌，最适培养温度为 37 ℃。致病菌株对营养要求高，普通培养基中生长不良，需添加血液、血清、葡萄糖等。血液琼脂平板上可长成灰白色、表面光滑、边缘整齐的小菌落。根据溶血现象的不同，链球菌可被分为 α、β、γ 三类，导致猪发病的多为 β 溶血性链球菌。根据荚膜多糖抗原的差异，猪链球菌公认有 29 个血清型，其中 1 型、2 型、7 型、9 型对猪致病，以 2 型最为重要。不同血清型猪链球菌的分布具有地域性，不同菌株所含有的毒力因子不同，致病力也存在差异。猪链球菌的主要毒力因子包括荚膜多糖（CPS）、溶菌酶释放蛋白（MRP）、细胞外蛋白因子（EF）、溶血素、肽聚糖（PG）和脂磷壁酸（LTA）等。

猪链球菌在尸体、粪便、灰尘及水中存活时间较长，如在 4 ℃ 水中可存活 1 ～ 2 周；在腐烂的猪尸体中 4 ℃ 下可存活 6 周，22 ～ 25 ℃ 下可存活 12 d，造成猪场环境污染。常用的消毒剂可有效杀灭猪链球菌。

二、流行病学特点

猪链球菌在猪体内的天然定殖部位为上呼吸道，尤其是扁桃体和鼻腔，以及猪的生殖器和消化道。同一头猪可同时携带不止一种血清型的猪链球菌。各种生长阶段的猪均有易感性，新生仔猪、哺乳仔猪多发败血症和脑膜炎，发病率和死亡率较高；保育猪、生长育肥猪和怀孕母猪多发化脓性淋巴结炎。病猪、健康带菌猪、病愈带菌猪是该病的主要传染源，病菌随猪的鼻腔分泌物、唾液、粪便、尿液等排出体外，污染饲料、饮水、器具和猪舍环境，健康猪经呼吸道和消化道途径感染。猪链球菌 2 型也可经气溶胶传播。此外，外伤、新生仔猪断脐、去势、断尾以及注射时消毒不严，也可造成该病的传播。该病一年四季均可发生，但在空气湿度较大的春夏季节多发，一般呈地方流行性。

三、临床症状

因易感猪日龄和猪链球菌血清型的不同，猪感染后所呈现的临床症状差异较大，主要临床病型包括败血型、脑膜炎型、关节炎型和淋巴结脓肿型等（图4-5-1至图4-5-4）。

1. 败血型

流行初期的最急性病例可未见任何异常症状即突然死亡。发病猪突然减食或停食、精神委顿、体温升高（41～42℃）、呼吸困难、便秘、结膜发绀、卧地不起，口鼻和／或肛门流出淡红色泡沫样液体，多在6～24 h内死亡。急性型病例表现为精神沉郁、食欲不振、体温升高（42～43℃），出现稽留热、眼结膜潮红、流泪和浆液状鼻液、呼吸急促，有时出现咳嗽。发病后期病猪颈部、耳、鼻、腹部及四肢下端皮肤呈紫红色，有的病例可见出血点或出血斑，有的病猪跛行，多在3～5 d内死亡。

2. 脑膜炎型

多发生于哺乳仔猪、断奶仔猪以及保育猪。病初体温升高至40.5～42.5℃、停食、便秘、流浆液性或黏性鼻液，继而出现神经症状，表现为盲目走动、运动失调、转圈、空嚼、磨牙，因后躯麻痹，常仰卧或侧卧于地，四肢划动似游泳状。急性型病例多在30～36 h内死亡，病程稍长的亚急性或慢性型常转变为慢性关节炎型，逐渐消瘦、衰竭死亡或康复。

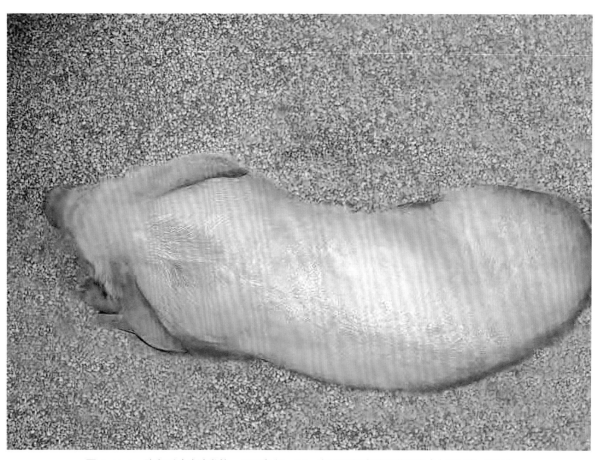

图4-5-1 败血型（病猪发热、呼吸急促，耳、鼻和颈部皮肤呈紫红色）（杨汉春 供图）

3. 关节炎型

多发于仔猪，中大猪也时有发生。一肢或多肢出现关节肿胀，病猪疼痛、跛行、难以站立，病程 2 ~ 3 周，病死率相对较低。通常由败血型和脑膜炎型转变而来，也有病例单纯表现为关节炎。

4. 淋巴结脓肿型

多发于断奶仔猪和出栏育肥猪，因猪链球菌经口、鼻及损伤的皮肤感染而引起。主要表现为病猪的颌下、咽部、颈部等处的淋巴结肿大、化脓，触诊坚硬、有热痛感，猪的采食、咀嚼、吞咽和呼吸等生理活动受到影响。脓肿成熟后，常因表皮坏死而导致破溃并流出脓汁。病程 3 ~ 5 周，多呈良性经过。

图 4-5-2　脑膜炎型（病猪四肢呈游泳状划动）（刘芳　供图）

图 4-5-3　关节炎型（病猪前肢关节肿大）（刘芳　供图）

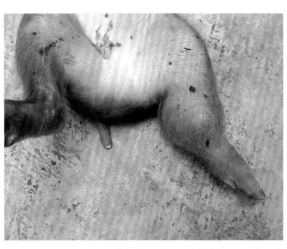

图 4-5-4　关节炎型（病猪后肢关节肿大）（刘芳　供图）

四、病理变化

1. 败血症型

皮肤呈弥漫性潮红或紫斑，血液凝固不良，全身淋巴结不同程度地肿大、充血和出血。心包积液，伴有纤维素性或化脓性心外膜炎，心内膜有出血斑点，心肌呈煮肉样。胸腹腔液体增多，含纤维素性渗出物。肺脏充血、肿胀；肾脏肿大、出血；脾脏肿大、边缘区有黑红色梗死灶；肝脏肿大、表面有坏死点，脑膜有不同程度的充血（图4-5-5至图4-5-8）。

2. 脑膜炎型

主要病变为脑膜充血、出血，脑脊髓液增多、混浊，有时可见心包、胸腔、腹腔有纤维性炎症（图4-5-9）。脑实质呈现化脓性脑炎变化，表现为脉络膜神经丛部位的血管丛刷状缘崩解破坏，脑室中出现纤维素性和炎性细胞渗出物。

3. 关节炎型

关节腔内有黄色胶冻样、纤维素性或脓性渗出物，滑膜血管扩张和充血，严重者关节软骨坏死，关节周围组织有多发性化脓灶（图4-5-10和图4-5-11）。

4. 淋巴结脓肿型

病猪的颌下、咽部、颈部等处的淋巴结肿大化脓，切开可见黄绿色脓性分泌物。

图4-5-5　败血型（病死猪皮肤呈紫红色）（刘芳　供图）

图 4-5-6　败血型（病死猪皮肤弥漫性出血紫斑）（杨汉春 供图）

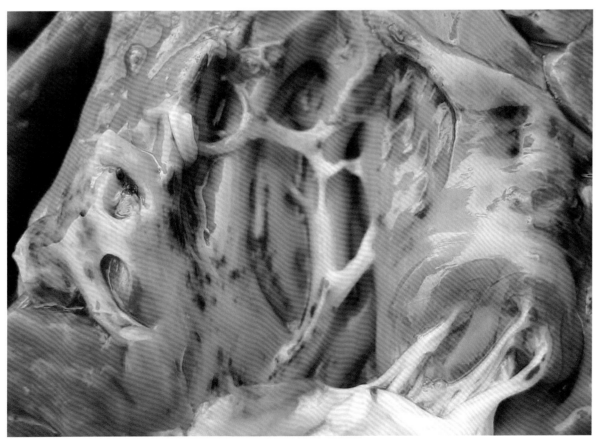

图 4-5-7　败血型（病死猪心内膜出血斑点）（刘芳 供图）

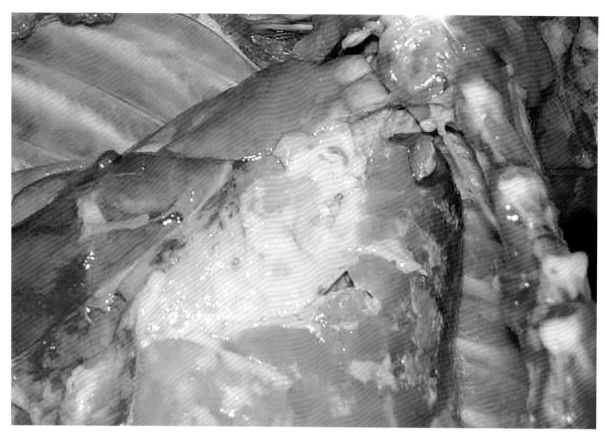

图 4-5-8　肺脏充血、胸腔内纤维素性脓性渗出物（杨汉春　供图）

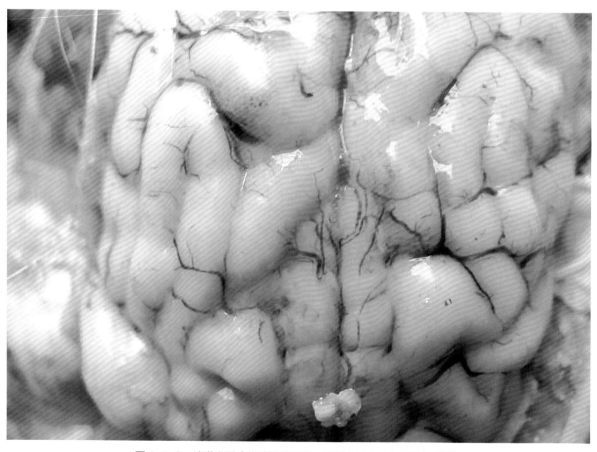

图 4-5-9　脑膜炎型（化脓性脑膜炎、脑膜有出血点）（刘芳　供图）

图 4-5-10　关节炎型（患病早期关节滑膜充血、
　　　　　　出血）（刘芳 供图）

图 4-5-11　关节炎型（关节囊内脓性渗出物）
　　　　　　　（刘芳 供图）

五、诊断

根据临床症状、大体病理变化可做出初步诊断，但确诊需要依靠实验室检测。

1. 涂片镜检

无菌采集病猪的肝脏、脾脏、脑、淋巴结、血液、关节液、脓汁等病料，制成涂片或触片，染色镜检。

2. 细菌分离培养与鉴定

将病料接种于血液琼脂培养基，进行细菌分离，挑取可疑菌落进行革兰氏染色镜检、生化试验和血清型鉴定。

3. 核酸检测

基于毒力因子的 PCR 以及多重 PCR 技术，可用于猪链球菌的检测和血清型鉴定。近年来，基质辅助激光解析电离飞行时间质谱法（MALDI-TOF-MS）也已成功用于猪链球菌的鉴定。

4. 抗体检测

基于全菌或菌体蛋白建立的 ELISA 可用于监测自然感染或疫苗免疫后的抗体水平，但可能与其他非致病性链球菌存在交叉反应。

5. 鉴别诊断

应与猪丹毒、猪副伤寒、格拉瑟病、李氏杆菌病、猪伪狂犬病、猪繁殖与呼吸综合征、猪瘟、非洲猪瘟等进行鉴别诊断。

六、预防和控制

1. 预防

主要预防措施包括：①加强饲养管理，搞好环境卫生和消毒工作；②猪只出现外伤、断尾、去齿和去势时均应严格消毒，防止伤口感染；③严格执行引种检疫隔离制度和全进全出的饲养方式；

④饲养人员、兽医、屠宰工人及检疫人员等在处理疑似猪链球菌病病例时应做好个人防护。

2. 免疫

猪链球菌病流行的地区和猪场可使用疫苗（弱毒疫苗和灭活疫苗）进行免疫预防。但由于猪链球菌的血清型众多，即使是同一血清型，不同菌株之间表型差异也较大，因此疫苗的免疫效果受到影响。采用区域性或猪场主要流行菌株制备多价灭活疫苗，效果可能更好。

3. 治疗

应根据药敏试验结果，选择对致病菌株较为敏感的抗生素。同时，应按照不同病型进行对症治疗，选择恰当的给药途径。多数菌株对氨苄西林、头孢噻呋、恩诺沙星、氟苯尼考、青霉素和甲氧苄氨嘧啶等抗生素比较敏感。

第六节 猪副伤寒

猪副伤寒是由某些血清型的致病性沙门氏菌引起猪的一种以急性败血症、慢性坏死性肠炎和腹泻为主要临床特征的传染病。该病呈全球分布，对养猪生产危害很大。

一、病原概述

沙门氏菌属于肠杆菌科、沙门氏菌属，是一种革兰氏阴性杆菌，无荚膜和芽孢，大多数菌株有鞭毛和菌毛。多为需氧或兼性厌氧菌，最适培养温度为 35 ～ 37℃，最适 pH 值为 6.8 ～ 7.8。在普通培养基上生长良好，可形成圆形、光滑、边缘整齐、稍隆起、湿润的小菌落。根据菌体（O）抗原、鞭毛（H）抗原和表面（Vi）抗原的不同，沙门氏菌可分为不同的血清群和血清型。迄今已发现沙门氏菌存在 65 种 O 抗原、63 种 H 抗原，有 2 000 余种血清型。临床上，感染猪的沙门氏菌主要包括猪霍乱沙门氏菌、猪霍乱沙门氏菌孔成道夫变种、鼠伤寒沙门氏菌和沙门氏菌 1,4,[5],12:i:-变种、猪伤寒沙门氏菌、海德堡沙门氏菌、都柏林沙门氏菌和肠炎沙门氏菌，导致猪副伤寒的主要是猪霍乱沙门氏菌。

沙门氏菌对干燥、腐败、日光等环境因素的抵抗力强，在干燥的环境和污染的水中均能存活 4 个多月，在潮湿和干燥的粪便中可分别存活 3 个和 6 个月以上。该菌对热的抵抗力不强，60℃处理 20 min 即可被杀灭；直射阳光能将其迅速杀死。猪场常用的消毒剂可有效杀灭沙门氏菌。

二、流行病学特点

猪副伤寒多发于 1 ～ 4 月龄猪，断奶前后的仔猪高发。成年猪很少发病，但可隐性带菌，当饲养管理不当及各种不良因素导致猪体抵抗力降低时，可致内源性感染。病猪及带菌猪是主要传染源。病菌随粪便、尿液等排出体外，污染饲料、饮水、猪舍、食槽、运输工具及周围环境，主要通过粪—口接触等途径感染健康猪，气溶胶也能够近距离传播。

该病一年四季均可发生，但在潮湿多雨的季节多发，常呈散发性，有时呈地方性流行。剧烈应激可诱发该病，且常继发于猪瘟、猪繁殖与呼吸综合征等疫病。

三、临床症状

仔猪感染后主要呈现急性败血症型和慢性坏死性肠炎型。

1. 败血症型

发病率通常低于 10%，但病死率可达 20% ～ 40%。发病初期，病猪表现为食欲不振、嗜睡、发热（40.5 ～ 41.6 ℃）、寒战、不愿活动、扎堆，伴有咳嗽和轻微呼吸困难。发病 3 ～ 4 d，可见到腹泻症状，排出淡黄色恶臭的水样粪便，偶尔可观察到神经症状。病猪的鼻端、耳、颈、腹及四肢内侧皮肤出现紫斑，病猪迅速衰竭而死。

2. 慢性坏死性肠炎型

发病初期的主要临床症状为水样下痢，粪便为灰白、淡黄、黄绿、灰绿或污黑色，恶臭，常混有黏液、黏膜或血液，并在数天内迅速蔓延至同栏多数仔猪（图 4-6-1）。腹泻通常持续 3 ～ 7 d，并反复 2 ～ 3 次。严重病例肛门失禁，粪便自然流出，污染尾部及整个后躯，有的病例咳嗽时，肛门呈喷射状排出稀粪水。病猪消瘦、脱水、衰弱、被毛粗乱（图 4-6-2）。部分猪只腹部皮肤可见弥散性湿疹，少数猪在腹泻数天后发生死亡。耐过猪因生长发育不良而成为僵猪。

图 4-6-1　断奶猪拉黄色水样稀粪（刘芳 供图）

图 4-6-2　病猪消瘦、脱水（刘芳 供图）

四、病理变化

1. 败血症型

病死猪的鼻、耳、颈、腹、尾及四肢等部位的皮肤发绀（图 4-6-3）；淋巴结（尤其是肝脏、胃淋巴结和肠系膜淋巴结）肿大、湿润、充血（图 4-6-4）；脾脏肿大、呈深紫色、质地松软；肝脏轻微肿大、实质表面散在大量直径 1 ～ 2 mm 的粉红色坏死灶；胆囊壁变厚、水肿；肾脏皮质有点状出血和斑状淤血；肺脏呈现急性间质性肺炎病变、轻度变硬、伴有小叶间充血和多灶性淤斑；胃黏膜显著充血、胃底黏膜呈深紫色。此外，在患病后存活数天的猪，常见耳尖皮肤梗死、干燥、呈深紫色，偶尔局部脱落；黄疸异常严重；可见支气管肺炎，由于脓性渗出物而使肺部呈实变。显微病变是肝脏中散在由嗜中性粒细胞和组织细胞浸润的凝固性坏死灶（副伤寒结节），具有诊断意义。

2. 慢性坏死性肠炎型

主要病理变化为肠炎，常见于回肠、盲肠和结肠。肠壁增厚水肿，黏膜呈红色、粗糙不平的颗粒状外观，并可见弥散性或融合性的糜烂和堤状溃疡灶，并覆盖一层糠麸样坏死伪膜（灰黄色纤维蛋白坏死性碎片）（图4-6-5）。慢性病变中可清晰观察到纽扣状溃疡灶。肠系膜淋巴结肿大、充血。特征性的显微病变为盲肠和结肠隐窝及表面上皮细胞的局灶性至弥漫性坏死，黏膜固有层和黏膜下层起初被嗜中性粒细胞浸润，随后被巨噬细胞浸润而淋巴细胞则减少。

图 4-6-3　病死猪的鼻、耳、颈、腹、尾及四肢等部位的皮肤发绀
（杨汉春　供图）

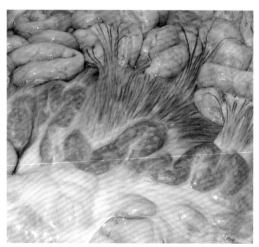

图 4-6-4　病死猪肠系膜淋巴结肿大、充血
（杨汉春　供图）

五、诊断

根据流行病学、临床症状、病理变化可做出初步诊断，但确诊需要依靠实验室检测。

1. 细菌分离培养与鉴定

采集病猪的肺脏、肝脏、脾脏、淋巴结等样本，接种于煌绿琼脂、亚硫酸铋、血琼脂或麦康凯琼脂培养基上进行细菌分离，挑取可疑菌落进行革兰氏染色、镜检、生化试验和血清型鉴定。

2. 核酸检测

PCR、real-time PCR 可用于快速检测病料、粪便等样品中的沙门氏菌。由于健康猪的扁桃体、肠道、淋巴组织和胆囊中可能存在非致病性沙门氏菌，用于确诊仔猪副伤寒并不可靠。

3. 血清学检测

酶联免疫吸附试验（ELISA）和血清凝集试验可用于检测猪血清中的沙门氏菌抗体，但诊断时应考虑与其他血清型沙门氏菌存在交叉反应的可能性。

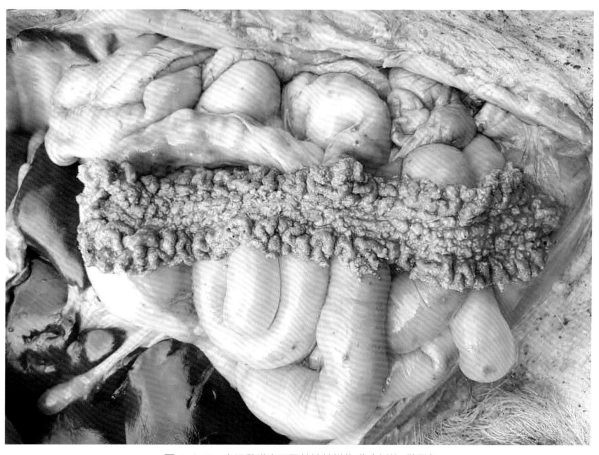

图4-6-5　大肠黏膜表面覆盖糠麸样伪膜（刘芳 供图）

4. 鉴别诊断

应注意与猪瘟、猪丹毒、猪链球菌等败血性疫病，以及猪痢疾、猪增生性肠病、猪轮状病毒感染、猪大肠杆菌病等致腹泻的疫病进行鉴别诊断。

六、预防和控制

1. 预防

主要措施包括：①加强饲养管理，搞好环境卫生和消毒工作；②保持合理的饲养密度、干燥舒适的猪舍环境、适宜的温度以及良好通风；③严格执行全进全出的饲养方式；④减少断奶、转群等造成的应激，增强仔猪的抵抗力。

2. 免疫

经常暴发该病的地区或猪场，可用商品化的仔猪副伤寒活疫苗对1月龄以上仔猪进行免疫接种。

3. 治疗

应及时隔离患病猪，对污染的圈舍及环境彻底消毒，粪便堆积发酵。应深埋病死猪或进行其他方式的无害化处理，及时淘汰耐过的僵猪。猪沙门氏菌对丁胺卡那霉素、庆大霉素、安普霉素、头孢噻呋和甲氧苄啶/磺胺类抗菌药物相对比较敏感。猪场可根据临床分离菌株的药敏试验结果，使用较敏感的抗菌药物，对患病猪进行适当治疗。

第七节 猪波氏菌病

猪波氏菌病是由支气管败血波氏菌引起猪的一种慢性呼吸道传染病,即非进行性萎缩性鼻炎（NPAR）。支气管败血波氏菌定殖于鼻腔,可促进产毒素多杀性巴氏杆菌菌株的定殖,导致严重的进行性萎缩性鼻炎（PAR）,即猪传染性萎缩性鼻炎。此外,支气管败血波氏菌还可致幼龄仔猪的坏死性、出血性支气管肺炎;也是猪呼吸道疾病综合征（PRDC）的机会病原菌。该病可增强猪链球菌、猪格拉瑟菌在呼吸道的定殖,并与猪繁殖与呼吸综合征病毒（PRRSV）、猪流感病毒（SIV）相互作用,增加猪呼吸道疾病的严重程度,给养猪业造成较大经济损失。世界养猪业发达的国家和地区普遍存在,是猪场需要净化的疫病之一。

一、病原概述

支气管败血波氏菌为革兰氏阴性球杆菌,散在或成对排列,偶见短链。不产生芽孢,有周鞭毛,能运动,可两极着色。为需氧菌,培养基中加入血液或血清有助于该菌生长,在鲜血培养基上可形成 β 溶血。具有 O、K 和 H 抗原。可形成生物被膜,有 3 个双组分系统以及柠檬酸铁转运系统。有多种黏附素和毒素,与毒力和致病性有关。支气管败血波氏菌对外界环境的抵抗力不强,对一般消毒药均敏感。

二、流行病学特点

猪波氏菌病呈世界分布。各日龄段的猪均可感染支气管败血波氏菌,以 2～5 月龄的猪最为常见。支气管败血波氏菌广泛存在于猪群,经常可从患有肺炎或萎缩性鼻炎的猪以及临床健康猪只中分离到。

病猪和带菌猪是主要传染源。支气管败血波氏菌主要通过气溶胶经飞沫传播,呼吸道是主要感染途径。引入的带菌猪是日龄更大猪的传染源,新购进的带菌种猪是猪场的重要传染源之一。昆虫、污染物品与用具以及饲养管理人员有机械传播作用。饲养管理条件差,如猪舍潮湿、寒冷、通风不良、饲养密度大、拥挤、营养缺乏等常诱发该病。

三、临床症状

出生后数天至数周感染的仔猪可发生鼻炎,随后引起鼻甲骨萎缩。一些病猪因继发感染可导致脑炎,鼻甲骨萎缩的猪只往往同时发生肺炎。

出现鼻炎的仔猪会连续或间断性打喷嚏,呼吸有鼾声;常用前肢搔抓鼻部,或鼻端拱地,或在猪舍墙壁、食槽边缘摩擦鼻部，并可留下血迹；鼻流出分泌物，最初呈透明黏液样，后为脓性黏液，甚至血样分泌物，或出现不同程度的鼻出血（图4-7-1）；病猪眼结膜发炎、不断流泪，眼眶下部皮肤上出现褐色或黑色泪斑（图4-7-2）。多数病猪会引起鼻甲骨萎缩，可见猪鼻缩短向上翘起鼻背皮肤皱褶下颌伸长，上下门齿错开，不能正常咬合；如一侧鼻腔病变较严重时，可造成鼻歪向一侧，甚至成45°歪斜，头形发生改变（图4-7-3）。有的病例的鼻炎症状可逐渐消失，不出现鼻甲骨萎缩。病猪体温正常，但生长发育迟滞，育肥时间延长。

日龄较大的猪感染后，可能不发生或仅产生轻微的鼻甲骨萎缩，一般表现为鼻炎，症状消退后可成为带菌猪。

图4-7-1　病猪鼻歪向患侧、鼻孔流血（刘芳　供图）

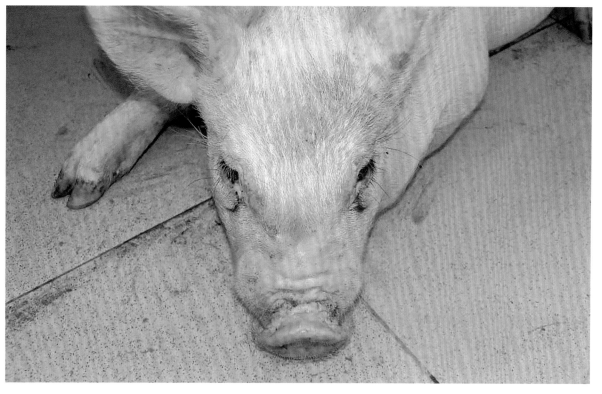

图4-7-2　病猪鼻歪向患侧，眼泪斑（刘芳　供图）

四、病理变化

病理变化多局限于鼻腔和邻近组织。早期可见鼻黏膜及额窦充血和水肿，积有大量黏液性、脓性甚至干酪性渗出物。最特征的病变是鼻腔软骨和鼻甲骨的软化和萎缩。大多数病例以下鼻甲骨的下卷曲受损害最为常见，鼻甲骨上下卷曲及鼻中隔失去原有的形状，呈现弯曲或萎缩。鼻甲骨严重萎缩时，上下鼻道的界线消失；鼻甲骨结构完全消失时常形成空洞（图4-7-4和图4-7-5）。

图 4-7-3　病猪鼻歪向患侧（刘芳　供图）

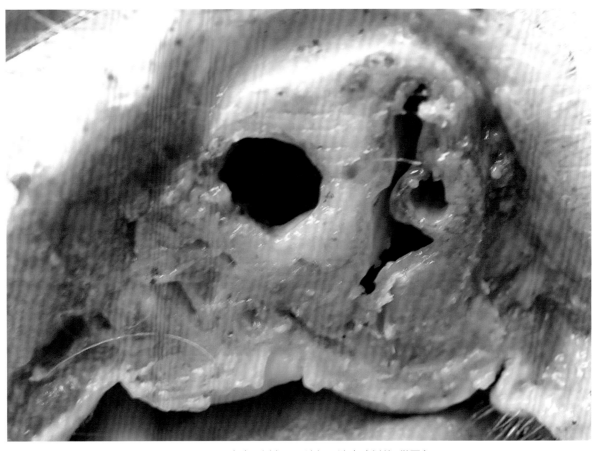

图 4-7-4　病猪一侧鼻甲骨溶解、消失（刘芳　供图）

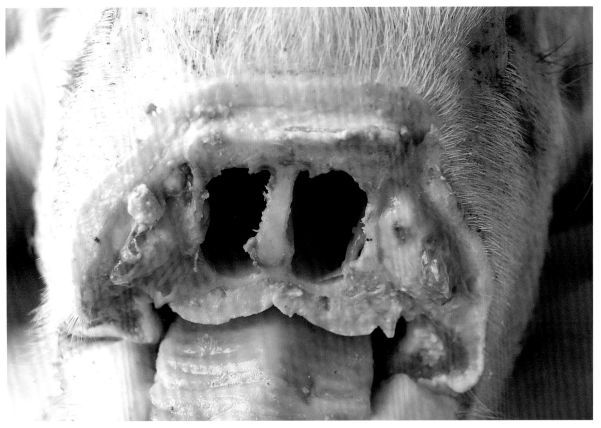

图 4-7-5　病猪双侧鼻甲骨溶解、消失（刘芳 供图）

五、诊断

根据典型的临床症状可做出诊断。患病早期或症状较轻的病例须结合实验室诊断。

1. 细菌的分离与鉴定

可采集活猪鼻腔拭子和病死猪的鼻甲骨卷曲部、筛板、气管或支气管黏液或病变组织，进行支气管败血波氏菌的分离。常用含 1% 葡萄糖的血清麦康凯琼脂、含血红素呋喃唑酮的改良麦康凯琼脂或胰蛋白琼脂培养基分离支气管败血波氏菌。可进一步对可疑菌落进行纯培养，根据菌落形态、染色与生化特性、凝集反应进行鉴定。

2. DNA 检测

可用 DNA 探针杂交技术、PCR 技术检测支气管败血波氏菌。

3. 血清学检测

试管凝集法或玻板凝集法用于检测猪血清中的抗体。ELISA 可用于血清抗体或鼻分泌物抗体的检测。

六、预防和控制

1. 预防

主要措施包括：①加强引进种猪的检疫，避免引入带菌猪；②坚持自繁自养，构建阴性种猪群；③及时淘汰和清除病猪；④改善饲养管理，做好清洁卫生工作。

2. 免疫

可使用支气管败血波氏菌灭活疫苗、支气管败血波氏菌与 D 型产毒多杀性巴氏杆菌二联灭活疫苗。建议的免疫程序为：①商品猪场，妊娠母猪产前 1 个月进行免疫；②种猪场，妊娠母猪进行产前免疫的同时，母猪所产仔猪 7 日龄首免，21 ～ 28 日龄进行二免。

3. 治疗

应根据药敏试验结果，选择敏感的抗生素对发病猪进行治疗。一般而言，支气管败血波氏菌对磺胺甲氧嗪、金霉素及磺胺二甲基嘧啶敏感，可拌料喂服。

第八节 猪巴氏杆菌病

猪巴氏杆菌病是由多杀性巴氏杆菌引起猪的一种急性或散发性和继发性传染病，又称为猪肺疫。临床疾病表现为急性败血症、进行性萎缩性鼻炎（PAR）和肺炎。该病呈全世界分布，严重影响生猪健康。此外，多杀性巴氏杆菌被认为是猪呼吸道疾病综合征（PRDC）中最常见且危害最为严重的病原菌。

一、病原概述

多杀性巴氏杆菌为革兰氏阴性球杆菌，无鞭毛，不形成芽孢。血液和组织中的病原菌经瑞氏染色，镜下可见菌体呈明显的两极着色。新分离的强毒菌株有荚膜，体外培养时，荚膜迅速消失。该菌为兼性厌氧菌，在血液琼脂平板上可形成湿润、光滑、边缘整齐的圆形露珠样灰白色小菌落、不溶血，在麦康凯和含胆盐的培养基上不生长。

根据荚膜（K）抗原，可将巴氏杆菌分为 5 个血清型，即 A 型、B 型、D 型、E 型和 F 型。利用菌体脂多糖（LPS）抗原，可分为 16 个血清型。猪源巴氏杆菌分离株主要是 A 型、B 型和 D 型。肺炎通常由条件致病性多杀性巴氏杆菌所致，菌株主要为 A 型；从进行性萎缩性鼻炎病猪分离的主要是 D 型；致猪急性败血症的是 B 型，但也有关于与 D 型和 A 型相关的报道。PCR 与 DNA 序列分析可用于多杀性巴氏杆菌的分子分型，多位点序列分型（MLST）可用于多杀性巴氏杆菌的演化分析。D 型菌株可产生一种分子量为 146 kDa 的蛋白质毒素（称为多杀性巴氏杆菌毒素），与猪上呼吸道感染和 PAR 有关；A 型菌株不产生毒素，与下呼吸道感染和肺炎有关。

多杀性巴氏杆菌对外界环境的抵抗力不强，对常用的消毒剂敏感。阳光直射 10 ～ 15 min 可被杀死，60℃加热 10 min 会被灭活。

二、流行病学特点

多杀性巴氏杆菌对多种动物和人都有致病性，具有一定的公共卫生意义。健康猪上呼吸道常带菌，从猪的鼻腔或扁桃体可检测和分离到巴氏杆菌。病猪为主要传染源。多杀性巴氏杆菌随病猪的分泌物、排泄物以及尸体的内脏和血液等污染周围环境，健康猪主要经消化道和呼吸道感染，气溶胶可引起传播。

先感染支气管败血波氏菌被认为是猪发生 PAR 的诱因。出生数周的仔猪感染产毒素型多杀性巴氏杆菌可引起严重的 PAR，但 16 周龄猪感染仅出现鼻甲骨轻度或中度病变。饲养条件、猪舍环境以及管理因素可影响 PAR 的严重程度。肺炎的发生与猪群高密度养殖以及猪舍空气质量不良有关，饲养管理不良、卫生条件差、饲料和环境突然改变、长途运输等可诱发。秋末春初、气候骤变时节以及潮湿闷热及多雨季节多发。临床上，常继发于慢性猪瘟、仔猪副伤寒和猪支原体肺炎等传染病。

三、临床症状

1. 进行性萎缩性鼻炎

患病猪表现为打喷嚏、鼻眼部有水样或黏稠分泌物、泪痕、鼻出血；4 ～ 12 周龄病猪出现鼻吻畸形、上颌短小、头骨两侧畸形。严重病例生长迟缓和饲料利用率低下。

2. 肺炎

多发生于生长育肥猪。如果存在多种微生物感染，可呈现高发病率和不同程度的死亡率。临床症状表现为咳嗽、间歇性发热、精神沉郁、厌食、呼吸困难；严重病例耳尖出现发绀。

3. 急性败血型

发病突然、病程急、发病率和死亡率高。临床表现包括高热、严重呼吸困难、耳和腹部发绀、厌食、虚弱；颈腹部水肿和出血，甚至坏死。

四、病理变化

1. 进行性萎缩性鼻炎

局限于鼻腔及临近的头骨，鼻甲骨发生不同程度的萎缩是其特征性病变，严重病例可发展为整个鼻甲骨缺失及鼻中隔偏移。鼻腔内可见脓性渗出物，偶尔可见出血。

2. 肺炎

肺脏间质水肿、增宽，病变部质度坚实如肝，切面呈大理石样外观。支气管内充满分泌物。胸腔和心包内积有多量淡红色混有纤维素的混浊液体。胸膜和心包膜粗糙无光，上附着纤维素，甚至心包和胸膜或者肺与胸膜发生粘连。胸部淋巴结肿大或出血。慢性病例消瘦、贫血，肺炎病变陈旧，肺组织可见坏死或干酪样物，被结缔组织包围；胸膜增厚，甚至与周围邻近组织发生粘连。支气管、纵隔和肠系膜淋巴结出现干酪样变化。

3. 急性败血型

皮肤出血、呈暗红色，全身黏膜和浆膜有明显的出血点；咽喉部及周围组织、气管水肿，黏膜因炎性充血、水肿而增厚，周围组织有明显的黄红色出血性胶冻样浸润；淋巴结肿大、切面红色、坏死；心外膜出血，胸腔及心包积液并有纤维素样渗出；肺充血、水肿；脾脏点状出血；胃肠黏膜卡他性或出血性炎症（图 4-8-1 至图 4-8-5）。

图 4-8-1　病死猪全身皮肤呈暗红色（刘芳　供图）

图 4-8-2　病死猪颈部水肿（刘芳　供图）

图 4-8-3　猪鼻流出带血泡沫（刘芳　供图）

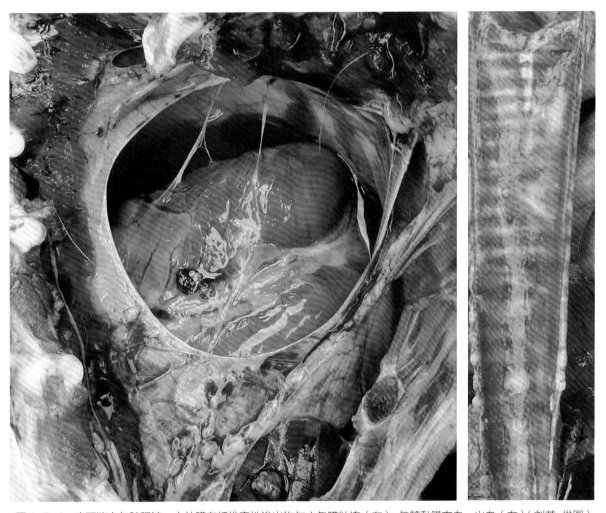

图 4-8-4　病死猪心包腔积液、心外膜有纤维素性渗出物与心包膜粘连（左）；气管黏膜充血、出血（右）（刘芳　供图）

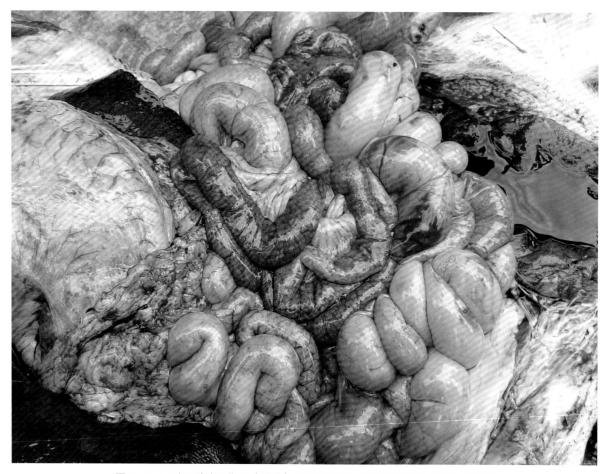

图 4-8-5 病死猪十二指肠（黏膜）出血性炎症、外观呈暗红色（刘芳 供图）

五、诊断

1. 细菌分离培养与鉴定

取肺炎和急性败血型病猪的血液、水肿液、心、肝、脾、淋巴结、肺等制成涂片进行染色镜检，可初步诊断为巴氏杆菌病。新鲜病料接种血液或血清琼脂平板，可长出圆形、光滑、湿润、不溶血的露珠样小菌落。可采集患 PAR 猪的扁桃体和鼻腔样本进行产毒素多杀性巴氏杆菌的分离与鉴定。

2. 病原检测

多重荚膜 PCR 可取代荚膜血清学分型方法。PCR 可用于检测产毒素多杀性巴氏杆菌。同时鉴定支气管败血波氏菌、产毒素和不产毒素多杀性巴氏杆菌的多重 PCR 方法可用于萎缩性鼻炎或肺炎的病原学检测。

3. 鉴别诊断

临床上，急性败血型巴氏杆菌病应注意与非洲猪瘟、猪瘟、猪丹毒进行鉴别诊断。肺炎型巴氏杆菌病应区别是否为其他疫病的继发感染或混合感染。

六、预防和控制

1.预防

猪巴氏杆菌病的发生通常与一些不良诱因有关，加强猪群饲养管理和避免应激因素对于该病的预防十分重要。

2.免疫

目前，我国规模化猪场很少采用疫苗免疫来控制猪巴氏杆菌病。如需免疫，可使用猪肺疫氢氧化铝灭活疫苗、猪瘟与猪丹毒和猪肺疫三联活疫苗，每年春秋两季进行接种。

3.治疗

磺胺类、四环素类、氨苄西林、头孢噻呋、恩诺沙星和托拉霉素等抗菌药物可用于猪巴氏杆菌病的治疗。饲料中添加金霉素和替米考星可以起到预防作用。

第九节　仔猪梭菌性肠炎

仔猪梭菌性肠炎是由 C 型产气荚膜梭菌引起 3 日龄以内仔猪的一种高度致死性肠毒血症，又称传染性坏死性肠炎，俗称仔猪红痢。其特征是排出红色粪便、小肠黏膜弥漫性出血和坏死、发病快、病程短和致死率高。常常造成初生仔猪整窝死亡，经济损失很大。

一、病原概述

病原为 C 型产气荚膜梭菌，革兰氏染色阳性。菌体短粗、两端钝圆，单个、成对或短链排列。可形成大于菌体宽度的芽孢，芽孢位于菌体中央或偏端，形似梭状。无鞭毛，在动物体内和含血清的培养基中能形成荚膜。厌氧要求不严格，在血平板上形成的菌落呈圆形、边缘整齐、表面光滑、隆起，周围有双层溶血环。牛乳培养基中培养会出现"暴烈发酵"现象。

C 型产气荚膜梭菌可产生 α 毒素（CPA）和 β 毒素（CPB），β 毒素是其主要的毒力因子，可引起仔猪肠毒血症和坏死性肠炎。

C 型产气荚膜梭菌广泛存在于自然界，包括土壤、饲料、污水、粪便及人和家畜肠道。80℃加热 30 min、100℃数分钟可杀死该菌。该菌在猪体内会产生大量芽孢，芽孢可以耐受高温、消毒剂和紫外线等。

二、流行病学特点

C 型产气荚膜梭菌是正常猪肠道微生物群落之一，健康母猪可通过粪便排菌而污染周围环境。

猪舍地面、垫草、用具和运动场，以及周围的土壤、下水道等均存在此菌。新生仔猪主要是通过接触被污染的母猪体表和乳头、粪便、泥土或垫草，食入芽孢病原菌而感染发病。同窝感染仔猪之间可水平传播。

该病发病急、病程短，发病率和死亡率极高，以冬春两季多发。感染 C 型产气荚膜梭菌的新生仔猪最早可于出生后 12 h 发病，3 日龄仔猪最常见，1 周龄以上的仔猪很少发病。同一猪群中，各窝仔猪的发病率有所不同，最高可达 100%，病死率 50%～90%。

三、临床症状

临床上，仔猪梭菌性肠炎可分为最急性型、急性型、亚急性型和慢性型。

1. 最急性型

仔猪出生后数小时到 1～2 d 发病，发病后数小时至 2 d 可死亡。患病仔猪常突然不吃奶、精神沉郁，在虚脱或昏迷、抽搐状态下死亡，死前见不到腹泻症状。

2. 急性型

急性型是常见的临床病型。患病仔猪不吃奶、精神沉郁、离群独处、怕冷、四肢无力、行走摇摆；腹泻，排出灰黄或灰绿色稀粪，后变为红褐色糊状，故称红痢；粪便恶臭，常混有坏死组织碎片及多量小气泡；体温不高，很少至 41℃以上。患病仔猪大多死亡，可出现整窝死亡。病程大多为 2 d，第 3 天可出现死亡。

3. 亚急性型

患病仔猪持续下痢，病初排黄色软粪，后变为水样稀便，内含坏死组织碎片。患病仔猪消瘦、虚弱、脱水，最后死亡。病程通常 5～7 d。

4. 慢性型

患病仔猪间歇性或持续性腹泻，病程 1～2 周或以上。排黄灰色、黏糊状粪便，尾部及肛门周围有粪污黏附。逐渐消瘦，生长发育停滞，最后死亡或被淘汰。

四、病理变化

不同病程死亡的仔猪病理变化基本相似，但病变严重程度存在差异。典型的病理变化在空肠，有的可波及回肠。剖检可见小肠段（多数在空肠）呈深红至黑紫红色，与正常肠段两端界线明显（图 4-9-1）。肠腔内有红黄色或暗红色内容物，混杂大量气泡，肠黏膜潮红、肿胀、出血，甚至出现灰黄色麸皮样坏死。病程稍长的病例以肠壁坏死性病变为主，肠壁变厚，肠黏膜上附有黄色或灰色坏死假膜。肠系膜淋巴结肿大或出血。腹腔内有大量红黄色积液。有的病例可见胸水及心包液增多，心外膜出血。肝脏淤血或出血，色泽深浅不均，质较脆，

图 4-9-1 死亡仔猪小肠呈深红色（方树河 供图）

脾脏边缘和肾皮质部有小出血点。

五、诊断

可根据新生仔猪出现出血性腹泻和迅速死亡，以及肉眼可见的肠道局部坏死性出血性肠炎或纤维蛋白坏死性肠炎病理变化，可对仔猪 C 型产气荚膜梭菌性肠炎做出诊断。确诊需进行细菌学及毒素的检查。

1. 细菌形态学检查

取病变明显的肠内容物涂片、染色镜检，可见到大量的形态一致的革兰氏阳性大杆菌，单个、两个或短链，菌端整齐，其中一部分菌体有芽孢结构。

2. 细菌的分离培养

将肠内容物接种于厌氧肉肝汤培养基，80℃加热 15 ～ 20 min，然后置 37℃培养 24 h，培养物呈均匀混浊并有大量气体产生。将培养物移种于葡萄糖血平板上，厌氧培养 18 ～ 24 h，可长出半透明、表面光滑、边缘整齐的大菌落，并可见菌落转为内层透明、外层不完全溶血的双层溶血环；同时可见接触空气后的菌落变为绿色。

3. 肠内容物毒素检查

取刚死亡病猪的空肠内容物，加 1 ～ 2 倍生理盐水稀释，3 000 r/min 离心 30 ～ 60 min。过滤除菌后，取 0.2 ～ 0.5 mL 滤液静脉注射体重为 18 ～ 22 g 的小鼠。大部分小鼠可于 5 ～ 10 min 内迅速死亡。由此证明肠内容物中含有毒素。也可取一份滤液 60℃加热 30 min，然后静脉注射家兔 1 ～ 3 mL 或小鼠 0.1 ～ 0.3 mL，动物不发生死亡。

为验证毒素是否为 C 型产气荚膜梭菌产生，可在 0.2 ～ 0.5 mL 肠内容物的滤液中加入 C 型和 D 型产气荚膜梭菌抗毒素血清 0.1 mL 进行中和。如果毒素可被 C 型产气荚膜梭菌抗毒素中和，接种小鼠则不死亡。

4. PCR 检测

可采用多重 PCR 检测菌株的主要毒力基因，确定分离菌株的基因型。

六、预防和控制

该病发病快、病程短，发病仔猪日龄小，发病猪的治疗效果差。因此，平时的预防措施和疫苗免疫是控制该病的重要手段。

1. 预防措施

搞好猪舍及周围环境的清洁卫生及消毒工作，特别是产房的清洗与消毒。临产前用清水清洗母猪体表，用 0.1% 高锰酸钾液擦洗母猪乳头，可以减少该病的发生。在仔猪梭菌性肠炎流行的猪场，可给初生仔猪口服抗菌药物（氨苄西林或阿莫西林）进行预防，连用 2 ～ 3 d。也可用抗 C 型产气荚膜梭菌血清进行预防或发病仔猪的治疗。

2. 疫苗免疫

用仔猪红痢氢氧化铝灭活菌苗免疫妊娠母猪，新生仔猪可通过初乳获得被动免疫，对仔猪的保护力可达 100%。妊娠母猪可于产前 1 个月和产前半个月各肌内注射 1 次，已免疫过的经产母猪可于产前半个月注射 1 次。

第十节　猪附红细胞体病

猪附红细胞体病是由猪支原体感染引起的一种以急性黄疸性贫血和发热为特征的传染病。猪支原体感染呈世界性分布，该病是养猪生产中的继发病和常发病。

一、病原概述

猪支原体曾经称为猪附红细胞体，归为支原体科的附红细胞体属。现归类于支原体科、支原体属。猪支原体形态多样，多呈环形、球形和椭圆形；少数呈杆状、月牙状、顿号形、串珠状等。猪支原体的直径 0.2 ～ 2.5 μm，单独、成对或呈链状附着于红细胞表面，也可以侵入红细胞，定殖于膜结合的囊泡或游离于细胞质中，或黏附于内皮细胞上。

猪支原体在电镜下呈圆盘状，有一层膜包裹，无明显的细胞壁和细胞核结构，胞质膜下有直径 10 nm 的微管，有类核糖体颗粒。在暗视野和相差显微镜下，血浆中可见猪支原体的进退、屈伸、多方向扭转等运动。迄今尚不能在无细胞培养基中培养。

猪支原体耐低温，–37℃下在加 15% 甘油的血液中可保存 80 d，5℃下在抗凝血中可保存 15 d，冻干状态可存活 2 年。但对干燥、化学药品和常规消毒剂比较敏感，0.5% 石炭酸 37℃ 3 h 可将其杀死。

二、流行病学特点

家猪对猪支原体易感，不感染野猪。猪群感染率可达 90% 以上，各种品种、性别、年龄均可感染。临床上，大多呈隐性经过，但在猪群抵抗力下降时可表现出临床症状或暴发。仔猪和母猪多见，种猪患病率高于哺乳仔猪、保育和生长肥猪，哺乳仔猪的发病率和死亡率较高。

病猪和隐性感染带菌猪是该病的主要传染源。在饲养管理不良、营养不良、温度突变或并发其他疾病时，隐性感染带菌猪可出现明显症状。耐过猪可长期携带猪支原体而成为传染源。

猪支原体可经胎盘垂直传播，也可经污染的注射器和手术器械、血液、污染精液、吸血昆虫（如蚊）叮咬等多种途径水平传播。该病一年四季均可发生，但夏、秋和雨季多发。气候恶劣、饲养管理不良、疾病等应激因素可加重病情。

三、临床症状

猪附红细胞体病的潜伏期一般为 6 ～ 10 d。

1. 仔猪

仔猪发病常呈急性经过，临床症状明显，发病率和死亡率较高。5 日龄以内仔猪主要表现为皮肤苍白和黄疸，4 周龄猪则以贫血为主，偶尔可见黄疸。病猪精神不振、食欲下降或废绝、反应迟钝、步态不稳、消化不良，发热（42℃），四肢、耳郭边缘和尾发绀（图 4-10-1）。感染持续时间较长时，耳可能发生坏死。耐过仔猪因生长不良而成为僵猪，并可能再次感染。慢性感染猪表现为消瘦、皮肤苍白或灰白色，有的病例出现荨麻疹型变态反应，可见腹部皮肤黄染，耳、尾、腹部皮下出血和淤血点（图 4-10-2 至图 4-10-6）。

图 4-10-1　耳（耳郭边缘）发绀
（杨汉春　供图）

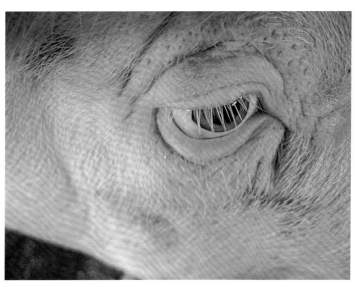

图 4-10-2　眼睑皮肤呈灰白色
（刘芳　供图）

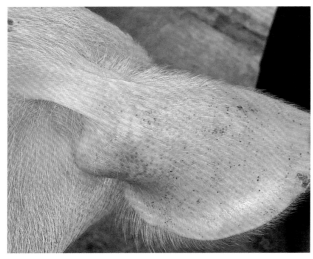

图 4-10-3　耳皮下出血和淤血点
（刘芳　供图）

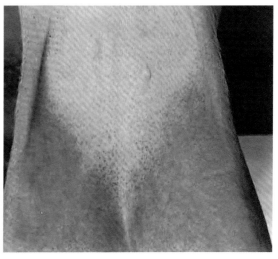

图 4-10-4　腹部皮下出血和淤血点
（杨汉春　供图）

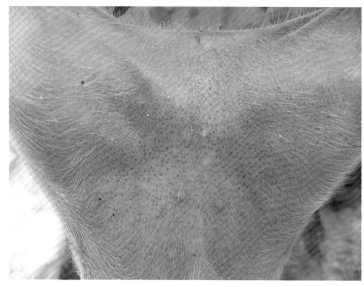
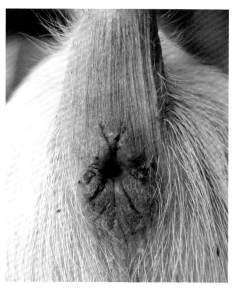

图 4-10-5　腹部皮肤黄染、皮下出血和淤血点　　　　图 4-10-6　尾根皮下淤血
（刘芳 供图）　　　　　　　　　　　　　　　（刘芳 供图）

2. 育肥猪

大多呈典型的溶血性黄疸，贫血较少见，死亡率较低。可见病猪皮肤潮红，毛孔处有针尖大小的红点，尤其以耳部皮肤明显，体温升高（40℃以上），精神不振、食欲下降。

3. 母猪

呈急性或慢性经过，常见于母猪临产或分娩后 3～4 d。急性期母猪表现出食欲不振、精神萎靡，持续高热（42℃），贫血，黏膜苍白，乳房或外阴水肿可持续 1～3 d，泌乳量下降。可发生繁殖障碍，表现为早产、产弱仔和死胎；受胎率降低，不发情或发情不规律。

四、病理变化

剖检可见黄疸和贫血病变。全身皮肤、黏膜、脂肪和脏器显著黄染，肌肉色泽变淡，血液稀薄呈水样、凝固不良。全身淋巴结肿大、黄染、切面外翻，有液体渗出。胸腔、腹腔及心包积液。肝脏肿大、质脆、呈土黄色或黄棕色。胆囊肿大、胆汁浓稠。脾脏肿大，质脆。肾脏肿大、苍白或呈土黄色，包膜下有出血斑。膀胱黏膜有少量出血点，尿液呈浓茶样（图 4-10-7）。肺脏淤血、水肿。心外膜和心冠脂肪出血黄染，有少量针尖大出血点，心肌苍白松软。软脑膜充血，脑实质松软，有针尖大的细小出血点，脑室积液。

显微病变包括肝实质灶状坏死，淋巴细胞和单核细胞浸润，肝小叶间胆管扩张。脾小体中央动脉扩张充血。肺间质水肿，肺泡壁增厚、毛细血管充血、淋巴细胞浸润。肾小球囊腔变窄，内有红细胞和纤维素性渗出，肾曲小管变性坏死。心肌变性。脑血管内皮细胞肿胀、周围间质增宽、有浆液性及纤维素性渗出。

五、诊断

根据流行病学、临床症状和剖检病理变化可以做出初步诊断，但确诊需进行实验室诊断。

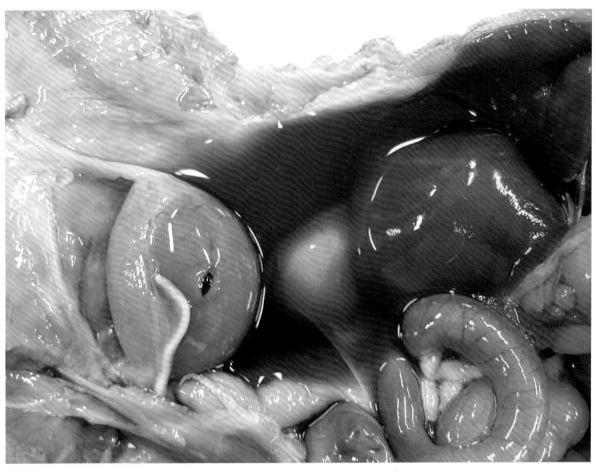

图 4-10-7　尿液呈浓茶样（刘芳 供图）

1. 血液学检查

可取耳静脉血制成压片，显微镜检附着于红细胞表面或游离于血浆中的猪支原体以及红细胞形态变化。也可取血液涂片进行吉姆萨染色检查猪支原体。

2. 猪支原体检测

可采用 PCR、real-time PCR、多重微生物免疫分析法和胶体金免疫层析技术检测猪支原体。

3. 血清学检测

可用基于重组蛋白建立的 ELISA 检测血清中的猪支原体抗体。

六、预防和控制

1. 预防

目前尚无有效的疫苗，预防措施包括：加强猪群饲养管理，饲喂高营养的全价料；保持猪舍温度、湿度和通风，消除应激因素；灭蚊、虱、蚤等吸血昆虫；做好环境卫生消毒，保持猪舍的清洁卫生；严格消毒注射器和注射针头，保证每头猪一个针头。

2. 治疗

对发病猪应及早进行治疗，可收到较好的效果。土霉素是治疗首选的抗生素，采取注射给药（每千克体重 20 ～ 30 mg）。可给母猪群投喂金霉素［22 mg/（kg·d）］，连续 2 周。

第十一节　猪丹毒

猪丹毒是由猪丹毒丝菌感染引起猪的一种急性、热性、败血性传染病。该病分布广泛，对养猪生产危害较大。猪丹毒丝菌能感染多种动物和人，具有重要的公共卫生意义。

一、病原概述

猪丹毒丝菌是丹毒丝菌科、丹毒丝菌属的代表种。该菌为平直或稍弯曲的细杆菌，革兰氏染色阳性，不形成芽孢和荚膜，无运动性。在病死猪组织涂片中菌体呈现单个、成对或成堆，而在慢性心内膜炎赘生物和陈旧的培养物中多呈不分枝的长丝状，并成丛存在。

猪丹毒丝菌为微需氧和兼性厌氧菌，兼性胞内生长。在普通琼脂平板上生长较差，添加血液或血清时生长较好。在鲜血琼脂培养基上，可长成圆形、光滑、灰白色、透明、边缘整齐、针尖大露珠样的小菌落，形成狭窄的 α-溶血环。有光滑（S）型和粗糙（R）型 2 种菌落，前者有致病性、毒力强，大多分离自急性病例，后者无致病性。明胶穿刺培养时，沿穿刺线横向放射状生长，呈试管刷状，但不液化明胶。过氧化氢酶阴性，H_2S 试验阳性。

基于菌体抗原（种特异性热不稳定蛋白质和对热、酸稳定的多糖抗原）的不同，丹毒丝菌属的菌株可分为至少 28 种血清型，即 1a 型、1b 型、2～26 型和 N 型，其中 N 型为不具有热稳定抗原的菌株。猪丹毒主要由血清 1a 型、1b 型或者 2 型所引起，分离自急性败血症病例的菌株大多数为血清 1a 型、1b 型，分离自亚急性及慢性病例的菌株多为 2 型。神经氨酸酶、多糖和菌体表面蛋白是猪丹毒丝菌重要的毒力因子。

猪丹毒丝菌对外界环境的抵抗力很强。阳光直晒可存活 12 d，室温、干燥条件下可存活数月，熏肉制品中可存活 3 个月，在深埋 2.13 m 的死猪体内可存活数月。对热的抵抗力不强，50℃处理15～20 min、70℃处理 5 min 或煮沸可灭活。对常用消毒剂敏感，1%～2% 氢氧化钠、1% 漂白粉、5% 石灰乳、2% 甲醛等均可杀灭猪丹毒丝菌。

二、流行病学特点

自然条件下猪对猪丹毒丝菌最易感，3～6 月龄的猪多发。病猪和带菌猪是主要传染源，活菌随分泌物（唾液、鼻液）和排泄物（尿、粪）排出体外，可污染饲料、饮水、土壤、猪舍和用具，易感猪经消化道感染，也可经皮肤伤口感染。蚊、蝇、虱、蜱等吸血昆虫也可作为传播媒介。

猪丹毒的流行有一定的季节性，多发生于气候较暖和的初夏和晚秋季节。以散发或地方性流行为主，有时可出现暴发性疫情。

三、临床症状

临床上，猪丹毒可分为急性型、亚急性型和慢性型。急性型主要表现为败血症，亚急性型病例皮肤上出现疹块，慢性型病例出现心内膜炎和关节炎。

1. 急性型

最为常见，流行初期个别猪突然死亡。病猪体温升高（42℃以上），食欲减少或废绝、寒战、喜卧、行走摇摆不稳、结膜潮红、有浆液性分泌物，呕吐，病初粪软或干，后腹泻；病猪全身皮肤潮红，胸、腹、四肢内侧、耳、颈、背部皮肤出现大小不等的淡紫色或暗紫色红斑，指压可消退，但去指后可恢复（图4-11-1和图4-11-2）。病猪可视黏膜发绀、呼吸困难、站立不稳。多数病猪在2～3 d内死亡，病死率达80%以上。

2. 亚急性型

以皮肤疹块为特征，病程为10～12 d，死亡率低。病猪体温升高，但很少超过42℃。背、胸、颈、腹侧及四肢皮肤出现深红、黑紫色大小不等的疹块，呈方形、菱形、圆形或不规则形或融合连成一片；疹块稍凸起，边缘红色，中间苍白，界线明显，形似烙印（惯称"打火印"）（图4-11-3和图4-11-4）。疹块可逐渐消退，形成干痂、脱落而自愈。还可见个别病猪的耳或尾坏死脱落。

3. 慢性型

大多由急性型和亚急性型转变而来，病猪食欲时好时坏、生长发育不良、被毛粗乱无光泽。患慢性心内膜炎的病猪体温正常或稍高、时有腹泻、体弱、不愿走动、驱赶时表现出呼吸困难，病猪因心力衰竭、虚脱而死，重症者2～4周内死亡。患慢性关节炎的病猪主要表现股关节、腕关节和跗关节肿大、跛行、步态僵硬、喜卧甚至不能行走和站立。

图4-11-1　急性型病猪体温升高、全身皮肤潮红（刘芳 供图）

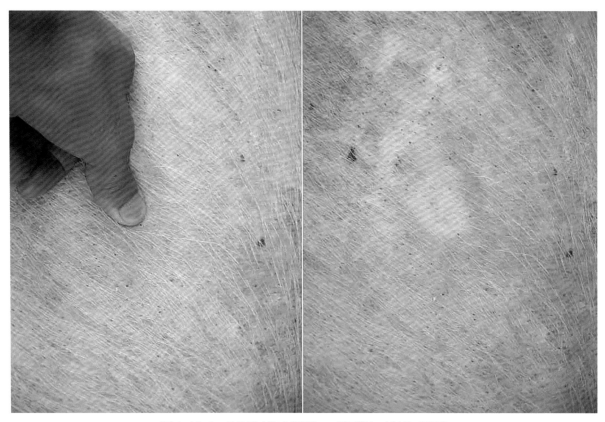

图 4-11-2　急性型病猪皮肤潮红，指压褪色（刘芳　供图）

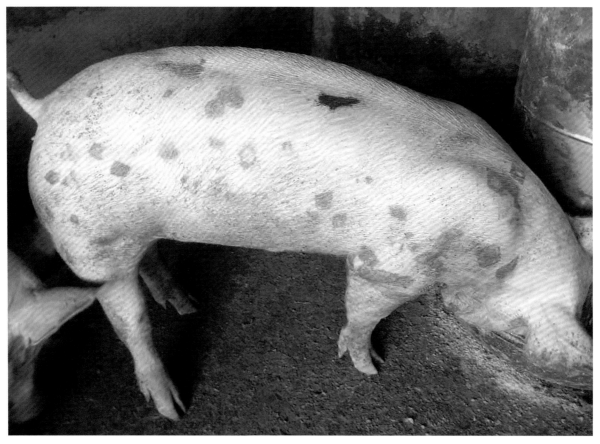

图 4-11-3　亚急性型病猪（站立）皮肤疹块（刘芳　供图）

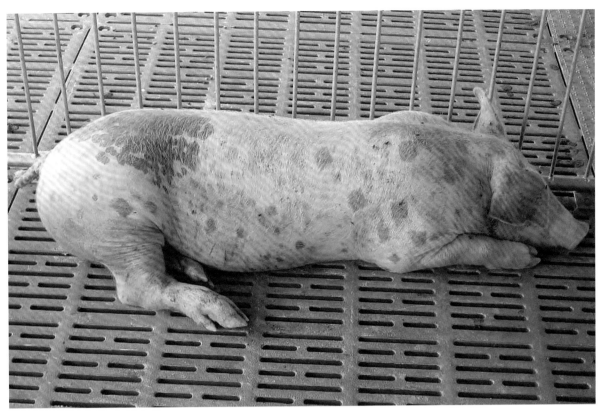

图 4-11-4　亚急性型病猪皮肤疹块（刘芳　供图）

四、病理变化

急性死亡病例全身淋巴结肿大、潮红或紫红色，呈浆液性出血性变化；胃底部及十二指肠和空肠前段黏膜红肿、出血，可见黏液，严重时呈弥漫性暗红色；脾脏显著肿大、质地柔软、切面脾髓隆起，红白髓界线不清；肾脏淤血肿大、被膜易剥离，呈不均匀的紫红色，切面皮质部呈红黄色，表面及切面可见小点状出血；心脏内外膜出血、心包积液。肺脏淤血、水肿，可见出血点；肝脏淤血、肿大，呈暗红色（图 4-11-5、图 4-11-6 和图 4-11-7）。

亚急性型病例的皮肤可出现典型的疹块。部分病死猪的脾脏、肾脏可出现与急性病例相似的病理变化。

慢性病例的左心房室瓣（二尖瓣）上会出现典型的菜花样疣状赘生物，表面凸凹不平，瓣膜变形，心孔狭窄与闭锁不全，可能会堵塞房室孔。慢性关节炎病猪的关节肿大，关节囊显著变大、增厚，关节液增多，且有浆液性纤维素性渗出，关节面粗糙，滑膜表面有绒毛样增生物。病程长的有纤维组织增生、关节变形。

五、诊断

临床上，急性猪丹毒需要与非洲猪瘟、猪瘟、急性败血型猪巴氏杆菌病、猪链球菌病等进行鉴别诊断。

图 4-11-5　急性型病死猪肺脏淤血、水肿（刘芳 供图）

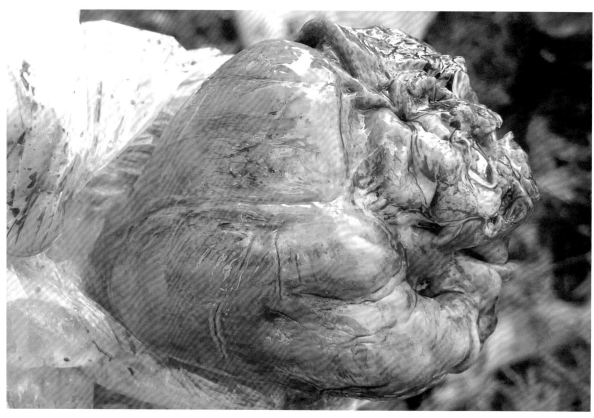

图 4-11-6　急性型病死猪心肌出血（刘芳 供图）

图 4-11-7　急性型病死猪胃黏膜弥漫性充血、出血（刘芳 供图）

1. 细菌学检查

取新鲜心血、脾脏、肾脏、肝脏、淋巴结制成抹片进行革兰氏染色镜检，可见单个或成堆的细长小杆菌。将新鲜的病变组织接种于鲜血琼脂平板，可长出表面光滑、边缘整齐、圆形、针尖大小的露珠样菌落；明胶穿刺培养时呈试管刷状，不液化明胶。进一步结合流行病学、临床症状及病理变化即可确诊。

2. PCR 检测

可采用 PCR、多重 PCR 以及 real-time PCR 检测猪丹毒丝菌。

3. 血清学检测

平板或试管凝集试验、ELISA 和 IFA 均可用于猪丹毒丝菌抗体的检测。免疫组织化学法可用于检测冷冻组织切片中的猪丹毒丝菌。

六、预防和控制

1. 预防

应加强猪群的饲养管理，保持圈舍清洁干燥，对猪舍、用具及环境定期进行消毒。在猪丹毒流行的地区或猪场，可使用疫苗进行免疫接种。现有的疫苗包括猪丹毒氢氧化铝菌苗、猪丹毒弱毒疫苗、猪丹毒-猪多杀性巴氏杆菌病二联灭活疫苗以及猪瘟-猪丹毒-猪多杀性巴氏性杆菌病三联活疫苗，猪场可依据实际情况选用。

2. 控制

发生猪丹毒疫情时，应立即隔离并治疗患病猪只，并对猪舍、饲槽、用具、运输工具及环境进行严格消毒，对病死猪及其内脏等进行无害化处理。选用敏感的抗生素对发病猪进行治疗，青霉素是首选药物，土霉素、四环素、金霉素、磺胺嘧啶钠也有效。

第十二节　猪渗出性皮炎

猪渗出性皮炎又称猪渗出性皮脂溢症或猪油皮病，它是由猪葡萄球菌引起的一种皮肤病。该病在猪群中较为常见，临床上表现为全身非瘙痒性皮炎—表皮炎，对养猪生产造成一定影响。

一、病原概述

猪葡萄球菌为革兰氏阳性菌，不形成芽孢和荚膜，排列似葡萄串状。不能在麦康凯培养基上生长，在血平板上生长时不产生溶血环。可产生多种具有致病作用的毒力因子，不同菌株间的毒力有差异。葡萄球菌对环境的抵抗力较强，耐干燥，可在环境中长期存活。煮沸可迅速使其灭活，80℃加热 30 min 可被杀灭，对一般的消毒剂均敏感，但易产生耐药性。

二、流行病学特点

猪葡萄球菌广泛存在于自然环境中，临床发病与个体和群体的抵抗力和免疫力降低有关。一般以出生后 5 ～ 10 日龄的仔猪发病最为常见，而成年猪多为慢性感染。感染猪是唯一的传染源。猪葡萄球菌可通过气溶胶、直接皮肤接触或间接接触污染的墙壁和用具等途径在猪群中传播。疾病的发生和流行无明显季节性，但饲养管理差、环境卫生条件不良、皮肤创伤或感染、猪舍湿度过高等易导致猪群发病。

三、临床症状

幼龄哺乳仔猪发病表现最为严重，死亡率最高。3 ～ 4 日龄的哺乳仔猪可发生严重的急性猪渗出性皮炎。发病初期，仔猪眼周围、耳郭、面颊及鼻背部皮肤以及肛门周围和下腹部等无毛处皮肤出现红斑，之后成为 3 ～ 4 mm 大小的微黄色水疱并迅速破裂，渗出清亮的浆液或黏液，常与皮屑、皮脂和污物混合，干燥后形成棕褐、黑褐色坚硬厚痂皮，呈横纹龟裂，有臭味，触之粘手如接触油脂样，故俗称"猪油皮病"（图 4-12-1 和图 4-12-2）。强行剥除痂皮，可露出红色湿润的创面，其上多附着带血的浆液或脓性分泌物。24 ～ 48 h 内病变可蔓延至全身。患猪皮肤触感温度升高、食欲不振、脱水，严重者体重迅速减轻并在 24 h 内死亡，大多数经过 6 ～ 10 d 死亡，一些耐过猪皮肤可逐渐修复。日龄较大的仔猪、生长育成猪或母猪感染病变较轻，大多无全身症状，并可逐渐康复。

图 4-12-1　患病哺乳仔猪
（刘芳　供图）

图 4-12-2　患病仔猪油脂样皮肤
（刘芳　供图）

四、病理变化

患病猪头、耳、躯干与腿的皮肤及被毛有渗出物，去除渗出物后的皮肤呈红色。组织学检查可见角质层上积有蛋白样物、角蛋白、炎性细胞及球菌。真皮的毛细血管扩张，表皮下层坏死。体表淋巴结肿大，肾脏肿大，肾脏中的尿液呈黏液样，输尿管及肾盂扩张。

五、诊断

根据皮肤病变即可做出初步诊断，可刮取创面分泌物进行猪葡萄球菌分离培养和药敏试验。应注意与猪皮癣、皮肤坏死性杆菌病、增生性皮肤病、疥螨感染、湿疹、猪痘、锌缺乏症相鉴别。

六、预防和控制

1. 预防
应防止仔猪相互争斗，避免皮肤创伤的产生；对猪舍及环境进行严格消毒；加强产房及母猪管理，保持产房洁净卫生。经常发病且严重的猪场可采用自家灭活疫苗对母猪进行免疫接种。

2. 治疗
依据药敏试验结果选择敏感抗生素（如头孢噻呋、恩诺沙星）对患病猪进行治疗。

第十三节　猪增生性肠病

猪增生性肠病是由专性胞内寄生的胞内劳森菌引起的传染性肠道疾病，又称回肠炎，其主要病变特征是由于隐窝上皮细胞的增生而致肠黏膜增厚。该病分布较广，绝大多数猪场均存在，可导致猪生长速度下降而影响养猪生产效益。

一、病原概述

胞内劳森菌为一种专性胞内寄生菌，是劳森菌属中唯一的种。该菌在体内可在肠上皮细胞胞质中生长，体外可在肠道和成纤维细胞衍生的细胞系中增殖，但不能经常规的细菌培养方法进行培养。菌体呈弯曲或直的弧状，长 1.25 ～ 1.75 μm，宽 0.25 ～ 0.43 μm。两端尖或钝圆，无芽孢，微需氧，革兰氏阴性，抗酸染色呈阳性。具有单极鞭毛，可在体外快速运动。粪便中的胞内劳森菌 5 ～ 15℃下可存活 2 周。

二、流行病学特点

猪增生性肠病一般在家猪和野猪群中流行，也有一些关于其他动物感染胞内劳森菌的报道。病猪和带菌猪是该病的主要传染源。感染猪粪便中的含菌量很高，粪—口途径是其主要传播途径。生长育成猪最易感染，2 月龄以内和 1 周岁以上的猪不易发病。抗生素的使用可减缓临床疾病的发生。

三、临床症状

猪增生性肠病的临床病型主要有急性型和慢性型 2 种，即猪增生性出血性肠病和猪肠腺瘤病。此外，也有亚临床型。

1. 猪增生性出血性肠病

一般发生于 4 ～ 12 月龄的成年猪（如后备母猪），临床上以贫血和出血性腹泻为特征。首先见到的临床症状是患病猪排出黑色柏油样稀粪（图 4-13-1）。一些病例粪便无异常而突然死亡，仅见皮肤苍白。病死率可达 50%，有的猪可在数周内逐渐康复。妊娠母猪可发生流产。

2. 猪肠腺瘤病

主要发生于 6 ～ 20 周龄猪。感染猪表现出轻度至中度的腹泻，粪便呈灰绿色，间歇性厌食，消瘦，被毛粗乱（图 4-13-2）。严重病例会并发条件性细菌感染而导致坏死性肠炎，出现持续性腹泻，有时排出含有纤维蛋白的水样粪便。

亚临床感染猪的粪便正常，但增重降低，饲料利用率下降。

四、病理变化

最明显的肉眼病变为肠黏膜增厚，可见纵向至横向的皱褶。肠壁增厚，肠管外径变粗，浆膜和肠系膜水肿（图4-13-3）。病变多见于回肠，但也可发生在空肠和结肠。肠腺瘤病例最常见的病变位于回肠末端，严重者可蔓延至空肠、盲肠和结肠襻（图4-13-4）。在坏死性肠炎病例，增生的肠黏膜表面可见一层松散或紧密黏附的纤维蛋白坏死膜或碎片（图4-13-5）。经免疫染色或电子显微镜观察，可见感染部位的肠上皮细胞胞质内有大量的胞内劳森菌。

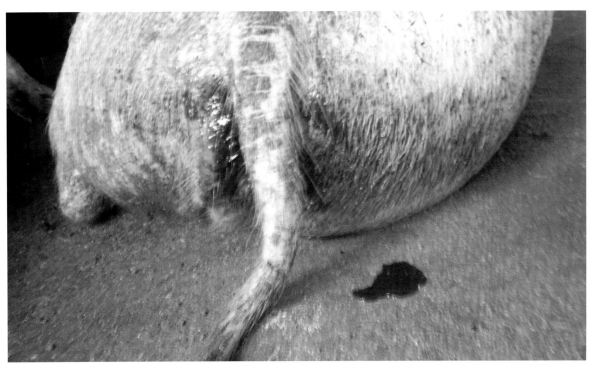

图4-13-1　典型煤焦油状腹泻（张米申　供图）

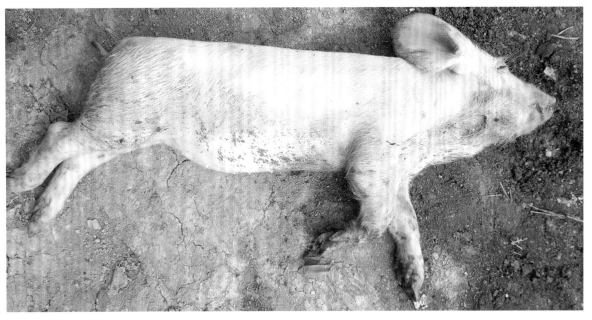

图4-13-2　皮肤苍白，消瘦（张米申　供图）

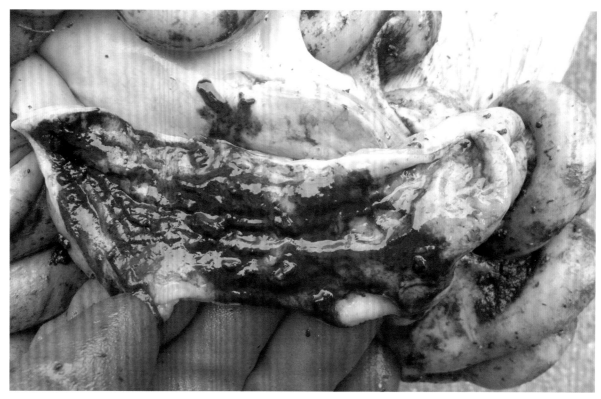

图 4-13-3　肠壁水肿增厚和含血内容物（张米申　供图）

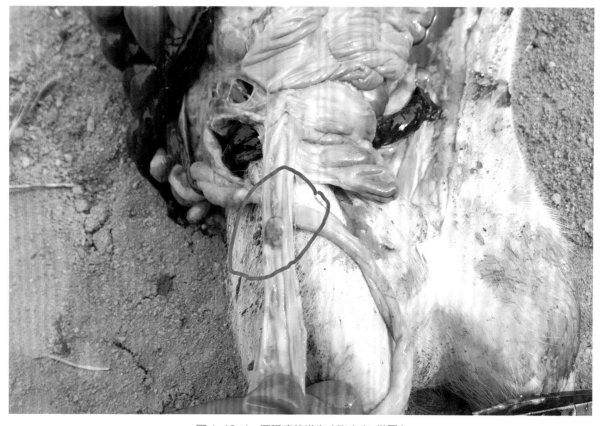

图 4-13-4　回肠瘤状增生（张米申　供图）

五、诊断

基于特征性的肠道肉眼和显微病变，以及对胞内劳森菌的检测，可以做出诊断。临床上，猪增生性肠病应与引起腹泻的病毒性和细菌性疾病进行鉴别诊断，如冠状病毒感染、猪圆环病毒病、轮状病毒感染、仔猪副伤寒、猪痢疾以及营养性腹泻等。

1. 病原检测

免疫组化染色是检测胞内劳森菌的金标准。PCR可用于粪便、肠黏膜或口腔液样本中胞内劳森菌DNA的检测。

2. 血清学检测

图 4-13-5　黏膜表面附着坏死假膜（张米申　供图）

免疫过氧化物酶单层细胞试验（IPMA）、间接免疫荧光试验（IFA）、ELISA可用于感染猪血清或口腔液中的胞内劳森菌抗体检测。

六、预防和控制

1. 预防

改善猪场卫生条件，做好引种隔离与监测，实行全进全出的饲养方式等措施有助于降低胞内劳森菌感染和猪增生性肠病发生的风险。可使用胞内劳森菌减毒活疫苗或灭活疫苗对猪群进行免疫接种。

2. 治疗

及时对发病猪（群）进行治疗。用泰妙菌素、泰乐菌素或泰万菌素，可通过饮水、拌料或肌内注射对感染猪和接触猪连续治疗14 d。

第十四节　猪痢疾

猪痢疾（SD）是由强溶血性短螺旋体引起猪的一种大肠黏膜黏液渗出性、出血性和坏死性炎症的肠道传染病，又称血痢。该病对养猪生产的危害很大，可致严重的经济损失。

一、病原概述

猪痢疾的经典病原为猪痢短螺旋体，属于短螺旋体属。此外，汉普森短螺旋体和猪鸭短螺旋体也可引起猪痢疾。猪痢短螺旋体为革兰氏阴性菌，菌体长 6～8 μm，宽 0.3～0.4 μm，两端尖锐，形如双燕翅状，有 3～4 个弯曲，暗视野显微镜下可见其活泼的蛇样运动。

猪痢短螺旋体严格厌氧，对培养条件要求较严格。在鲜血琼脂平板上可见明显的 β 溶血。对外界环境抵抗力较强，在密闭的猪舍粪尿池中可存活 30 d，粪便中 5 ℃下可存活 61 d、25 ℃下存活 7 d，土壤中 4 ℃下可存活 102 d。粪便经干燥处理可快速杀灭猪痢短螺旋体。对阳光照射、热、干燥、常用的消毒药敏感，酚类化合物和次氯酸钠最有效。

二、流行病学特点

猪痢短螺旋体可自然感染猪，仅致猪发病。不同品种、年龄的猪均可感染，以 2～3 月龄猪多发。发病率一般为 70%～80%，病死率 30%～60%。

病猪和带菌猪是主要的传染源。康复猪带菌率高，带菌时间可长达数月，粪便可排出大量病菌，从而污染饲料、饮水、猪舍、饲槽、用具、运输工具及周围环境等。健康猪通过摄入污染的饲料和饮水经消化道感染。引入的带菌种猪和猪场中的鼠、犬、蝇等媒介可造成疫情传播。

该病无明显季节性。流行初期多呈最急性和急性，病死率高；其后呈亚急性和慢性而影响猪的生长发育。饲养管理不良、饲料中维生素和矿物质缺乏、运输、寒冷、过热等应激因素可促进疾病发生并加重病情。

三、临床症状

猪痢疾的潜伏期为 3 d 至 2 个月，自然感染多为 1～2 周。临床上，可分为最急性型、急性型、亚急性型和慢性型，急性型以出血性下痢为主，亚急性和慢性以黏液性腹泻为主。

1. 最急性型
病猪常突然死亡，见不到腹泻等明显症状。

2. 急性型
病猪表现为程度不同的腹泻。先为软粪，渐变为黄色稀粪，混有黏液或血液。病情严重时，粪便呈红色糊状，内有大量黏液、血块及脓性分泌物。有的粪便呈灰色、褐色甚至绿色糊状，有时有很多小气泡，并混有黏液及纤维素性坏死伪膜。病猪精神不振、厌食、喜饮水、弓背、脱水、行走摇摆、腹部卷缩、腹痛、用后肢踢腹、被毛粗乱无光、迅速消瘦，后期排粪失禁。肛门周围及尾根被粪便沾污，起立无力，极度衰弱，最后死亡。大部分病猪体温 40～40.5℃。

3. 亚急性型和慢性型
症状较轻。病猪下痢，粪便中混有较多黏液和坏死组织碎片，较少见血液。病期较长，进行性消瘦、生长停滞、发育不良。部分病例可自然康复，但可复发，甚至死亡。

四、病理变化

大体病变特征为大肠黏膜卡他性、出血性及坏死性炎症（图4-14-1）。主要病变局限于结肠和盲肠。急性病例可见大肠黏液性和出血性炎症，肠管松弛，肠壁水肿而增厚，肠黏膜肿胀、充血和出血，肠腔内充满红色、暗红色或浓茶色的黏液和血液。病程稍长者可见坏死性大肠炎，黏膜表面有点状、片状或弥漫性坏死，与渗出的纤维素构成豆腐渣样伪膜，剥去伪膜后露出浅表糜烂面。肠内蓄积有大量黏液和坏死组织碎片。肠系膜淋巴结肿大。

显微病变主要是大肠黏膜的炎性反应，且局限于黏膜层。早期黏膜上皮与固有层分离，血管外露并有坏死灶，微血管周围有大量白细胞浸润。进而肠黏膜表层发生坏死，黏膜完整性受到不同程度破坏，上覆盖黏液、纤维素、脱落的上皮细胞、炎性细胞构成的坏死伪膜（图4-14-2）。肠腺上皮细胞变性、萎缩和坏死，黏膜表层及腺窝内可见数量不等的短螺旋体。

图4-14-1　大肠卡他性炎症

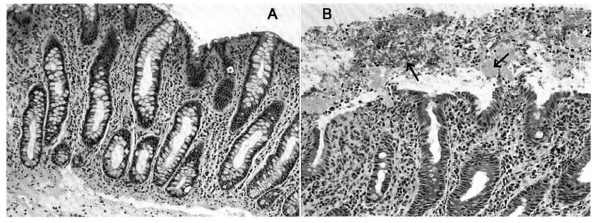

A.正常肠黏膜（HE染色）；B.肠黏膜表层糜烂，有纤维素性和出血性渗出（HE染色）。
图4-14-2　结肠黏膜组织学观察

五、诊断

依据流行病学、临床症状及病理变化可做出初步诊断。确诊需要对猪结肠黏膜或粪便中强 β 溶血性短螺旋体进行检测。临床上，应与猪增生性肠病、仔猪副伤寒、猪传染性胃肠炎、猪流行性腹泻等进行鉴别诊断。

1. 病原学检测

取病猪新鲜粪便或大肠黏膜制成涂片，经吉姆萨染色后镜检，可见多个具有3～4个弯曲的较大螺旋体。或制成悬滴或压滴标本，暗视野显微镜下可见到多个蛇形运动的螺旋体。

2. 核酸检测

基于寡核苷酸探针建立的荧光原位杂交技术（FISH）可用于粪便、黏膜涂片及病变组织中猪痢短螺旋体和汉普森短螺旋体的快速鉴定及组织内定位。PCR 技术可用于短螺旋体种的鉴定。MALDI-TOF-MS 可用于鉴别所有已知的猪痢疾的病原体。

3. 致病性试验

将结肠病料经胃管投服 10 ～ 12 周龄的健康猪，若 50% 的感染猪发病，表明该菌株有致病性。

4. 血清学检测

ELISA 可用于感染猪群的血清抗体及屠宰场肉汁样本的检测。

六、预防和控制

应严禁从有疫病的猪场购入带菌种猪，坚持自繁自养。做好猪舍及环境的清洁卫生和消毒，及时清扫圈舍，并对粪便进行无害化处理。防鼠灭蝇，消毒猪舍需空舍干燥 1 个月后方可使用。病菌净、二甲硝基咪唑、新霉素、林可霉素、泰乐菌素、杆菌肽、土霉素均可用于发病猪的治疗，但治疗后易复发。因此，一旦发现病猪，应全部淘汰，并采取净化措施进行根除。

第十五节　其他细菌性疾病

一、布鲁氏菌病

猪的布鲁氏菌病是由布鲁氏菌引起猪的一种急性或慢性传染病，以妊娠母猪流产、死胎和不育及公猪附睾炎和睾丸炎为临床特征。布鲁氏菌可自然感染多种动物，对人类具有很强的致病性，是重要的人兽共患病病原，对畜牧业和人类健康的危害较大。

1. 病原概述

猪布鲁氏菌为革兰氏阴性球杆菌，不形成荚膜和芽孢，无鞭毛，不运动。专性需氧，对营养要求严格，泛酸钙和赤藓糖醇可刺激其生长。培养该菌和对潜在感染动物材料的操作应在生物安全 3 级实验室进行。猪布鲁氏菌可分为 5 个生物型，猪可感染生物 1 型、2 型和 3 型。

布鲁氏菌对外界环境、干燥和寒冷的抵抗力较强。在干燥的土壤中可存活 2 个月；在衣服、皮毛上可存活 5 个月；乳、肉食品中能存活 2 个月。布鲁氏菌对热敏感，60℃处理 30 min、70℃处理 5 ～ 10 min 即可被杀灭，煮沸可立即杀灭该菌。常用的消毒药可有效杀灭布鲁氏菌。

2. 流行病学特点

猪布鲁氏菌除感染猪外，也可感染牛、马、鹿、羊和人。病猪或带菌猪是主要传染源，患病的妊娠母猪是最危险的传染源。流产母猪可从胎儿、胎衣、胎水、奶、尿、阴道分泌物中排出大量细菌，污染产房、猪舍及其他物品。乳汁及患病公猪精液中也可检测到该菌。

易感猪可因采食被污染的饲料或饮水被感染。消化道是主要感染途径，其次是生殖道和皮肤、黏膜。猪布鲁氏菌可经配种在猪群内或猪群之间传播。母猪较公猪易感。幼龄猪有一定抵抗力，随着日龄增长易感性增高，性成熟后会变得很易感。该病一年四季均可发生，除导致母猪流产和公猪睾丸炎外，很少致死。

3. 临床症状

猪布鲁氏菌病的显著特征是母猪流产，大多发生于妊娠 30～50 d 或 80～110 d，产出死胎及弱胎。流产前可见精神沉郁，阴唇和乳房肿胀。有的病猪会出现子宫内膜炎和阴道炎，影响配种；有的病猪产出木乃伊胎。母猪流产后阴道排出黏性红色分泌物，大多经 8～10 d 可消失。

种公猪表现为睾丸炎和附睾炎，一侧或两侧睾丸肿大，有痛感，并伴有全身症状。有的病猪睾丸和附睾萎缩，性欲减退，从而丧失配种能力。

公猪、母猪都可发生关节炎，大多为后肢，表现为关节肿大、疼痛、跛行。

4. 病理变化

流产母猪子宫黏膜充血、出血，有炎性分泌物，部分病例子宫黏膜上有大头针帽至粟粒大的淡黄色结节，切开可见少量化脓或干酪样物质。淋巴结、肝脏、脾脏、肾脏、乳腺等可见到布鲁氏菌病性结节病变。

公猪的睾丸及附睾常呈现化脓性炎性坏死灶，鞘膜腔充满浆性渗出液；慢性病猪睾丸及附睾结缔组织增生、肥厚、粘连，切开可见豌豆大小的化脓灶和坏死灶或钙化灶。精囊可能有出血及坏死灶。

关节滑液囊有浆液和纤维素性渗出，严重时可见化脓性炎症和坏死。此外，还常在肝脏、肾脏、肺脏、脾脏与皮下组织等出现脓肿。

5. 诊断

可根据流行病学、临床症状及剖检病变做出初步判断，确诊需进行实验室检测。注意与猪细小病毒感染、猪繁殖与呼吸综合征、猪伪狂犬病、猪日本脑炎、猪衣原体病、猪瘟、猪钩端螺旋体病、猪弓形虫病等引起的流产进行鉴别诊断。

（1）细菌学检测。可采集胎衣分泌物、流产胎儿脾脏、肝脏、淋巴结、子宫坏死部分等样本制备抹片，进行染色镜检。病料经培养，挑取可疑菌落进行染色镜检，并用抗血清进行玻板凝集试验鉴定。

（2）PCR 检测。可采用 PCR 直接检测临床样本中的猪布鲁氏菌。

（3）血清学检测。玻板凝集试验和试管凝集试验可用于检测猪血清中的布鲁氏菌抗体。

6. 预防和控制

猪场应加强生物安全措施，坚持自繁自养，对引入的种猪和购入猪只严格进行检疫和隔离，防止污染的畜产品和饲料进入猪场。在猪布鲁氏菌病流行地区，可采用猪布鲁氏菌弱毒活疫苗进行免疫。

二、结核病

猪的结核病是由分枝杆菌引起猪的一种慢性传染病，以多种组织器官的结核性肉芽肿（结核结节）为主要病变特征，时间较久的结核结节中心呈干酪样坏死或钙化。该病病程长，临床症状不明显，发病率和死亡率不高，虽然对养猪生产的直接影响不如其他疾病，但可造成屠宰猪酮体的废弃率增高。猪结核病呈世界性分布，具有重要的公共卫生意义。

1. 病原概述

猪结核病的病原包括结核分枝杆菌、牛分枝杆菌、山羊结核分枝杆菌和其他相关的结核分枝杆菌复合群（MTBC）和禽分枝杆菌复合群（MAC），均为分枝杆菌属的成员，许多特性相似。分枝杆菌菌体细长、直或微弯，单在或少数成丛，大小为（0.2～0.5）μm×（1.5～4.0）μm；革兰氏染色阳性，但不易着染，抗酸染色阳性，呈红色；专性需氧，对营养要求高，在固体培养基上生长缓慢，常用罗杰培养基进行细菌分离。

分枝杆菌在自然环境中生存能力较强，对干燥和湿冷有较强的抵抗力。在干燥的环境中能存活6～8个月，0℃下可存活4～5个月。对热和紫外线敏感，60℃处理30 min、日光直射2 h即可被杀灭。70%酒精或10%漂白粉可很快将其杀死，但对一般消毒药物有抵抗力。

2. 流行病学特点

多种动物和人都可感染，易感性因动物种类和个体差异有所不同。猪对禽分枝杆菌复合群的易感性很高。病猪和带菌动物是主要传染源。患病动物的分泌物和排泄物都可带菌，并可通过污染饲料、饮水、空气以及环境而传播。主要经呼吸道和消化道感染，猪舍通风不良、拥挤、潮湿、阳光不足、缺乏运动都会导致猪只对该病的易感性增加。

3. 临床症状

猪通常呈亚临床感染。在扁桃体和颌下淋巴结可形成病灶，肠道有病灶时会出现下痢。

4. 病理变化

感染猪组织器官出现增生性或渗出性炎症，或二者皆有。机体抵抗力强时以增生性结核结节为主，机体抵抗力弱时以渗出性炎症为主。感染猪只的肝脏、肺脏、肾脏等可见一些小的病灶，有的会出现广泛性结节，并呈干酪样变化，钙化不明显。下颌、咽、肠系膜淋巴结和扁桃体可见结核病灶。

5. 诊断

感染猪生前大多无明显症状，可根据死后剖检病变进行初步诊断。确诊可进行变态反应、细菌学和血清学检测。

（1）变态反应。在猪耳根外侧皮内注射牛分枝杆菌纯化蛋白衍生物（结核菌素），另一侧注射禽分枝杆菌提纯菌素，48～72 h后观察，发生明显红肿者为阳性。

（2）细菌学检测。可采集病猪的分泌物制成涂片，进行染色镜检，或将分离培养物接种实验动物。

（3）病原分子检测。对猪源分枝杆菌分离株进行亚种鉴定和基因分型有助于确定感染来源，找到病例或暴发的共同源头。可采用核酸探针杂交、基质辅助激光解析电离飞行时间质谱（MALDI-TOF-MS）和PCR等技术检测和鉴定分枝杆菌菌种以及亚种。

（4）**血清学检测**。ELISA 是目前较好的检测分枝杆菌特异性抗体的方法，可用于猪血清和肉汁样本的检测。

6. 预防和控制

对于猪结核病的预防，做好猪场的生物安全措施，防止猪群受到分枝杆菌感染十分重要。还应做好猪场饲养员的检疫。猪场一旦发生结核病，应坚决淘汰病猪，并用 20% 石灰乳、5% 来苏儿或 5% 漂白粉对污染的猪舍及场地进行彻底消毒。

三、钩端螺旋体病

钩端螺旋体病是由致病性钩端螺旋体引起的一种自然疫源性人兽共患传染病。猪的钩端螺旋体病一般呈隐性感染，偶有流行，可致种猪繁殖障碍。

1. 病原概述

致病性的钩端螺旋体有 10 余种，可分为多个血清群，有近 300 个血清型。可导致猪发病的钩端螺旋体主要是问号钩端螺旋体和博氏钩端螺旋体。菌体呈细长的螺旋状，长 6 ～ 20 μm，宽 0.1 ～ 0.15 μm，螺旋弧度约 0.5 μm，一端或两端呈钩状，革兰氏染色阴性，能运动，需氧生长。

钩端螺旋体对外界环境有较强的抵抗力，可以在水田、池塘、沼泽和淤泥中生存数月。低温下能存活较长时间。对酸、碱和热较敏感。一般的消毒剂和消毒方法即可将其杀死。常用漂白粉对污染水源进行消毒。

2. 流行病学特点

不同日龄猪均可感染，大多呈亚临床感染，仔猪和妊娠母猪可表现出临床症状。易感种猪群首次感染或群体免疫力低下时，可导致不孕、流产、产死胎和弱胎。病猪和带菌猪是主要传染源。钩端螺旋体可长期存在于母猪和公猪的肾脏和生殖道，并随尿液、精液和阴道分泌物排至体外污染环境，易感猪间接接触污染的水和土壤会造成感染。鼠类和蛙类是该菌的自然贮存宿主，也是重要的传染源。

该病可经直接或间接接触方式传播，皮肤为主要感染途径，其次是消化道、呼吸道以及生殖道黏膜。吸血昆虫叮咬、人工授精以及交配等均可造成传播。常呈散发或地方性流行，无季节性，但夏、秋多雨季节多发。

3. 临床症状

可分为急性型、亚急性型和慢性型。

（1）**急性型**。多见于仔猪，特别是哺乳仔猪和保育猪，呈暴发或散发流行。潜伏期 1 ～ 2 周。常呈突然发病，体温升高（40 ～ 41℃），稽留 3 ～ 5 d，病猪精神沉郁、厌食、腹泻、全身皮肤和黏膜黄疸（图 4-15-1）、后肢无力、震颤。个别病猪会出现血红蛋白尿，尿色如浓茶；排绿色粪便、恶臭，病程长的可见血粪。死亡率达 50% 以上。

（2）**亚急性和慢性型**。主要损害生殖系统。病初体温有不同程度升高，眼结膜潮红、浮肿，有的泛黄（图 4-15-2），有的下颌、头部、颈部和全身水肿。母猪一般无明显症状，有时出现发热、无乳。妊娠不足 4 ～ 5 周的母猪感染钩端螺旋体后 4 ～ 7 d 会出现流产和死产，流产率可达 20% ～ 70%。怀孕后期的母猪感染后可产弱仔，1 ～ 2 d 死亡。

4. 病理变化

（1）**急性型**。以败血症、全身性黄疸和各器官、组织广泛性出血及坏死为主要特征。皮肤、皮下组织（图 4-15-3）、浆膜和可视黏膜、肝脏、肾脏以及膀胱等组织黄染和不同程度的出血（图 4-15-4）。皮肤干燥、坏死。胸腔及心包内积有混浊的黄色液体。脾脏肿大、淤血，有时可见出血性梗死。肝脏肿大，呈土黄色或棕色，质脆，胆囊充盈、淤血，被膜下可见出血灶。肾脏肿大、淤血、出血。肺淤血、水肿，表面有出血点。膀胱积有红色或深黄色尿液。肠道及肠系膜充血，肠系膜淋巴结、腹股沟淋巴结、颌下淋巴结肿大，呈灰白色。

（2）**亚急性和慢性型**。表现为组织水肿，以头颈部、腹部、胸壁、四肢最明显。肾脏、肺脏、肝脏、心外膜出血明显。浆膜腔内常可见有过量的黄色液体与纤维蛋白。肝脏、脾脏、肾脏肿大。成年猪的慢性感染以肾脏病变最明显。

5. 诊断

急性钩端螺旋体病的临床症状轻微，病变缺乏特征性，需要结合病原检测和血清学检测结果进行确诊。应注意与猪附红细胞体病、新生仔猪溶血性贫血等进行鉴别。

（1）**细菌学检查**。采集病死猪的肝脏、肾脏、脾脏和脑组织，在暗视野显微镜下直接镜检。用免疫荧光抗体法、免疫过氧化物酶法鉴定钩端螺旋体。

（2）**血清学检测**。显微凝集试验（MAT）主要用于猪群的抗体检测。可采用竞争 ELISA 检测慢性感染猪、流产母猪的血清抗体。

6. 预防和控制

做好猪场的环境卫生消毒工作，及时发现、清除和处理带菌猪，防止野生动物或其他动物进入猪场，避免猪场水源、饲料和环境受到污染。及时隔离和治疗病猪，并对污染的环境、用具等进行消毒。10% 氟甲砜霉素、磺胺类药物、链霉素、土霉素等抗生素对病猪有治疗效果。

图 4-15-1　全身皮肤黄染（张米申　供图）

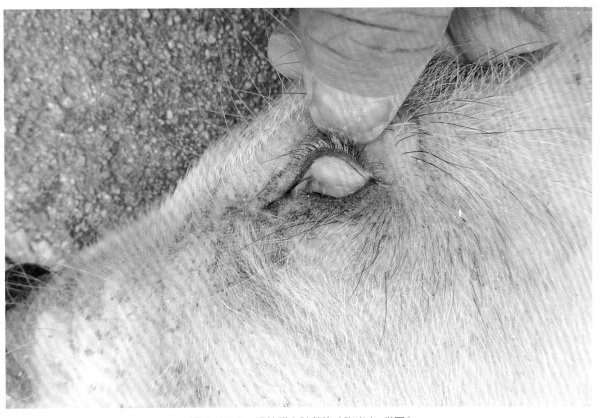

图 4-15-2　眼结膜水肿黄染（张米申 供图）

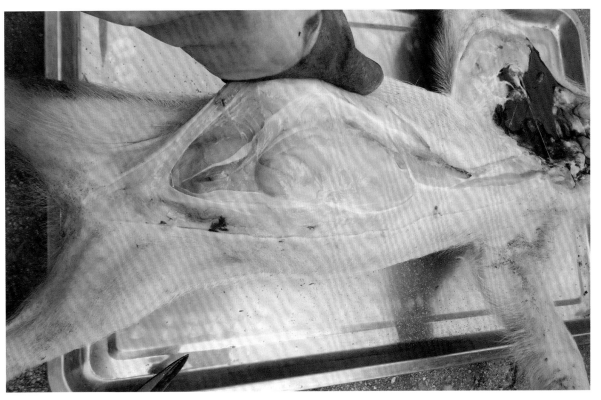

图 4-15-3　皮下组织水肿和黄染（张米申 供图）

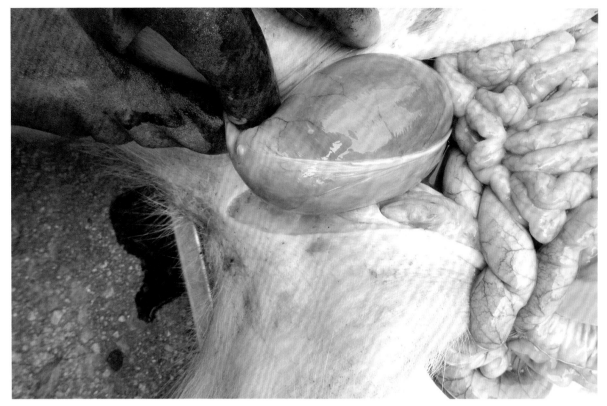

图 4-15-4　膀胱积黄褐色尿液（张米申 供图）

四、衣原体感染

衣原体感染可致妊娠母猪流产、产死胎和弱仔，新生仔猪肺炎、肠炎、胸膜炎、心包炎、关节炎，种公猪睾丸炎等。世界各地均有报道，已有的血清学调查结果显示育肥猪、母猪和公猪的抗体阳性率高达 40% ～ 99%。

1. 病原概述

衣原体是一类革兰氏阴性、可通过细菌滤器、严格细胞内寄生的微生物，不能在人工培养基上生长，可以在呼吸道、泌尿生殖道和消化道等的黏膜上皮细胞内增殖。猪可感染 4 种衣原体：猪衣原体、流产衣原体、牛羊亲衣原体和鹦鹉热衣原体。衣原体在 100℃处理 15 s、70℃处理 5 min、56℃处理 25 min、37℃处理 7 d、室温 10 d 可以失活。紫外线对其有很强的杀灭作用。对 2% 来苏儿、0.1% 甲醛、2% 氢氧化钠、1% 盐酸及 75% 酒精敏感。对四环素类、泰乐菌素、多西环素、红霉素、螺旋霉素敏感。

2. 流行病学特点

不同品种及年龄的猪均可感染，妊娠母猪和幼龄仔猪最易感。病猪和隐性带菌猪是主要传染源。绵羊、牛、啮齿动物、鸟类均可携带衣原体成为疫源。病猪的粪、尿、乳汁、胎衣、羊水等可污染水源和饲料，健康猪经消化道或由飞沫经呼吸道或经交配感染。康复猪可长期带菌。该病常呈地方流行性，无明显的季节性，其发生和流行与卫生条件、饲养管理、营养、长期运输等因素有关。

3. 临床症状

猪衣原体感染的潜伏期长短不一，短则几天，长则可达数周乃至数月。妊娠母猪可出现流产、胎衣不下、不孕症及早产、死产、产弱仔或木乃伊胎（图4-15-5）。初产母猪发病率高。公猪可出现睾丸炎、附睾炎、尿道炎等，有时伴有慢性肺炎。仔猪表现为肠炎、多发性关节炎、结膜炎、支气管炎、胸膜炎和心包炎；体温升高、食欲废绝、精神沉郁、咳嗽、喘气（图4-15-6）、腹泻、跛行、关节肿大，也可见神经症状。

4. 病理变化

猪衣原体感染常与其他疾病合并发生，病理变化较为复杂。流产母猪的子宫内膜出血、水肿，可见坏死灶；流产胎儿和死亡的新生仔猪的头、胸及肩胛部皮下结缔组织水肿（图4-15-7），心脏和肺脏常见浆膜下点状出血，肺可见卡他性炎症。公猪睾丸颜色和硬度会发生变化，腹股沟淋巴结肿大；输精管有出血性炎症，尿道上皮脱落、坏死。仔猪关节肿大，关节周围充血、水肿，关节腔内充满纤维素性渗出液。肺脏水肿，表面有大量的小出血点和出血斑（图4-15-8），尖叶和心叶呈灰色，坚实僵硬；肺泡膨胀不全，并有大量渗出液和中性粒细胞弥漫性浸润；纵隔淋巴结水肿，细支气管有大量的出血点，有时可见坏死区。新生仔猪的胃肠道呈现急性局灶性卡他性炎症，回肠有出血，肠黏膜潮红，小肠和结肠浆膜面有灰白色浆液性纤维素性覆盖物，肠系膜淋巴结肿胀。脾脏有出血点，轻度肿大。肝脏质脆，表面有灰白色斑点。

5. 诊断

衣原体感染导致的繁殖障碍、结膜炎、肺炎、新生仔猪肠炎等的临床症状不具有特征性，因此难以进行初步诊断。临床上应与繁殖障碍疾病（如猪瘟、猪繁殖与呼吸综合征等）和致关节炎的疾病（如猪丹毒、猪链球菌病、格拉瑟病等）进行鉴别。

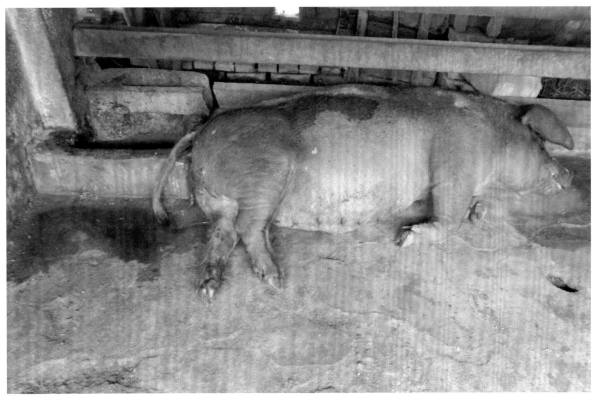

图4-15-5 妊娠中期母猪流产（张米申 供图）

图 4-15-6　咳嗽喘气（张米申　供图）

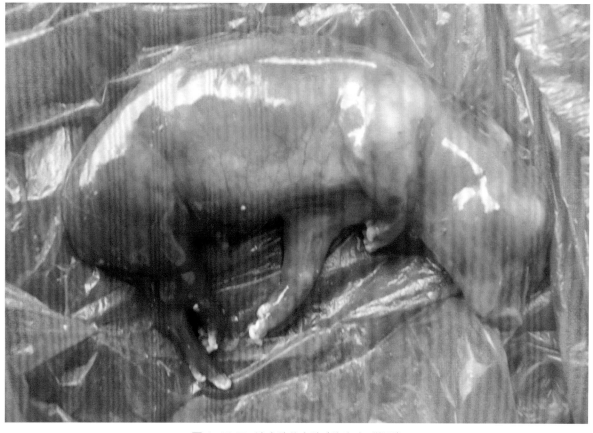

图 4-15-7　流产胎儿水肿（张米申　供图）

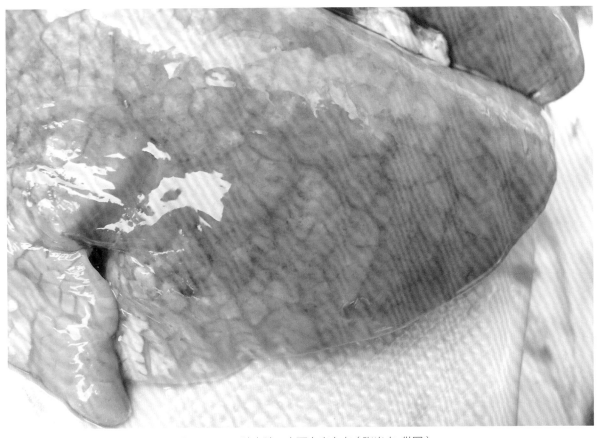

图 4-15-8　肺水肿，表面有出血点（张米申　供图）

（1）细菌学检查。 取病死猪的肝脏、脾脏、肺脏、流产胎儿等制备组织涂片，吉姆萨染色镜检。

（2）抗原检测。 PCR 技术、ELISA、免疫荧光或免疫组化试验可用于检测组织中的衣原体。

（3）血清学检测。 可用于衣原体抗体检测的方法包括补体结合试验（CFT）、微量免疫荧光试验（MIF）和 ELISA。

6. 预防和控制

引进种猪时要严格检疫和监测，做好猪场环境卫生消毒工作，避免健康猪与病猪、带菌猪及其他易感动物接触。及时隔离病猪，彻底清除流产死胎、胎衣及其他病料，并进行无害化处理；对猪舍进行彻底消毒；四环素为首选治疗用药物，也可用金霉素、土霉素、红霉素、螺旋霉素等。

五、产单核细胞李氏杆菌感染

产单核细胞李氏杆菌感染可引起仔猪脑膜炎、败血症及妊娠母猪流产。

1. 病原概述

产单核细胞李氏杆菌为规则的短杆状，两端钝圆。革兰氏染色阳性，无荚膜，不形成芽孢，抹片中单个或两个排成 "V" 形或并列。可在 $-1 \sim 45℃$ 范围内生长。需氧或耐氧。血液或全血琼脂培养基上生长更好，加入 $0.2\% \sim 1\%$ 葡萄糖及 $2\% \sim 3\%$ 甘油生长更佳。在固体培养基上可形成光滑型和粗糙型 2 种菌落。光滑型菌落透明，在 $45°$ 斜射光照射镜检时呈特征性蓝绿光泽，在绵羊血琼脂平板上可形成窄的 β 溶血环。产单核细胞李氏杆菌共有 15 种 O 抗原（Ⅰ～ⅩⅤ）和 4 种 H 抗原（A～D），7 个血清型和 11 个亚型，猪以 Ⅰ 型较多见。

在 pH 值为 5.0 ～ 9.6 条件下均能繁殖，对食盐具有较强的耐受性，在 10% 食盐的培养基中仍能生长。对热的耐受性较强，65℃处理 30 ～ 40 min 才能被杀灭。对常用消毒剂均敏感。对青霉素有抵抗力，对链霉素敏感，但易形成抗药性；对四环素类和磺胺类药物敏感。

2. 流行病学特点

该菌在自然界分布广泛，土壤、排污水、奶酪和青贮饲料等常常带菌。猪的扁桃体和肠道常常带菌。患病动物和带菌动物是主要传染源。动物的粪、尿、乳汁、精液以及眼、鼻和生殖道的分泌液中均可带菌。主要经粪—口途径感染，污染的土壤、饲料、水和垫料可传播。新生仔猪和妊娠母猪最易感。一般呈散发，无季节性，但致死率较高。

3. 临床症状

败血型和脑膜炎型混合型多发生于哺乳仔猪，妊娠后期母猪可发生流产。病猪常突然发病，体温升高至 41 ～ 41.5℃，不吮乳，呼吸困难，粪便干燥或腹泻，排尿少，皮肤发绀，后期体温下降，病程 1 ～ 3 d。多数病猪表现为脑炎症状，初期意识障碍，兴奋、共济失调、肌肉震颤、无目的地走动或转圈，或不自主地后退，或以头抵地、呆立（图 4-15-9）；有的头颈后仰，呈观星姿势；严重者倒卧、抽搐、口吐白沫、四肢乱划，遇刺激时则出现惊叫，病程 3 ～ 7 d。较大日龄猪会出现共济失调，步态强拘，有的后肢麻痹，不能起立或拖地行走，病程可达半个月以上。

单纯脑膜炎型大多发生于断奶仔猪或哺乳仔猪。病情稍缓和，体温和食欲无明显变化，脑炎症状和混合型相似，病程较长，最终死亡。

4. 病理变化

脑膜炎型的大体病变可见病猪脑及脑膜充血或水肿，脑脊髓液增多、混浊，脑干变软，有小的化脓灶（图 4-15-10）。显微病变可见血管周围以单核细胞为主的细胞浸润，形成血管管套现象；脑组织局灶性坏死及小神经胶质细胞和中性粒细胞浸润。

败血症病例可见肝脏有多处坏死灶，偶尔可见脾脏上的坏死灶。流产母猪可见子宫内膜充血及广泛坏死，胎盘子叶出血、坏死；流产胎儿肝脏上有许多小的坏死灶，胎儿可发生自溶。

图 4-15-9　典型症状共济失调转圈运动（张米申　供图）

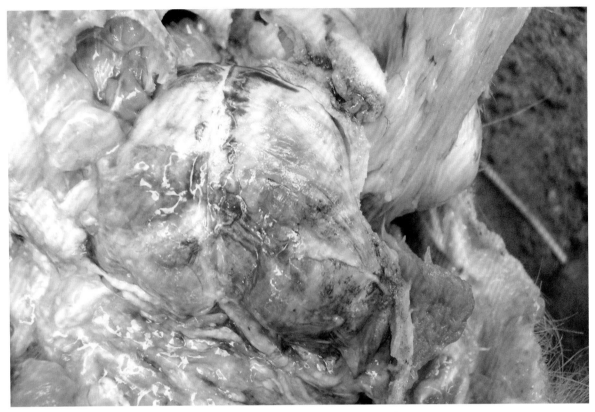

图 4-15-10　脑膜充血（张米申 供图）

5. 诊断

诊断需要进行细菌分离鉴定和 PCR 检测。临床上，应注意与猪伪狂犬病、猪捷申病等进行区别。

（1）细菌学检查。取脾脏、肝脏、脑组织等制备涂片，革兰氏染色后镜检。可将病料接种于绵羊血琼脂或血液葡萄糖琼脂平板上，10% CO_2、35℃培养，可长出露滴状菌落，呈 β 溶血。

（2）PCR 检测。普通 PCR 和荧光定量 PCR 可用于产单核细胞李氏杆菌的定性和定量检测。

6. 预防和控制

加强猪群的饲养管理，不要从有病的猪场引种。应及时隔离发病猪，并严格消毒。可用大剂量链霉素、青霉素、庆大霉素及磺胺类药物对发病猪进行治疗。

六、猪放线真杆菌感染

猪放线真杆菌感染可导致猪的败血症、肺炎、肾炎、关节炎、尿道炎、膀胱炎、输尿管炎等尿道疾病以及流产和心内膜炎，皮肤、黏膜或其他组织可见明显的肉芽肿或脓肿，公猪可携带该菌。

1. 病原概述

猪放线真杆菌为革兰氏阳性小杆菌，不形成芽孢，无荚膜，不运动。在组织和培养基上呈丛状或栅栏样，在动物组织中能形成带有辐射状菌丝的颗粒状聚集物，外观似硫黄颗粒，呈灰色、灰黄色或微棕色，大小如别针头状。组织压片革兰氏染色后可见其中心菌体呈紫色，周围辐射状的菌丝呈红色。

在血平板上厌氧培养 48 h 后可形成直径为 2 ~ 3 mm 的菌落，继而长成扁平干燥、灰色、表面不透明、边缘呈锯齿状的大菌落，不太黏稠，呈 β 溶血。

该菌对外界的抵抗力不强，一般消毒药均可迅速将其杀灭。对青霉素、链霉素、四环素、林可霉素和磺胺类等药物敏感。

2. 流行病学特点

病猪和带菌猪是主要传染源。猪放线真杆菌属于条件性致病菌，常寄生于各种年龄健康猪的扁桃体和上呼吸道中。大多数 6 月龄及以上公猪的包皮憩室内常带菌。主要通过损伤的黏膜或皮肤经直接接触或交配感染。母猪感染多发生在与带菌公猪配种后 1 ～ 3 周。新生仔猪、哺乳仔猪和断奶猪发病较为常见。

3. 临床症状

2 ～ 4 周龄仔猪可突然死亡。发病猪体温升高，皮肤发绀有出血性瘀斑，气喘，有时伴有震颤或呈划水样，肢体远端充血和关节肿胀。断奶猪可见厌食、发热、持续性咳嗽和呼吸困难。成年猪可见体温升高，皮肤上出现圆形或菱形红斑，不食，可突然死亡，但死亡率低。母猪可出现乳房炎、脑膜炎和流产。

4. 病理变化

各脏器、皮肤和小肠出血。最严重的是肺脏，肺小叶坏死和血纤维素蛋白渗出，有化脓性病灶。胸腔和心包膜中有血纤维素性渗出物。日龄较大的哺乳仔猪和断奶仔猪可见胸膜炎、心包炎，在肺脏、肝脏、皮肤、肠系膜淋巴结和肾脏可见到粟粒状的脓肿。有的猪可见关节炎和心瓣膜炎。

5. 诊断

可依据临床症状和肺脏病变做出初步诊断，确诊需进行细菌学检查。可取肺脏病变组织做成涂片或取淋巴结做成触片，革兰氏染色或亚甲蓝染色后镜检。也可用血平板进行细菌分离培养，观察溶血现象。PCR 技术可用于检测猪放线真杆菌，敏感性高于传统的细菌培养方法。

6. 预防和控制

加强猪群的饲养管理，搞好猪舍的卫生消毒，防止猪只皮肤、黏膜受损，饲料中定期适当添加抗生素进行预防。可用青霉素、链霉素、庆大霉素、氨苄青霉素、恩诺沙星等对病猪进行治疗。

七、猪生殖道放线菌感染

猪生殖道放线菌感染可引起母猪流产或多器官弥散性化脓灶。

1. 病原概述

猪生殖道放线菌目前可分为两个生物型，具有多形性，革兰氏染色呈阳性、兼性厌氧、不形成芽孢、不运动、生长缓慢。

2. 流行病学特点

猪生殖道放线菌是人和动物皮肤及黏膜表面常在微生物菌群的组成部分。可以从猪生殖道、鼻腔、扁桃体、肺脏、肾脏、子宫、关节、肝脏和膀胱等多种组织中分离。

3. 临床症状与病理变化

主要临床特征为母猪流产及肺部出现特征性化脓性病灶。个别流产胎儿的胸腔及胎盘表面可见少量纤维素性渗出。显微病变可见坏死性化脓性胎盘炎以及中度化脓性支气管肺炎。屠宰猪的肺脏有散在、坚硬的坏死灶，呈不规则圆形的白色至乳黄色。

4. 诊断

确诊需进行猪生殖道放线菌的培养鉴定。

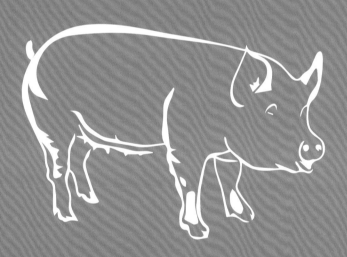

第五章

猪寄生虫病

第一节 猪疥螨病

猪疥螨病是由螨目、疥螨科的猪疥螨所引起猪的一种最重要的外寄生虫病。该病可致猪群生长发育不良、饲料转化率降低和母猪繁殖能力下降。

一、病原概述

猪疥螨成虫呈圆形，体长约 0.5 mm，肉眼很难见到。在低倍显微镜下，疥螨成虫形似龟状，淡黄白色，背面隆起，腹面扁平；躯体前方有一假头，腹面有 4 对短而粗的足（图 5-1-1）。疥螨终生寄生于皮肤，其生活史包括卵、幼虫、稚虫（若虫）和成虫 4 个阶段。雌雄螨在皮肤表面交配后，在皮肤表皮层的上 2/3 处挖掘成 5 ～ 15 mm 隧道，雌虫边挖隧道边产卵，通常每天产 1 ～ 3 个，可持续 4 ～ 5 周，一生可产卵 40 ～ 50 个。其后雌虫死亡。虫卵经 3 ～ 4 d 孵出幼虫，蜕皮为稚虫，稚虫再蜕皮为成虫，整个过程均在隧道内完成，然后成虫通过孔道到达表皮，在宿主的皮肤表面雌雄

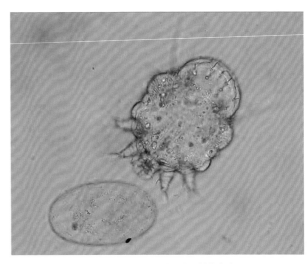

图 5-1-1 显微镜下的疥螨成虫
（引自 Laha，2015）

虫交配，重新开始下一个生活史的循环。从卵发育为成虫需 8 ～ 15 d。疥螨在猪体外无繁殖能力，但在 7 ～ 18℃和相对湿度为 65% ～ 75% 的条件下可存活至 12 d。

二、流行病学特点

猪疥螨病呈世界性分布，流行广泛。疥螨的传播主要是通过直接接触感染，对规模化猪场的危害较大。阴湿寒冷的冬季利于疥螨的生长发育，疥螨病常较严重。而在干燥、空气流通、阳光充足的夏季，大多数螨虫死亡，病势较轻，但感染猪仍是带虫者，可引起此病散播。大多数猪只疥螨主要集中于耳部，经产母猪角化过度的耳部是猪场疥螨的主要传染源，哺乳仔猪时常受到感

染。种公猪也是重要的传染源。

三、临床症状

瘙痒是疥螨病最常见的临床症状，全身瘙痒发生于感染后 2～11 周，猪只生长受到影响，逐渐消瘦，甚至死亡。以仔猪发病最为严重。猪疥螨病通常起始于头部、眼下窝、颊及耳部，可进一步蔓延到背部、躯干两侧及后肢内侧。病情严重时，患部脱毛、皮肤结缔组织增生和角化过度（图 5-1-2）。擦伤皮肤可形成结节、水疱或脓疱，最终可结成痂皮。疥螨可引起过敏反应，表现为皮肤的局灶性红斑丘疹，严重影响猪的生长发育和饲料转化率。

图 5-1-2　疥螨寄生猪皮肤增厚、脱毛
（引自 Laha，2015）

四、诊断

1. 临床诊断

猪群中出现瘙痒、蹭痒的猪只，猪耳部等的皮肤厚痂和存在松散皮屑以及皮肤红色丘疹，应怀疑疥螨病。

2. 虫体检查

可采取镜检虫体的方法进一步确诊。用刀片在患病皮肤与健康皮肤交界处刮取皮屑，或刮取 1～2 cm² 猪耳内侧的结痂，滴加少量的甘油水等量混合液或液体石蜡，经低倍镜检查，可发现活螨。此外，可将刮取的皮屑放入试管中，加入 5%～10% 的氢氧化钠（或氢氧化钾）溶液，浸泡 2 h 或煮沸数分钟，然后低速离心，取沉渣镜检虫体。另一种方法是将耳部刮取病料放在培养皿中，低温下培养过夜，疥螨会大量出现或附着于培养皿的底部。

3. 抗体检测

酶联免疫吸附试验（ELISA）可用于检测猪血清中疥螨的特异性抗体，其群体检测的敏感性接近 95%，猪只个体的特异性为 78%～97%，但要到感染后 5～7 周或临床发病后 3～4 周才能检测到。疥螨的抗体可持续 9～12 个月。此外，ELISA 可用于猪场疥螨清除方案有效性的评估。

4. 鉴别诊断

应与其他皮肤病进行鉴别诊断，如皮肤角化不全、渗出性皮炎、烟酸和生物素缺乏症、猪痘、真菌病、晒伤、光敏性皮炎和昆虫叮咬等。

五、预防和控制

1. 预防

主要包括：①保持猪舍透光、干燥和通风。用 10%～20% 石灰乳、5% 热氢氧化钠溶液或

20% 草木灰水等对猪舍及用具进行消毒；②仔细检查引进和购入的猪只，避免将感染或带虫猪引入猪场；③用伊维菌素、多拉菌素注射液，按每千克体重 300 μg，进行定期驱虫。在规模化猪场，首先应对全场猪驱虫；以后公猪至少用药 2 次；母猪产前 1～2 周驱虫 1 次；仔猪转群时用药 1 次；后备猪于配种前用药 1 次；新进的猪只在用药后再与其他猪混群。

2. 治疗

可使用亚胺硫磷（浇泼剂）、双甲脒（喷雾剂）、伊维菌素和多拉菌素以及莫西菌素（注射液）。①按每千克体重 300 μg，皮下注射伊维菌素或多拉菌素；②用双甲脒喷洒猪和周围环境，每 7 d 重复使用一次；③用亚胺硫磷进行局部涂抹。

3. 净化

采取相应的生物安全措施和全进全出的饲养方式，定期对猪群实施驱虫计划以及正确执行药物的使用程序，可以在猪场实现疥螨的净化。

第二节　猪蠕形螨病

猪蠕形螨病是由蠕形螨科的叶形蠕形螨寄生于猪的毛囊和皮脂腺中而引起的一种外寄生虫病。因蠕形螨寄生于毛囊中，故又称毛囊螨病。

一、病原概述

叶形蠕形螨的成虫呈半透明淡灰色，雄虫长 0.22 mm，雌虫长 0.26 mm，由头、胸、腹三部分组成（图 5-2-1a）。虫卵淡灰色，呈纺锤形。蠕形螨的全部发育过程都在猪体上进行。雌虫在患部产卵，经幼虫、稚虫而发育为成虫，蠕形螨从一个毛囊中爬出，而后钻入另一个邻近的毛囊中。蠕形螨终生寄生于毛囊内接近毛干的位置（图 5-2-1b）。蠕形螨离开宿主皮肤，只能存活 1～2 d，但在潮湿的环境中可存活数天。

二、流行病学特点

该病分布较广，亚临床型的蠕形螨感染很常见。当猪体互相紧密接触时，温度升高可促使虫体自毛囊中爬出，传染给健康猪。新生仔猪吮乳或挤在一起时蠕形螨可经直接接触传播。

三、临床症状

蠕形螨最常寄生的部位包括鼻部、眼睑、面颊、颈部下方、乳房和大腿内侧，一般先发生于猪的头部颜面、鼻部和颈侧等处的毛囊和皮脂腺，而后逐渐向其他部位蔓延。皮肤病变表现为角化过度和出现结节（图 5-2-2、图 5-2-3），进而可形成脓肿和脓疱。结节是膨大的毛囊，内含蠕形螨、角化过度的碎片和炎性细胞。切开结节，可观察到厚的白色干酪样物质，并充满螨虫。感染猪痛痒轻微，皮下组织不增厚，脱皮也不严重，这有别于猪疥螨病。

四、诊断

可用刀片刮取皮肤上的白色囊、结节或脓疱，做成涂片，镜检发现虫体即可确诊。

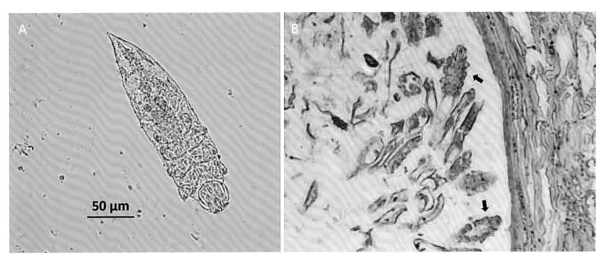

图 5-2-1　叶形蠕形螨的成虫（A）与皮肤毛囊中的虫体（B）（HE 染色，×200）（引自 Bersano 等，2016）

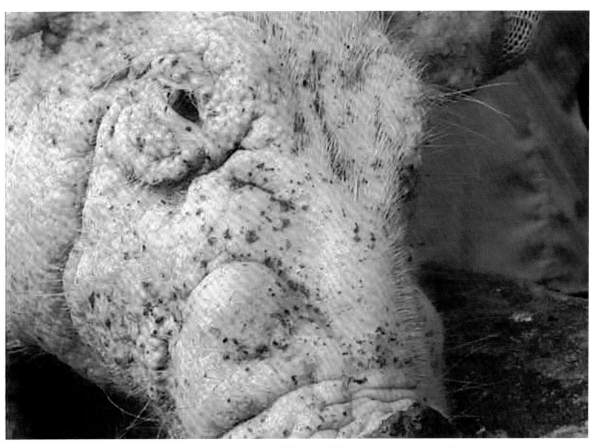

图 5-2-2　猪鼻部和眼周围皮肤结节（引自 Bersano 等，2016）

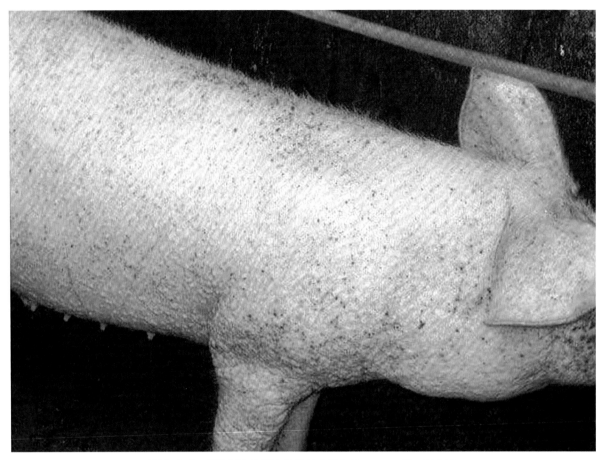

图 5-2-3 猪腹部和体侧皮肤结节（引自 Bersano 等，2016）

五、预防和控制

做好猪舍的清洁卫生。及时发现和隔离发病猪，并扑杀严重感染的猪。对病猪接触过的用具和垫料等进行消毒。可用伊维菌素等皮下注射或用浇泼剂在皮肤上浇注治疗病猪。

第三节 虱与蚤

一、虱

猪的虱病主要由昆虫纲、虱目的猪血虱引起的外寄生虫病。猪血虱是唯一能感染猪的吸血虱，对血液细胞成分、猪生长性能和饲料转化率均有影响。此外，患虱病的猪皮不适宜用于高级皮革制造。

1. 病原概述

猪血虱是最大的虱之一，肉眼可见。虫体呈灰黄色，雌虫长 6 mm，雄虫稍小。头部长而窄，带有用于刺穿宿主皮肤和吸食血液的口器。常寄生于猪的耳根、颈部及后肢内侧。雌雄虫交配后，雌虱在猪毛上产卵。卵呈长椭圆形，黄白色，经 12 ~ 15 d 孵出稚虫。稚虫吸血，每隔 4 ~ 6 d 蜕化一次，经 3 次蜕皮后变为成虫。自卵发育到成虫需 30 ~ 40 d，每年能繁殖 6 ~ 15 个世代。雌虫的产卵期持续 2 ~ 3 周，共产卵 50 ~ 80 个。雌虱产完卵后死亡，雄虱于交配后死亡。

2. 流行病学特点

猪血虱具有严格的宿主特异性，分布于世界各地。虱通过直接接触传播。猪血虱还可成为一些传染病（如猪痘）的传播媒介。最近的研究发现，猪血虱具有潜在传播猪支原体和非洲猪瘟病毒的能力。

3. 临床症状

猪血虱吸食血液，刺痒皮肤，致使患猪被毛脱落、皮肤损伤。严重的虱病会导致仔猪贫血、消瘦、生长缓慢和饲料转化率降低。有报道表明，患虱病猪的生长速度以 50 g/d 下降。

4. 诊断

临床上发现猪瘙痒时，应考虑虱病。可以通过检查虱、虱卵来进行确认。虱卵黏附于毛干的基部，呈珍珠白色，长 1.5 ~ 2 mm。

5. 预防和控制

采取对公猪驱虫、母猪产仔前驱虫，健康猪与患病猪分开饲养，新引进的猪在用药后方可混群等措施，可有效预防猪血虱。治疗措施包括：①用溴氰菊酯乳剂喷洒猪体；②用 0.025% ~ 0.05% 双甲脒涂擦或泼洒患部，7 ~ 10 d 重复一次；③按每千克体重 300 μg，用伊维菌素皮下注射或用浇泼剂在皮肤上浇注。通过实施全群有计划驱虫可达到净化猪场猪血虱的目的。

二、蚤

蚤在自然界中分布很广，无宿主特异性。在管理不良的猪场也可造成流行。

1. 病原概述

与猪最为密切的蚤有 2 种：即人蚤和禽角头（嗜毛）蚤。猫栉首蚤偶见寄生于仔猪。在非洲，沙蚤也见寄生于猪。成虫营寄生生活，幼虫营自由生活，发育属完全变态。雌虫产卵长约 0.5 mm，从宿主身上落入垫料，2 ~ 16 d，幼虫孵化，以干血、粪便及其他有机物为食。在适宜的温度和高湿度的条件下，1 ~ 2 周内经蛹期发育为成虫。

2. 临床症状

一般而言，蚤对养猪业危害不大。但在严重感染时，由于吸血和刺激，可干扰猪只休息，从而影响生长发育。此外，还可传播其他疾病，如猪痘、鼠疫等；还可引起类似疥螨性的过敏性皮炎。在非洲曾报道沙蚤阻塞了乳腺导管，导致母猪的无乳症，从而影响仔猪哺乳。

3. 诊断

蚤难以被发现。蚤的成虫会在宿主的皮肤上游荡，在采食部位出现叮咬损伤（最常见于下腹部和腿内侧）。由于蚤的叮咬难与蚊、虱及螨的叮咬进行鉴别，因此，在进行临床诊断时，必须认真检查猪体上的虫体。

4. 预防和控制

缩小或消灭蚤的滋生地，可用双甲脒等喷洒猪体及周围环境。及时和彻底清除（焚烧）猪场垃圾、垫料、脏物和粪便。彻底清洗圈舍后，用 2.5% 马拉硫磷进行喷洒。

第四节　蚊、蝇与蜱

一、蚊

1. 危害

蚊被公认为人类的害虫，同时也严重侵扰猪和其他家畜。蚊叮咬会刺激皮肤引起不适，在某些情况下，可能具有重要的临床意义。严重侵害猪只时，屠宰后的皮张不得不被废弃。曾有大量蚊子攻击猪的报道，即使在管理良好的产房，蚊子的攻击也能造成严重影响。被蚊叮咬的猪只常在四肢和腹部出现肿块或条痕，病变需 1～2 d 才能逐渐消失，因此影响猪肉上市销售。重要的是，蚊是多种病毒、寄生虫等病原的传播媒介。对于猪，蚊可传播日本脑炎病毒、猪支原体等，也可机械传播猪繁殖与呼吸综合征病毒。

2. 控制

防蚊和灭蚊是猪场生物安全重要的一项措施。主要控制措施包括：①可用二嗪农在每天傍晚喷洒猪舍；②猪舍安装纱窗，使用驱虫剂（如蚊香）等措施也可有效防蚊；③处理或去除与蚊滋生相关的污水源，在有蚊的地方和有蚊出现时施用杀虫剂，以杀灭幼虫。此外，猪场应建在与水稻种植和水网地区有一定距离的地方。

二、蝇

1. 危害

蝇对养猪业历来是一个很重要的问题。一些蝇类叮咬猪而影响休息；一些则可作为媒介传播各种病原；而一些种类的幼虫可侵袭动物组织，引起蝇蛆病（myiasis）。常见的有害蝇类包括：家蝇、厩螫蝇、马蝇、螺旋蝇、三色依蝇和蚋。

（1）家蝇。分布非常广泛，无处不在，夏季尤为猖獗。家蝇多在猪的粪便中或腐败的有机物上繁殖，可机械性地传播各种病原。此外，还可作为一些线虫的中间宿主，并且是一些线虫虫卵的传播者。已有的研究证明，家蝇可传播猪链球菌、沙门氏菌、大肠杆菌、猪瘟病毒、猪繁殖与呼吸综合征病毒、非洲猪瘟病毒、猪圆环病毒 2b 型等。

（2）厩螫蝇。它是猪舍中常见的蝇类，大小与家蝇相似，夏季最为常见，以吸血为生，对人、猪均有危害。厩螫蝇在潮湿腐烂的植物（如稻草堆、潮湿的饲料）中产卵。厩螫蝇可反复侵扰猪只，影响其采食、休息和生长发育。此外，它还可传播猪瘟病毒、猪支原体、非洲猪瘟病毒、猪圆环病毒 2 型等病原。

（3）马蝇。它属虻科，是大型强健的蝇类，口器锋利，具有 1 对透明而发达的翅膀。常在水边植物上繁殖，夏季酷暑时最为常见。在猪体表叮咬吸血，干扰休息和影响生长。它还能传播猪瘟病毒等病原。

（4）螺旋蝇。它为锥蝇属，其幼虫可引起人、畜的蝇蛆病，多发生在雨季。蝇蛆侵入伤口并溶解组织，使病变扩大，形成腥臭的渗出物，可致动物死亡。

（5）三色依蝇。它属丽蝇科，其蝇蛆寄生于猪体表。它们在尸体或腐肉上产卵，引起非特异性蝇蛆病。

（6）蚋。俗称黑蝇，遍布全世界，在温带地区尤为严重。在小溪水面下繁殖。夏季大量出现时，常因叮咬吸血而引起猪只不安和影响进食。主要侵袭腿部、腹部、头部和耳部，引起水疱和丘疹。

2. 控制

夏季灭蝇防蝇是猪场的一项经常性的卫生工作，消灭成蝇和铲除滋生地十分重要。定期清除粪便，控制蝇类的繁殖，至少每周清除一次。在蝇类栖息的建筑物表面（地板、天花板、隔栏等）喷洒长效杀虫剂（如皮蝇磷、二嗪农、马拉硫磷等）。有些杀虫药在使用前应首先将猪和饲料移开，以免引起中毒。一些触杀性杀虫剂每天喷雾 2 次。在干净的水泥地面和圈舍可使用药饵。安装纱窗也可防止蝇进入猪舍内。

应在蝇出现的高峰季节，尽可能避免猪的创伤。一旦发生创伤应及时进行治疗，可用一些药物敷料包扎伤口。如果伤口被幼虫侵入，可用皮蝇磷喷雾剂进行处理，可有效预防蝇蛆病。

三、蜱

家猪对蜱易感，在现代规模化条件下饲养的猪绝大多数情况下没有机会接触蜱，但对散养猪仍有一定的危害。感染猪的蜱有硬蜱和软蜱，猪体常见的硬蜱科的蜱包括：微小牛蜱，分布于全国各地，主要分布于农区；全沟硬蜱，分布于东北、新疆等地；镰形扇头蜱，常见于我国南方农区或山区；长角血蜱，分布于我国大部分地区的次生林或山地；草原革蜱，分布于东北、华北和西北等地的草原地带；中华革蜱，分布于东北、华北及山东等地；龟形花蜱，分布于华南和西南地区的山地或田野。软蜱科的蜱主要有：拉合尔钝缘蜱，分布于中国的新疆、甘肃、西藏等地；耳残喙蜱（多刺耳蜱），分布于美国等地。

1. 危害

蜱的主要危害在于它们能够传播一些病原，如原虫、立克次体和病毒。非洲钝缘蜱作为媒介在非洲猪瘟病毒的传播与循环中起重要作用。

2. 诊断

蜱个体较大，用肉眼可以检查和发现。蜱可寄生于猪的全身，但主要见于耳、颈、体侧等部位。耳残喙蜱的诊断需要检查耳部。

3. 控制

如果猪体上蜱寄生数量不多，可用手进行摘除，并将猪从有蜱的猪舍移出。若存在大量感染时，可使用杀虫药（如毒杀酚、敌杀磷、马拉硫磷）喷洒或药浴，均有良好的杀蜱效果。

第五节　猪弓形虫病

弓形虫病是由刚地弓形虫引起人和多种动物的一种重要人兽共患病，人和温血动物的感染率都很高。曾有报道，受到刚地弓形虫感染的猪场，可致猪群较高的发病率和死亡率（60%以上）。刚地弓形虫的宿主范围十分广泛，呈全球分布。猪的刚地弓形虫感染是一个重要的公共卫生问题。我国猪弓形虫病分布较广，弓形虫的感染率为4.78%～85.7%。新近的调查显示，我国部分地区屠宰猪血清中弓形虫的ELISA抗体阳性率为13.8%。

一、病原概述

目前公认全球各地的人和动物的刚地弓形虫只有1个种和1个血清型，但有不同的虫株以及基因型。弓形虫的生活史包括有性生殖和无性生殖两个阶段，前者只在猫科动物的肠细胞内进行，经大配子体（雌配子体）和小配子体（雄配子体）发育，形成两性配子，雌雄配子结合最终形成卵囊，随猫粪排至外界发育成熟而具有感染性。弓形虫在全部生活史中可出现数种不同的虫体形态：①滋养体，又称速殖子；②包囊或称组织包囊；③卵囊；④裂殖体；⑤裂殖子。

作为中间宿主，猪（或人）因食入被弓形虫孢子化卵囊污染的食物和水，或食用含有组织包囊的肉而感染。猫（包括其他猫科动物）是唯一能随粪便排出弓形虫卵囊的动物，被认为是弓形虫的终末宿主，在弓形虫传播给猪和其他动物的过程中具有重要意义。在许多国家和地区，猪肉（被包囊污染的生肉或未煮熟的肉）被认为是人感染刚地弓形虫的一个主要来源。

二、流行病学特点

猫在断奶后通过食入被感染的动物（啮齿动物、鸟类）而感染弓形虫，因此对猪场而言，被感染的幼猫被认为是弓形虫的主要来源。被包囊污染的饲料、水或土壤以及感染的啮齿动物也是传染来源。经口感染是主要途径，也可经损伤的皮肤和黏膜感染。胎盘感染是先天性感染的主要原因，但猪的先天性弓形虫感染率低于0.01%。有资料表明，生长猪（小于6个月的青年猪）的弓形虫抗体阳性率（<1%）低于母猪（15%～20%）。猪弓形虫病一年四季均可发生，但一般以夏秋季多发。我国大部分地区猪的发病季节在每年的5—10月。各种日龄的猪均可感染，但以中小猪发病严重。

三、临床症状

中小猪发病多呈急性经过，发病率可高达60%以上，病死率可达64%。发病猪突然废食、精神沉郁；体温升高至41℃以上，并稽留7～10 d；呼吸急促，呈腹式或犬坐式呼吸，呼吸困难，常有舌尖外露表现（图5-1-1），眼有浆液性或脓性分泌物。病猪常出现便秘，有的在发病后期出现腹泻，尿呈橘黄色。随着病程延长，可见神经症状、后肢麻痹；患病猪耳翼、鼻端、下肢、股内侧、下腹等处出现紫红斑或小点出血，有的病猪耳壳上形成痂皮，耳尖发生干性坏死。有的病猪耐过急性期可转为慢性而成为僵猪。

妊娠母猪可发生流产或产死胎、弱仔，出生后存活仔猪可出现腹泻、共济失调、震颤或咳嗽等症状。

图5-5-1　呼吸困难常有舌尖外露表现（张米申 供图）

四、病理变化

1. 急性病例

可见淋巴结、肝、肺和心脏等器官肿大，并有出血点和坏死灶（图5-1-2至图5-1-5）；肠道重度充血，常可见肠黏膜上扁豆大小的坏死灶；肠腔和腹腔内有多量渗出液。显微病理组织学变化主要表现为网状内皮细胞增生和血管结缔组织细胞坏死。

2. 慢性病例

常见于年龄大的猪只，可见各脏器的水肿和散在的坏死灶。亚临床感染的病理变化主要是脑组织内可见有包囊，有时可见神经胶质增生性和肉芽肿性脑炎。

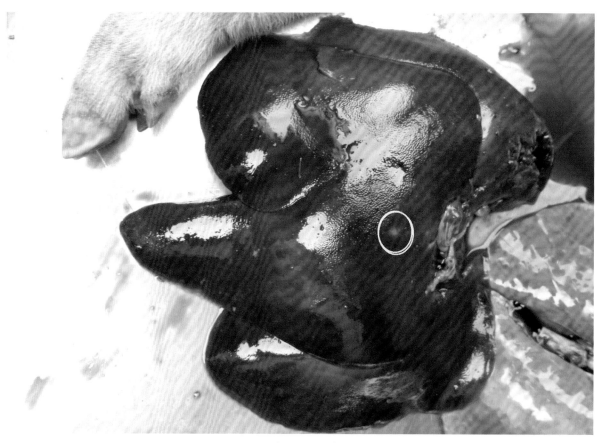

图 5-5-2　肝脏表面坏死灶（张米申　供图）

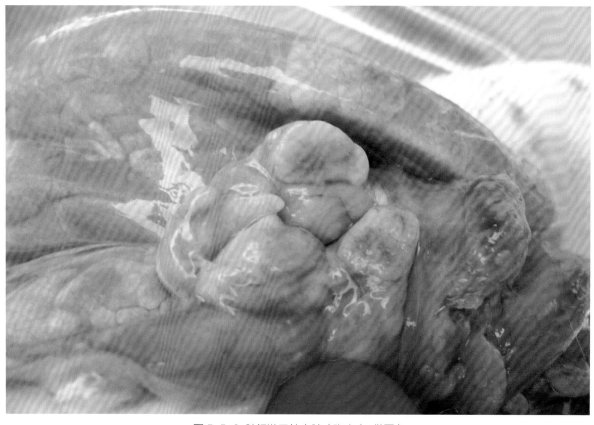

图 5-5-3　肺门淋巴结水肿（张米申　供图）

图 5-5-4　胸腔积液，肺有白色坏死灶（张米申　供图）

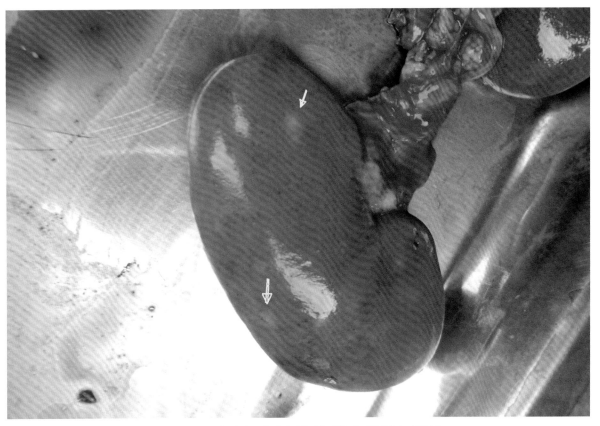

图 5-5-5　肾脏表面灰白色坏死多不凸出（张米申　供图）

五、诊断

1. 直接镜检

取肺、肝、淋巴结做涂片，用吉姆萨染色后检查弓形虫；或取患病猪体液、脑脊髓液做涂片染色检查；也可取淋巴结研碎后加生理盐水过滤，经离心沉淀后，取沉渣做涂片染色镜检。

2. 动物接种

取肝、淋巴结研碎后加 10 倍生理盐水，加双抗后置室温下 1 h，沉淀后，取上清液接种小鼠腹腔，每只接种 0.5～1 mL。经 1～3 周小鼠发病时，可在腹腔中查到虫体。

3. 抗体检测

用于检测猪的弓形虫抗体的血清学方法有改良凝集试验（MAT）、乳胶凝集试验（LAT）、间接血凝试验（IHAT）以及酶联免疫吸附试验（ELISA），其中 MAT 被认为是最敏感、特异性最好的方法。

此外，可采用 PCR 技术和基于表面抗原 3（TgSAG3）单克隆抗体的免疫层析试验检测刚地弓形虫。

六、预防和控制

1. 预防

刚地弓形虫具有重要的公共卫生意义，因此预防和控制猪弓形虫感染十分重要。主要措施包括：①加强猪场的饲养管理，严禁猪场养猫，防止猫进入猪舍、饲料间，防止猪场饮水、饲料以及环境受到猫粪污染；②控制和消灭鼠等啮齿动物；③死亡猪只应立即移走和进行无害化处理；④禁止餐厨剩余物或泔水喂猪。

2. 治疗

可采用磺胺类药物治疗急性病例，发病初期应及时用药，如用药较晚，虽可使患猪的临诊症状消失，但不能抑制虫体进入组织形成包囊，病猪成为带虫者。常用的磺胺药如下：①磺胺嘧啶（SD），按每千克体重 70 mg 拌料投喂；或肌内注射增效磺胺嘧啶钠，按每千克体重 20 mg，每日 1～2 次，连用 2～3 d。②磺胺对甲氧嘧啶（SMD），按每千克体重 20 mg 肌内注射，每日 1～2 次，连用 2～3 d。③磺胺间甲氧嘧啶（SMN），每千克体重 50～100 mg，拌料投喂，连用 3～5 d；或用磺胺间甲氧嘧啶注射液，每千克体重 50～100 mg，每日 1～2 次，连用 2～3 d。此外，泊那珠利对猪弓形虫病的治疗亦有效。

第六节　猪球虫病

猪球虫病是由艾美耳属和等孢属的球虫引起的原虫病。该病呈世界性分布，多见于新生仔猪，可致仔猪严重的消化道疾病。我国猪群平均感染率可达 16.7%，8 ～ 14 日龄哺乳仔猪的感染率最高。

一、病原概述

感染猪的球虫至少有 8 种，包括粗糙艾美耳球虫、蠕孢艾美耳球虫、蒂氏艾美耳球虫、猪艾美耳球虫、有刺艾美耳球虫、极细艾美耳球虫、豚艾美耳球虫和猪囊等孢球虫。猪囊等孢球虫，又称猪等孢球虫，是引起新生仔猪球虫病的最重要的球虫。虽然早在 1934 年就在猪体内发现猪囊等孢球虫，但直到 20 世纪 70 年代中期才认识到该球虫能引起哺乳仔猪的临床疾病，并通过哺乳仔猪的实验感染而复制出球虫病。

猪囊等孢球虫的生活史分为孢子生殖、脱囊和内生性发育 3 个阶段。孢子生殖是随粪便排出的无感染性的未孢子化卵囊发育到具有感染性的孢子化卵囊的过程。在 20 ～ 37℃条件下，猪囊等孢球虫的卵囊能够迅速发育为孢子化卵囊。产房温度（32 ～ 35℃）有利于卵囊在 12 h 内迅速孢子化。未孢子化和孢子化过程中的卵囊对消毒剂较敏感，而孢子化卵囊则对大多数消毒剂都有抵抗力。

脱囊是感染性卵囊被食入猪体内后发生的。卵囊进入胃后，卵囊壁破裂，胆汁盐和消化酶可活化子孢子，而后离开孢子囊和卵囊，被释放到肠腔中而侵入肠上皮细胞，开始内生性发育阶段。

猪囊等孢球虫的内生性发育阶段发生于小肠（主要是空肠和回肠）的上皮细胞质中。无性生殖阶段有 2 种不同类型。有性生殖阶段发生于感染后第 4 天，能够产生小配子的小配子体和单核大配子体，小配子和大配子结合受精，最后形成卵囊。感染后第 5 天在粪便中可见到卵囊。

二、流行病学特点

猪囊等孢球虫感染常见于仔猪，但其感染来源尚存争议。大多认为成年猪是带虫者，是该病的传染源。但有不少研究表明母猪并不是哺乳仔猪感染猪囊等孢球虫的主要来源。较早的调查表明，在有新生仔猪球虫病史的猪场，从 81.8% 的母猪粪便中可检测到艾美耳球虫卵囊，但未检测到猪囊等孢球虫卵囊；而在无新生仔猪球虫病史的猪场，94.8% 的母猪感染了艾美耳球虫，猪囊等孢球虫的感染率低于 1%。一旦感染猪囊等孢球虫，通过受污染的产房进行传播的可能性很大。猪球虫病的发病率较高（50% ～ 75%），但死亡率变化较大，与细菌、病毒或其他寄生虫的合并感染有关。用猪囊等孢球虫实验感染仔猪的死亡率为 20%。

三、临床症状

猪球虫病一般发生于 7 ～ 21 日龄的仔猪，在 3 日龄的仔猪也可发生。腹泻是主要临床表现，持续 4 ～ 6 d，粪便呈水样或糊状，淡黄色至浅灰色。发病仔猪消瘦、被毛粗乱、脱水和体重下降。

四、病理变化

剖检病理变化特征为急性肠炎，局限于空肠和回肠，肠黏膜充血，并有黄色纤维素坏死性假膜附着。显微组织病理变化为空肠和回肠的绒毛萎缩、绒毛融合、隐窝增生和坏死性肠炎。重度感染病例可见整个黏膜的严重坏死性肠炎。

五、诊断

对于猪球虫病而言，粪便漂浮法检查卵囊的诊断价值不大。可采用组织病理学检查空肠与回肠内生性发育阶段的虫体进行确诊。空肠和回肠组织的压片或涂片染色检查是一种快速而又实用的方法。重复采集腹泻粪便进行涂片，检查猪囊等孢球虫卵囊可以确定猪场感染的程度和强度。可采用免疫荧光抗体试验（IFA）和猪囊等孢球虫重组抗原 –ELISA 检测猪血清中的猪囊等孢球虫抗体。猪球虫病的诊断应与猪轮状病毒感染、猪传染性胃肠炎、猪流行性腹泻、猪大肠杆菌病、仔猪梭菌性肠炎以及类圆线虫病进行鉴别。

六、预防和控制

1. 预防

猪场环境卫生对于预防和减少新生仔猪球虫病十分重要。主要措施包括：①产房全进全出，彻底清除产房中的组织碎片，对产房彻底清洗和消毒（如采用熏蒸消毒），产仔前及时清除母猪的粪便；②限制工作人员进入产房，以避免靴或衣物携带的卵囊污染产房；③防止宠物进入产房，以免其在产房之间传播卵囊；④控制和消灭啮齿动物，防止其机械性地传播卵囊。

2. 治疗

妥曲珠利（百球清）能够杀死无性和有性生殖阶段的虫体，是治疗哺乳仔猪球虫病的有效药物，按每千克体重 20 mg 给药，能够有效减轻发病仔猪的临床症状，粪便中卵囊减少，发病率降低。

第七节　猪住肉孢子虫病与猪隐孢子虫病

一、猪住肉孢子虫病

住肉孢子虫病是由住肉孢子虫引起的一种原虫病，属于人兽共患寄生虫病。住肉孢子虫广泛寄生于各种家畜（马、牛、羊、猪、兔等）、鼠类、鸟类、爬虫类和鱼类，也寄生于人。寄生于猪的住肉孢子虫有 3 种，包括米氏住肉孢子虫（又称为猪犬住肉孢子虫）、猪人住肉孢子虫和猪猫住肉孢子虫，均以猪为中间宿主，在猪的肌肉中形成组织包囊（图 5-7-1）。米氏住肉孢子虫是猪最常见的一种住肉孢子虫，其终末宿主为犬和狐，有猪—犬循环的生活史，随犬粪排出感染阶段的虫体（孢子囊）。猪人住肉孢子虫以人为终末宿主，猪猫住肉孢子虫以猫为终末宿主。美国有 3% ~ 18% 的商品母猪和 32% 的野猪被住肉孢子虫感染。尚无关于住肉孢子虫自然感染引起猪临床疾病的报道。

二、猪隐孢子虫病

隐孢子虫是在人和动物中普遍存在的寄生原虫，呈全球分布。有的虫种具有专一宿主特异性，有的虫种能够感染多种宿主。猪的隐孢子虫病分布于世界各地，我国也有不少报道。

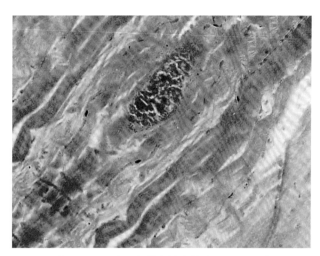

图 5-7-1　心肌纤维中的虫体（HE，40×）

1. 病原概述

自然条件下，感染猪的最常见的是专门寄生于猪的猪隐孢子虫和种母猪隐孢子虫。其他种的隐孢子虫偶尔也感染猪。

存在于粪便或受污染的食物和水中的隐孢子虫卵囊被食入后，每个卵囊在肠腔中释放出 4 个子孢子，子孢子进入小肠上皮细胞。虫体所有内生性阶段都寄生于黏膜上皮细胞的刷状缘内带虫空泡中，有两个或多个无性生殖世代，每个世代都会产生裂殖子侵入其他肠道上皮细胞。裂殖子最终发育为雄配子和雌配子，雌配子受精发育成卵囊，卵囊在体内孢子化，随粪便排出时就具有感染性。

2. 流行病学特点

猪隐孢子虫潜隐期为 2 ~ 9 d，可持续排出卵囊 9 ~ 15 d；种母猪隐孢子虫潜隐期为 4 ~ 6 d，可持续排出卵囊 30 d 以上。各年龄段的猪均可感染隐孢子虫，但猪隐孢子虫和种母猪隐孢子虫感染的猪年龄有所不同。猪隐孢子虫可以感染所有年龄段的猪，但大猪的感染率较低，而种母猪隐孢子虫对大猪的易感性更强。偶尔也有微小隐孢子虫的自然感染病例报道。

3. 临床症状与病理变化

猪隐孢子虫病并不一定表现出临床症状。用微小隐孢子虫卵囊实验感染的仔猪可出现食欲不振、精神沉郁、呕吐或腹泻等临床症状。如与其他病原（如猪囊等孢球虫、轮状病毒等）合并感染会加重发病的严重程度。猪隐孢子虫病的主要病变为不同程度的肠绒毛萎缩、绒毛融合、黏膜固有层细胞浸润以及上皮细胞脱落。

4. 诊断

可采用显微镜检查法、粪便抗原 ELISA、PCR 等方法检测隐孢子虫卵囊。采用分子生物学技术，如 PCR、基因序列测定、PCR-RFLP，可以确定隐孢子虫的种和基因型。

第八节　猪囊虫病

猪囊虫病又称猪囊尾蚴病，是由猪带绦虫的幼虫——猪囊尾蚴所致，为一种古老的人兽共患寄生虫病，具有重要的公共卫生意义。猪是猪带绦虫的重要中间宿主，人是终末宿主。成虫寄生于人的小肠；幼虫寄生在猪的肌肉组织，有时也寄生于猪的实质器官和脑中。幼虫也能寄生于人的肌肉组织和脑中，从而导致严重的疾病。

一、病原概述

猪带绦虫的成虫体长 2 ～ 7 m。头节呈圆球形，上有 4 个吸盘和 1 个顶突，顶突周围有两排共计 25 ～ 51 个小钩（图 5-8-1）（Garcia 等，2020）。颈节短而窄，后接未成熟节片，最后依序为正方形的成熟节片和长形的孕卵节片。猪囊尾蚴呈白色半透明的小囊泡，长 6 ～ 10 mm，宽约 5 mm，内含有囊液，囊壁上有一乳白色的小结，其中嵌藏着一个头节。

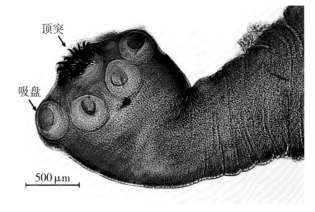

图 5-8-1　猪带绦虫的头节（引自 Garcia 等，2020）

猪带绦虫寄生于人的小肠，其孕卵节片随粪便排到外界，猪食入孕卵节片或节片破裂后散落出的虫卵而受到感染。虫卵经胃肠消化液的作用，卵壳破碎后六钩蚴外出，钻入肠壁，随血液被带到全身各部，而以咬肌、心肌、膈肌、舌肌、前肢上部肌肉、股部和颈部肌肉等处居留最多，也可出现在实质器官和脑中，约经 2 个月发育为囊虫。当人吃了未煮熟的带有感染性囊虫的猪肉时，就会遭受感染。此时囊虫翻出头节，吸着在人的小肠黏膜上，经 2 ～ 3 个月发育为成虫，并在人体内可寄生数年或数十年之久，并不断地向外界排出孕卵节片，成为猪囊虫病的感染来源。

人偶尔会成为猪带绦虫的中间宿主。在不卫生的条件下，人食入粪便中的虫卵而造成感染，或因患者肠逆蠕动（呕吐）时，而使孕卵节片返入胃中，在胃液的作用下，六钩蚴逸出而进入血液循环，再到各组织器官发育为囊虫。囊虫寄生在人的脑、眼等部位时，会严重威胁人的生命。

二、流行病学特点

猪囊虫病呈全球性分布，呈地方性流行，主要流行于非洲、亚洲、拉丁美洲以及东欧的一些经济不发达国家和地区。我国曾有 26 个省（自治区、直辖市）报道过该病，但主要发生于东北、华北和西北地区及云南、广西与西藏的部分地区。随着我国规模化养猪业的发展，肉食品卫生检验的加强以及人民生活条件的改善，该病已显著下降或不再发生。

猪囊虫病主要是猪—人循环感染的一种人兽共患病。猪囊虫病的发生与流行与人的粪便管理和猪的饲养方式（如散养）密切相关。一般该病发生于经济落后的地区，这些地区往往是人无厕所猪无圈，甚至还有连茅圈（厕所与猪圈相连）的现象，增加猪接触人粪的机会而造成流行。此外，有吃生猪肉习惯的地区，或烹调时间过短、蒸煮时间不足等，也能造成人的感染。

三、临床症状

猪囊虫病一般无特征性的临床症状。严重感染可导致猪只营养不良、贫血、水肿及衰竭。大量寄生于脑部时可引起神经系统机能障碍，表现为鼻部触痛、强制运动、癫痫、视觉扰乱和急性脑炎，有时可发生突然死亡。大量寄生于肌肉组织的初期时，可出现肌肉疼痛、前肢僵硬、跛行和食欲不振等。寄生于眼结膜下组织或舌部表层时，可见豆状肿胀。

猪屠宰和肉品检验时，可发现严重感染的病例。囊虫包埋在肌纤维间，外观似散在的豆粒或米粒，常称有囊虫的猪肉为"豆猪肉"或"米猪肉"（图 5-8-2）。

图 5-8-2 "米猪肉"（引自 Garcia 等，2020）

四、诊断

感染猪的生前诊断较为困难，可以检查眼睑和舌部猪囊尾蚴引起的豆状肿胀。可检验屠宰猪的咬肌、腰肌等骨骼肌以及心肌，检查是否有乳白色的、米粒样的椭圆形或圆形的猪囊尾蚴。在钙化后的囊虫的包囊中，可见大小不一的黄色颗粒。肉眼检查法的检出率仅为 50% ～ 60%，轻度感染时常会漏检。显微镜观察猪囊尾蚴的压片，可见囊尾蚴的顶突上带有小钩。用于人的一些血清学技术，如间接血凝试验（IHA）、间接荧光抗体技术（IFAT）和酶联免疫吸附试验（ELISA），可用于检测猪血清中的猪囊尾蚴抗体。Ag-ELISA 可用于检测感染猪血清中的循环抗原。此外，PCR 也可用于猪囊虫病的诊断。

五、预防和控制

改善卫生条件是预防和消灭猪囊虫病的重要措施，做到人有厕所猪有圈，彻底消灭连茅圈，防止猪吃人粪而受到感染。同时，应加强屠宰检疫和肉品卫生检验，如在平均每 40 cm^2 的肌肉断面上发现 3 个以上猪囊虫，则禁止食用，应将胴体废弃并进行无害化处理；3 个以下者，应煮熟或熟制。治疗措施主要用于人，可用吡喹酮对囊尾蚴病人进行治疗。

第九节　猪蛔虫病

蛔虫病是猪和人共同的寄生虫病，具有重要的社会经济意义。猪蛔虫病是由猪蛔虫引起的危害养猪业的一种线虫病，呈世界性流行。传统散养猪和规模化养猪场均可发生，特别是育肥猪和母猪。感染猪生长发育不良，平均日增重（ADG）下降，饲料转化率（FCR）降低。患病严重的仔猪生长发育停滞而成为"僵猪"，甚至引起死亡。此外，猪蛔虫感染还可降低猪对其他疫病疫苗接种的免疫应答。猪蛔虫被认为是在不发达国家和部分发展中国家的一种人兽共患寄生虫病。

一、病原概述

猪蛔虫寄生于猪小肠，是最大的一种线虫。虫体为淡红色或淡黄色，雄虫长 15 ～ 25 cm，雌虫长 20 ～ 40 cm（图 5-9-1）。雌虫会排出数以万计的生命力强的虫卵，有猪的地方，环境都可能受到严重污染。猪蛔虫与人蛔虫同一个属，但为不同种，可以交叉传播。较早的研究认为，在地方流行地区，人与猪之间的交叉感染有限，猪作为人感染蛔虫的贮存宿主并不重要。新近的研究显示，从猪分离的蛔虫能感染人，而且分离自猪的蛔虫存在人蛔虫、猪蛔虫及其杂交基因型。

猪蛔虫的虫卵随粪便排出，3 ～ 4 周发育为含有感染性幼虫的虫卵。虫卵被猪食入后，孵化出的幼虫钻入肠壁，随血流被带到肝脏，再继续沿腔静脉、右心室和肺动脉而移行至肺脏。大多数幼虫在感染后 1 ～ 2 d 到达肝脏，4 ～ 7 d 随血流进入肺脏，停留数天后幼虫从肺毛细血管中出来进入呼吸道。幼虫被咳出，被黏膜纤毛带到咽部，然后被吞咽，经食道至小肠。猪食入感染性虫卵 10 ～ 15 d，即可在小肠中发现成虫，感染后 6 ～ 8 周，成虫开始产卵。成虫在猪体内寄生 7 ～ 10 个月，即随粪便排出。

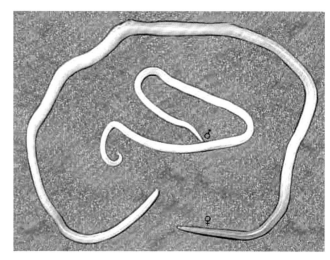

图 5-9-1　猪蛔虫成虫（♀：雌虫　♂：雄虫）

二、流行病学特点

猪蛔虫病的流行很广，饲养管理较差的猪场常发生该病。以 3 ～ 5 月龄的猪最易大量感染猪蛔虫，严重影响猪的生长发育，对育肥猪的生长性能影响较大。猪蛔虫虫卵对外界环境的抵抗力强，可长时间存活，从而增加感染性幼虫在自然界的积累。我国猪群的感染率介于 17% ～ 80%，相关调查数据表明，一些地区的育肥猪群呈现高血清阳性率。

三、临床症状与病理变化

猪蛔虫幼虫和成虫阶段引起的临床症状和病理变化有所不同。①幼虫移行至肝脏时，引起肝组织出血、变性和坏死，肝脏黄染、变硬，形成"乳斑肝"（milk spot liver）（图5-9-2和图5-9-3）。②移行至肺脏可引起间质性肺炎、细支气管炎和肺泡水肿。轻度感染的猪无症状，病情重的猪表现为病猪卧地、不愿走动、食欲减退和精神沉郁、咳嗽、呼吸加快、体温升高。幼虫移行还引起嗜酸性粒细胞增多，出现荨麻疹和某些神经症状类的反应。③病猪剖检可见胃内或小肠内蛔虫，寄生于小肠的成虫机械性地刺激肠黏膜，引起腹痛，小肠黏膜卡他性炎症；蛔虫数量多时常凝集成团、堵塞肠道，导致肠破裂，可见腹腔积血（图5-9-4、图5-9-5和图5-9-6）。有时蛔虫可进入胆管，造成胆管堵塞，引起黄疸等症状。④成虫能分泌毒素，作用于中枢神经和血管，引起一系列神经症状。成虫夺取宿主大量的营养，使猪发育不良、生长受阻、被毛粗乱，是造成"僵猪"的一个重要原因，严重者可导致死亡。

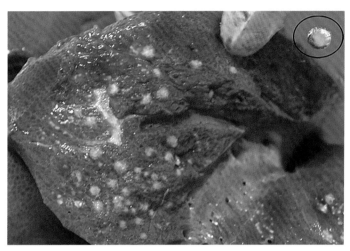

图5-9-2　病猪肝内结缔组织增生，形成乳白色斑块

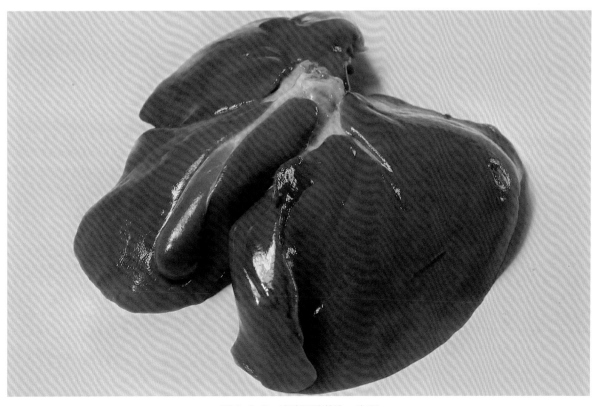

图5-9-3　病猪肝脏黄染、变硬

图 5-9-4 病猪胃内蛔虫（姚建聪 供图）

图 5-9-5 病猪小肠黏膜卡他性炎症

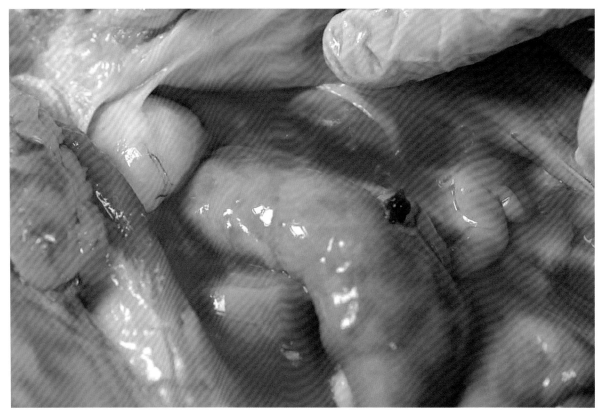

图 5-9-6 病猪腹腔积血

四、诊断

1. 虫卵检查

猪蛔虫雌虫产卵量极大，采用粪便漂浮法发现典型的蛔虫卵，即可确诊。正常的受精卵为短椭圆形，黄褐色，卵壳内有一个受精的卵细胞，两端有半月形空隙，卵壳表面有起伏不平的蛋白质膜，通常比较整齐。有时粪便中可见到未受精卵，形态偏长、蛋白质膜常不整齐、卵壳内充满颗粒和两端无空隙。

2.病理学检查

剖检时可观察到肝脏的乳斑病变，但应注意与其他线虫感染进行区别。空肠内可见有未成熟的蛔虫。难以通过肉眼观察到肺部移行的幼虫，但组织病理学检查可以提供初步诊断，也可从肺组织的碎片悬浮水中收集幼虫进行检查。

3.血清学检测

可采用 As-Hb-ELISA、AsLung-L3-ELISA 进行猪蛔虫病的血清学监测和诊断。已有的研究表明，猪群血清学阳性率高低与其生长性能具有相关性。

五、预防和控制

1.预防

（1）定期对猪群进行驱虫，首选阿维菌素类药物。在规模化猪场，首先对全群猪驱虫；以后公猪每年驱虫2次，母猪产前1～2周驱虫1次，仔猪转入新圈时驱虫1次；新引进的猪需驱虫后再和其他猪混群。在散养的育肥猪场，对断奶仔猪进行第一次驱虫，4～6周再驱一次虫。对于农村散养的猪群，应在3月龄和5月龄各驱虫一次。

（2）做好猪舍、饲料和饮水的清洁卫生。在进猪前，对产房和猪舍彻底清洗和消毒，母猪转入产房前对其全身进行清洗。

（3）应对猪粪和垫料进行堆集或沼气发酵，以杀灭虫卵。

2.治疗

可使用下列药物进行治疗。①甲苯咪唑，每千克体重10～20 mg，混料喂服。②氟苯咪唑，每千克体重30 mg，混料喂服。③左旋咪唑，每千克体重10 mg，混料喂服。④噻嘧啶，每千克体重20～30 mg，混料喂服。⑤丙硫咪唑，每千克体重10～20 mg，混料喂服。⑥阿维菌素，每千克体重0.3 mg，皮下注射或口服。⑦伊维菌素，每千克体重0.3 mg，皮下注射或口服。⑧多拉菌素，每千克体重0.3 mg，皮下或肌内注射。

第十节　猪旋毛虫病

猪旋毛虫病是一种严重的食源性人兽共患寄生虫病，具有重要的公共卫生意义。猪的旋毛虫病主要是由旋毛虫引起。旋毛虫的幼虫阶段寄生于猪、人、鼠、犬等的肌肉纤维中，成虫阶段寄生于猪等宿主的小肠。除人、猪、鼠、犬受感染外，猫、兔和狼等均可被感染，而带有旋毛虫的猪肉是人旋毛虫病的主要感染来源，食用未煮熟的野生动物肉也可致人感染。因此，猪肉的旋毛虫检查是肉品卫生检验的重要项目之一。先前的调查表明我国狼和犬的感染率可达20%，猪的感染率为0.3%～0.6%。我国许多省（自治区、直辖市）均有该病的发生和流行。血清学调查显示，我国部分省份猪群的阳性率为0.01%～29.95%，屠宰场屠宰猪的阳性率为0%～5.75%。

一、病原概述

旋毛虫属中至少有 8 个不同的种。旋毛虫成虫是一种很小的线虫，长 2 ~ 4 mm，寿命短，很难见到。幼虫寄生于横纹肌内（主要在膈肌、舌肌、眼肌和肋间肌），可长达 1 ~ 15 mm；蜷曲的幼虫周围形成呈梭形包囊，长为 0.4 ~ 0.6 mm，每个包囊内含 1 ~ 2 条幼虫（图 5-10-1）。成虫寄生于小肠肠绒毛上皮细胞内。

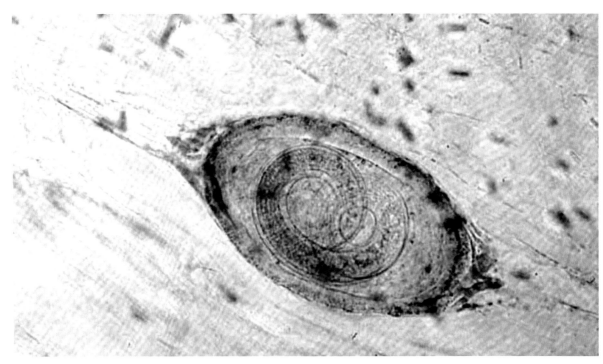

图 5-10-1　肌肉中的旋毛虫幼虫（100×）（引自 Marva 等，2005）

猪感染是由于因食入带有旋毛虫幼虫的猪肉残羹，以及带有旋毛虫包囊的鼠粪或鼠尸。幼虫进入猪小肠后 2 d 内离开包囊并发育为性成熟的成虫。成虫交配后，雌虫向肠壁的淋巴间隙中产出大量的幼虫（每条雌虫可产 1 500 条）。幼虫进入循环系统并随血流进入全身横纹肌内，肌细胞成为幼虫的"保育细胞"；幼虫在肌纤维膜下逐渐蜷曲，7 ~ 8 周后形成包囊。包囊在 6 ~ 9 个月后开始钙化，但幼虫仍保持生命力。进入肌细胞的幼虫生活数月或数年，成为人（或其他动物）的感染来源，这些幼虫同样是先在人（或其他动物）的小肠中发育为成虫，其后所产幼虫即寄生于人（或其他动物）的肌纤维内。

二、流行病学特点

旋毛虫病分布于世界各地。宿主包括人、猪、犬、猫、鼠、熊、狐、狼、貂和黄鼠狼等 120 多种哺乳动物，不吃肉的鲸也能感染旋毛虫。许多昆虫（如蝇蛆）也能吞食动物尸体内的旋毛虫包囊，并能使包囊的感染力保持 6 ~ 8 d，因而可成为易感动物的感染来源。从粪便中排出未被彻底消化的含有幼虫包囊的肌纤维，食入宿主粪便中的旋毛虫幼虫也可引起感染。鼠旋毛虫的感染率较高，猪感染旋毛虫的主要来源是吞食鼠，此外肉残羹、生肉泔水和其他动物尸体也是猪感染旋毛虫的来源。咬尾也可引起猪群之间的旋毛虫传播。人感染旋毛虫病主要是食入生肉或肉制品烹调不当而误食含有活的旋毛虫包囊所致。

三、临床症状与病理变化

猪对旋毛虫有较强的耐受力，一般在临床上无任何可见的症状。每克体重 10 条幼虫对猪是致死性感染剂量。旋毛虫感染的肠型期对猪胃肠道的影响极小，肌型期可导致肌细胞横纹消失、萎缩和纤维增生等，可出现不适、发热和肌痛等症状。

四、诊断

猪旋毛虫病的生前诊断困难，应进行屠宰检验。常用的方法如下。

1. 压片法

用于检查猪肉内的旋毛虫。先用肉眼观察，如发现膈肌纤维间有细小的白点时，再取样进行压片镜检，低倍镜下观察肌纤维间有无旋毛虫幼虫的包囊。

2. 消化法

用绞肉机绞碎肉样，加人工胃液消化，使幼虫从肌纤维间分离出来，进行幼虫镜检。

3. 免疫学诊断

酶联免疫吸附试验（ELISA）、间接荧光抗体技术（IFAT）、间接血凝试验（IHA）等可用于检测感染猪血清中的抗体，进行生前诊断。其中 ELISA 被普遍采用，但有时会出现假阳性。

五、预防和治疗

1. 预防

主要措施如下。①加强肉品卫生检验工作。如在 24 块肉片中发现包囊或钙化的包囊不超过 5个，猪肉和心脏需经高温处理后方可食用；超过 5 个包囊，则应全部销毁。②改善猪场环境卫生条件，杜绝感染来源。避免放养，实施圈养。采取灭鼠、粪便发酵（沼气、堆肥）措施，避免饲喂泔水和生的猪肉屑与残羹。③不食用生猪肉和未煮熟的野生动物肉，防止人受到感染。

2. 治疗

猪旋毛虫病的生前诊断困难，一般不采取治疗措施。可试用丙硫咪唑、甲苯咪唑、氟苯咪唑、阿维菌素或伊维菌素等。

第十一节　猪细颈囊尾蚴病

猪细颈囊尾蚴病是由泡状带绦虫的幼虫———细颈囊尾蚴（俗称"水铃铛"）引起的一种寄生虫

病。泡状带绦虫分布很广，主要寄生于猪、绵羊、牛等家畜，寄生数量少时可不显症状；如被大量寄生，则可引起消瘦、衰弱等症状。以牧区的绵羊感染严重，猪、牛较为少见。

一、病原概述

泡状带绦虫的成虫寄生于犬的小肠，长 1.5 ～ 2 m。细颈囊尾蚴寄生于猪、牛、羊等家畜的肠系膜、网膜和肝脏等，形似鸡蛋大小或更大的囊泡，头节所在处呈乳白色，囊壁薄而透明，直径约 8 cm（图 5-11-1 和图 5-11-2）。在犬小肠中寄生的成虫的孕卵节片随粪便排出，猪食入虫卵后，释放出六钩蚴，六钩蚴随血流到达肠系膜和网膜、肝脏等，发育为细颈囊尾蚴。犬由于食入带有细颈囊尾蚴的脏器而受感染。潜隐期为 51 d，成虫在犬体内可生活 1 年之久。

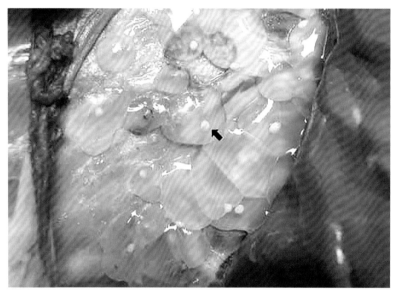

图 5-11-1　细颈囊尾蚴囊泡及乳白色头节（箭头所示）（刘芳 供图）　　图 5-11-2　脾脏系膜成串状的细颈囊尾蚴囊泡（刘芳 供图）

二、临床症状与病理变化

该病对仔猪的危害严重。寄生的幼虫数量较多时，可压迫肝脏，形成凹坑（图 5-11-3）。如果大量幼虫在肝脏中移行，可造成肝实质及微血管的破坏，引起出血性肝炎。患病猪可表现不安、流涎、不食、腹泻和腹痛等症状，可能造成仔猪死亡。慢性病例一般无明显临床症状，有时可见精神不振、食欲废绝、消瘦、生长不良等症状。幼虫移行至腹腔或胸腔可引起腹膜炎和胸膜炎，可表现体温升高等症状。

三、诊断

该病的生前诊断较为困难，尸体剖检或肉检时发现细颈囊尾蚴囊泡即可确诊。临床上，肝脏中

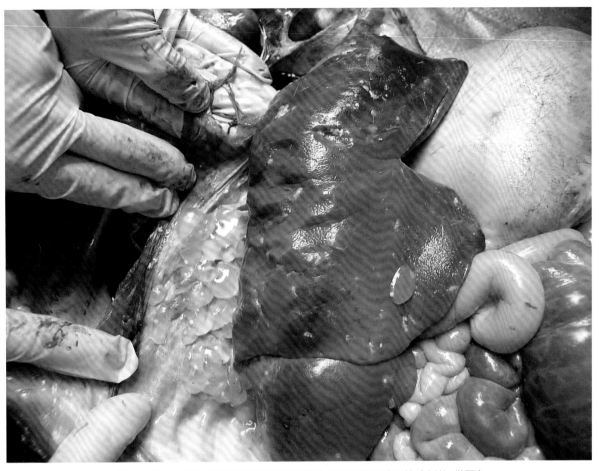

图 5-11-3 寄生于肝脏的细颈囊尾蚴囊泡压迫肝脏形成凹坑（刘芳 供图）

的细颈囊尾蚴应与棘球蚴进行鉴别。细颈囊尾蚴只有 1 个头节，囊壁薄而透明；而棘球蚴囊壁厚而不透明，囊内有多个头节。

四、预防和控制

该病的预防措施主要是防止犬进入猪场（舍），以免其散布虫卵，进而污染饲料和饮水。避免用猪、羊屠宰的废弃物饲喂犬。用吡喹酮（每千克体重 5 mg）对犬进行定期驱虫。

第十二节　猪鞭虫病

猪鞭虫病是由猪毛首线虫引起猪的一种重要线虫病，又称猪毛首线虫病。我国各地均有报道，是影响养猪生产的寄生虫病之一，一些省份猪场平均感染率为 8.91%。猪毛首线虫也寄生于人和其他灵长类动物，具有一定的公共卫生重要性。

一、病原概述

猪毛首线虫虫体为乳白色，前部细长，为食道部，后部短粗，内有肠管和生殖器，外观极似马鞭，故称鞭虫。雄虫长 20～52 mm，雌虫长 39～53 mm，食道部占虫体全长的 2/3。虫卵呈棕黄色，大小为（50～58）μm×（21～35）μm，呈腰鼓状，卵壳厚，两端有透明的卵塞。

猪毛首线虫为一种土源性线虫，寄生于猪的盲肠和结肠。生活史有虫卵、幼虫和成虫 3 个发育阶段，不需要中间宿主。成虫在盲肠中产卵，卵随粪便排到外界，在适宜的温度和湿度下，约经 3 周时间发育为感染性虫卵（内含感染性幼虫）。虫卵随饲料及饮水被宿主吞食，幼虫在小肠内脱壳而出，第 8 天后移行到盲肠和结肠并固着在肠黏膜上，经 1 个月左右发育为成虫。雌虫在感染后 6～7 周开始产卵，成虫的寿命为 4～5 个月。

二、临床症状与病理变化

该病主要危害幼猪，轻度感染时，症状不明显。严重感染时，虫体布满盲肠黏膜，导致黏膜溃疡、黏膜水肿和出血（图 5-12-1）；可见患病猪消瘦、贫血、生长停滞等症状，并可致仔猪死亡。虫体因吸血而损伤猪肠黏膜，使粪便带血和黏膜脱落，患病猪可出现顽固性下痢。该病可继发细菌及结肠小袋虫感染。

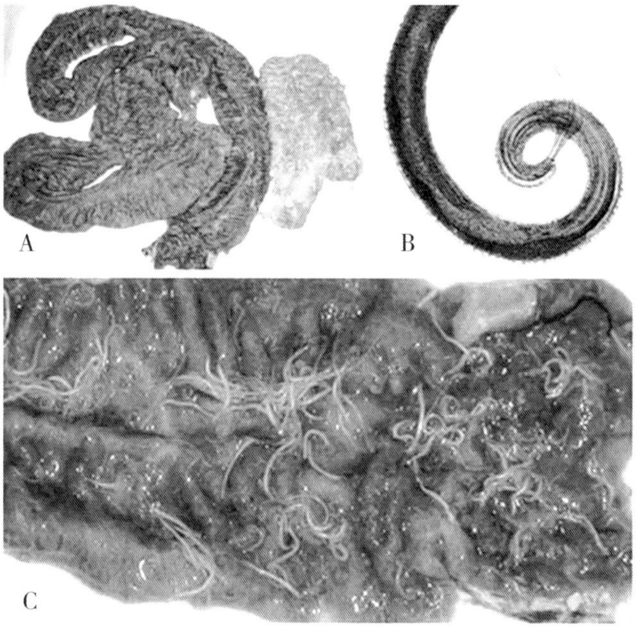

三、诊断

生前可用饱和盐水漂浮法检查虫卵，死后剖检可在盲肠发现病变和大量的虫体。

A. 肠道严重出血，黏膜脱落；B. 雄虫卷曲的尾部和交合刺；
C. 肠道寄生大量虫体。
图 5-12-1　猪鞭虫病

四、预防和控制

阿维菌素类药物、多拉菌素、苯硫咪唑等对猪鞭虫病的效果较差，可使用羟嘧啶（每千克体重 2 mg，拌料喂服）、左旋咪唑（每千克体重 8 mg，拌料或饮水喂服）等药物进行驱虫。

第六章

其他疾病

第一节 仔猪低血糖症与仔猪营养性贫血

一、仔猪低血糖症

仔猪低血糖症又称仔猪憔悴病，是仔猪出生后最初几天内因吮乳不足等多种原因导致体内血糖大幅度降低而引起的营养代谢性疾病。临床上以明显的神经症状为特征，死亡率较高。

1. 病因

多种原因均可能导致仔猪低血糖，主要包括：①母猪妊娠期营养不良、肝糖原储备不足而产下弱仔；②母猪患子宫炎–乳房炎–无乳综合征（MMA）导致不能泌乳或泌乳障碍；③仔猪出生后吮乳不足；④仔猪因患大肠杆菌病、链球菌病、传染性胃肠炎等，引起糖吸收障碍；⑤产房温度低、寒冷和潮湿可以成为仔猪低血糖症的诱因。

2. 临床症状与病理变化

仔猪出生时通常状况良好，但从出生后 24 h 左右少数仔猪开始发病，往往一窝仔猪部分或全部相继发病。患病仔猪表现为精神沉郁、停止吮乳，四肢无力或卧地不起，体温降低，皮肤及黏膜苍白，严重者出现阵发性痉挛、四肢划动、似游泳状、头向后仰、吐白沫，后期陷入昏迷状态而死亡（图 6-1-1、图 6-1-2）。病程一般不超过 36 h。剖检可见仔猪胃肠道无内容物，肝脏呈橘黄色、质脆易碎，胆囊肿大充盈，肾脏呈土黄色。

3. 诊断、预防和治疗

基于猪场的饲养管理情况调查、临床症状以及病理变化等可对仔猪低血糖症做出初步诊断。必要时可测定仔猪血糖含量（正常值为 0.9 ～ 1.3 mg/mL）进行确诊，当血糖降低至 0.5 mg/mL时即可发病。此外，也可以进行治疗性诊断，即给患病仔猪腹腔注射 5% ～ 20% 葡萄糖注射液10 ～ 20 mL，如果短时间内取得显著治疗效果，可以确诊。防治措施包括：加强怀孕母猪的饲养管理，保证营养均衡，使之分娩后有充足乳汁；给发病仔猪腹腔注射 5% ～ 10% 葡萄糖溶液，每次15 ～ 20 mL，每隔 4 ～ 6 h 一次，直到能自行吮乳时为止；也可灌服 10% ～ 20% 葡萄糖溶液，每次 10 ～ 20 mL，每隔 2 ～ 3 h 一次，持续 3 ～ 5 d。

二、仔猪营养性贫血

1. 病因

哺乳仔猪因营养不良及微量物质（铁、维生素 B_{12}、铜等）缺乏可引起仔猪营养性贫血，特别

图 6-1-1　发病仔猪体温降低，被毛逆立（张米申　供图）

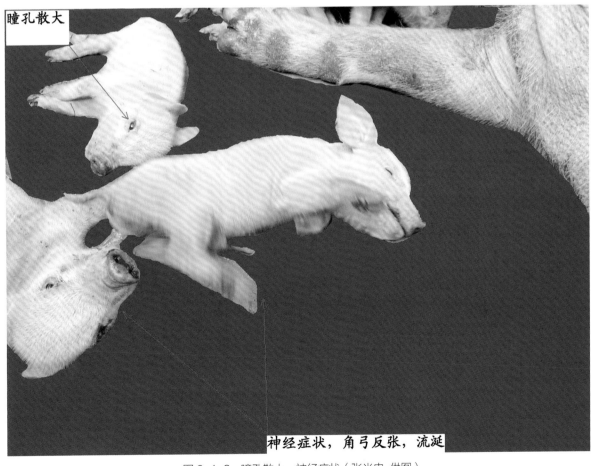

图 6-1-2　瞳孔散大，神经症状（张米申　供图）

是铁缺乏，以可视黏膜苍白、黄染、血红蛋白显著降低为主要特征。多发生于 5 ～ 28 日龄的哺乳仔猪。

2.临床症状与病理变化

患病仔猪表现为猪精神沉郁、离群伏卧、食欲减退；营养不良或极度消瘦；被毛粗乱、皮肤及可视黏膜苍白、轻度黄染、呼吸加快、心跳加速，外观消瘦的仔猪通常发生周期性下痢与便秘，而部分外观肥胖、生长发育较快的仔猪（多见于 2 ～ 4 周龄）可在运动中突然死亡。剖检可见肝脏肿大且有脂肪变性，呈淡灰色，血液稀薄呈水样、凝固不良，肌肉色泽变淡，心脏扩张，肺水肿，肾实质变性。

3.诊断、预防和治疗

根据发病情况调查、临床症状和病理变化可做出初步诊断，确诊可采血进行红细胞计数、血红蛋白含量测定以及铁制剂疗法。通过加强妊娠母猪和哺乳母猪的饲养管理，饲喂富含蛋白质、铁、铜、钴和维生素 B_{12} 的全价饲料，减少含钙和鞣酸过多的饲料，可以预防仔猪营养性贫血。通过肌内注射铁制剂（右旋糖酐铁注射液、葡聚糖铁钴注射液、山梨醇铁注射液等）或口服补铁制剂（硫酸亚铁、焦磷酸铁、乳酸铁等）对发病仔猪进行治疗。

第二节　维生素 A 缺乏症

维生素 A 缺乏症是维生素 A 或胡萝卜素长期摄入不足或吸收障碍所引起的一种慢性营养性疾病，以夜盲、干眼病、角膜角化、生长缓慢、繁殖机能障碍以及脑脊髓受压为特征，仔猪及育肥猪易发。

一、病因

饲料营养成分单一或维生素 A 添加不足，饲料中维生素 A 或胡萝卜素因受日光暴晒、酸败、氧化等而遭到破坏，母乳中维生素 A 不足或断奶过早，是维生素 A 缺乏症的原发性病因。猪患有肝脏疾病、消化不良和胃肠炎等慢性消化系统疾病，导致维生素 A 的吸收、转化与贮存机能发生障碍，是其继发性因素。此外，饲养环境阴暗潮湿、阳光照射不足和缺乏运动等也可诱发该病。

二、临床症状与病理变化

患病猪典型症状为皮屑增多，皮肤粗糙，被毛粗乱。病情严重者会出现神经症状，如头颈向一侧歪斜、共济失调、倒地尖叫；目光凝视，瞬膜外露，抽搐，角弓反张，四肢呈游泳状；部分患猪发生皮脂溢出，周身表皮分泌褐色渗出物；有些患猪因视神经萎缩发生夜盲症；育成（肥）猪患病可出现后躯麻痹、步态蹒跚、不能站立，针刺反应减退或丧失；母猪可表现发情异常、流产、产死胎和畸形胎，如无眼、独眼、小眼、腭裂等。

患病猪皮肤角化增厚，骨骼发育不良，眼结膜干燥，视网膜变性；怀孕母猪胎盘变性；公猪可出现睾丸萎缩，精液质量差。

三、诊断、预防和控制

根据饲养管理状况、病史、临床症状以及维生素 A 治疗效果，可做出初步诊断。确诊需要测定血液、肝脏中维生素 A 和胡萝卜素含量。

猪日粮中应有足量的维生素 A。妊娠母猪在分娩前 40 ～ 50 d 注射维生素 A 或口服鱼肝油、维生素 A 浓油剂，可有效预防初生仔猪维生素 A 缺乏。发病时，可口服鱼肝油治疗，仔猪 5 ～ 10 mL，育成猪 20 ～ 50 mL，1 次 /d，连用数天，也可肌内注射维生素 A 和维生素 D，2 ～ 5 mL，隔天一次。

第三节　B 族维生素缺乏症

B 族维生素是一组多种水溶性维生素，包括维生素 B_1、维生素 B_2、烟酸、泛酸、维生素 B_6、维生素 B_7（生物素）、叶酸、维生素 B_{12} 等。猪长时间摄入不足，可致缺乏。其中，维生素 B_1、维生素 B_2、烟酸缺乏症多发生于仔猪和成年猪；维生素 B_6 缺乏症多发生于母猪和成年猪；维生素 B_{12} 缺乏症多发生于母猪和仔猪。

一、病因

B 族维生素在青绿饲料、酵母、麸皮、米糠及发芽的种子中含量最高，但玉米中缺乏烟酸。饲料中 B 族维生素不足可造成缺乏，猪只患有胃肠道疾病和慢性消耗性疾病等，导致 B 族维生素吸收减少，长期、大量使用抗生素等可抑制 B 族维生素的合成。妊娠、哺乳期母猪以及仔猪代谢旺盛，B 族维生素需求增加，仔猪由于初乳、母乳中 B 族维生素含量不足或缺乏等均可导致 B 族维生素缺乏。

二、临床症状与病理变化

临床症状因缺乏 B 族维生素的不同而存在差异。

1. 维生素 B_1（硫胺素）缺乏

病猪食欲减退、呕吐、腹泻、生长不良、皮肤和黏膜发绀，呼吸困难、突然死亡。病理学检查可见心脏扩张和心肌纤维坏死。

2. 维生素 B₂（核黄素）缺乏

猪发病初期表现消化紊乱、呕吐、生长缓慢，白内障，蹄腿弯曲、强直，步态强拘、皮肤粗糙、增厚，继而鼻和耳后、背中线及其附近、腹股沟区、腹部及蹄冠部等处发生红斑疹及鳞屑性皮炎，并出现局部脱毛、溃疡、脓肿等。母猪可表现不发情或早产、死胎或胚胎被重吸收，以及泌乳能力降低等。

3. 烟酸缺乏

患猪食欲减退，生长缓慢，呕吐。被毛粗糙、脱毛，皮肤干燥、皮炎和鳞片样皮肤脱落，俗称"癞皮病"。有的猪出现局部瘫痪，后肢肌肉痉挛，唇部和舌部溃烂。

4. 泛酸缺乏

典型特点是后腿踏步动作或成正步走，高抬腿，俗称"鹅步症"，并常伴有眼、鼻周围痂状皮炎，斑块状秃毛，毛色素减退呈灰色，严重者可发生皮肤溃疡、神经变性，并发生惊厥。特征病变主要在肠道，尤其是结肠明显水肿、充血和发炎。母猪配种后易出现"假妊娠现象"，或产畸形胎或死胎。

5. 维生素 B₆（吡哆醇）缺乏

病猪初期表现为生长缓慢、腹泻，后期出现严重的红细胞低色素性贫血、抽搐、运动失调以及肝脏脂肪浸润。猪常表现激动和神经质，进而呈现癫痫型抽搐。

6. 维生素 B₇（生物素）缺乏

病猪表现为脱毛、皮肤溃烂和坏死、眼周分泌物增加、后腿痉挛、蹄横向开裂、足垫龟裂和出血以及口腔黏膜炎症。

7. 叶酸缺乏

病猪表现为生长缓慢、发育不良、被毛褪色、腹泻等症状。母猪还可出现产仔数减少。

8. 维生素 B₁₂（钴胺素）缺乏

病猪表现为厌食、生长停滞、被毛粗乱、湿疹样皮炎、后肢运动不协调。胚胎发育缓慢、皮肤呈弥漫性水肿、肌肉萎缩、骨髓增生、肝脏和甲状腺增大。妊娠母猪易发生流产、产仔数减少、仔猪活力差。

三、诊断、预防和治疗

根据饲料中 B 族维生素的不足，结合临床症状可做出初步诊断。确诊需测定血液中 B 族维生素含量。饲料中添加复合维生素，补充富含 B 族维生素的全价饲料或糠麸及青绿饲料，可预防该病。当猪出现 B 族维生素缺乏症时，应根据缺乏不同的 B 族维生素，给予不同的药物。

1. 维生素 B₁ 缺乏

按每千克体重 $0.25 \sim 0.5$ mg，采取皮下、肌内或静脉注射维生素 B_1，每日 1 次，连用 3 d。

2. 维生素 B₂ 缺乏

每吨饲料中补充核黄素 $2 \sim 3$ g，也可采用口服或肌内注射维生素 B_2，每头猪 $0.02 \sim 0.04$ g，每日 1 次，连用 $3 \sim 5$ d。

3. 烟酸缺乏

可肌内注射烟酸。生长阶段猪饲料中可每千克加入 $11 \sim 13.2$ mg 烟酸，繁殖泌乳阶段的猪饲料中可每千克加 3.2 ～ 16.5 mg 烟酸。

4. 泛酸缺乏

口服泛酸 100 ～ 200 mg。

5. 维生素 B$_6$ 缺乏

每天口服维生素 B$_6$（每千克体重 60 μg），也可饲喂酵母和糠麸。

6. 维生素 B$_7$ 缺乏

口服生物素（每千克体重 200 μg）。

7. 叶酸缺乏

可按体重口服（每千克体重 0.1 ～ 0.2 mg）叶酸制剂，每天 2 次；或者肌内注射，每天 1 次，连续使用 5 ～ 10 d。

8. 维生素 B$_{12}$ 缺乏

可肌内注射维生素 B$_{12}$，也可配合铁钴针剂注射。

第四节　佝偻病与软骨病

　　猪佝偻病是处于生长期的仔猪由于维生素 D 及钙、磷缺乏或饲料中钙、磷比例失调所致的一种骨营养不良性代谢病。临床上，以生长发育迟缓、消化紊乱、异嗜癖、软骨钙化不全、跛行及骨骼变形为特征。

　　猪软骨病是由于钙、磷缺乏或比例失衡而引起的一种骨营养不良病，多发生于软骨内骨化作用已经完成的成年猪。以后躯麻痹、强拘跛行为主要特征。佝偻病与软骨病的区别在于佝偻病发生于仔猪，是处于生长阶段的长骨生长板矿化障碍，而软骨病多发生于成年猪，表现为骨干骨质疏松，不继发甲状旁腺机能亢进。

一、病因

1. 佝偻病

　　主要病因包括：①妊娠母猪体内维生素 D、钙、磷缺乏，影响胎儿骨组织的正常发育；②仔猪断奶后，饲料中钙和 / 或磷含量不足或比例失调；③维生素 D 缺乏，阳光照射不足和维生素 A 含量过多，阻碍机体对维生素 D 的吸收利用；④仔猪断奶过早或患胃肠疾病时，影响钙、磷和维生素 D 的吸收利用，肝肾疾病影响维生素 D 在体内的转化，日粮中蛋白性（或脂肪）饲料过多，在体内代谢过程中形成大量酸类，与钙形成大量不溶性钙盐以及甲状旁腺机能亢进，磷经肾排出增加，都可继发佝偻病。

2. 软骨病

　　饲料中磷含量绝对或相对缺乏是导致软骨病的主要原因，钙磷比例不当也是软骨病的病因之一。当磷不足时，高钙日粮可加重缺磷性软骨病的发生，维生素 D 缺乏可促进软骨病的发生。

二、临床症状

1. 佝偻病

先天性佝偻病表现为仔猪出生后衰弱无力，经数天仍不能自行站立，扶助站立时，腰背拱起，四肢关节肿大而不能屈曲，颜面骨肿大，硬腭突出。后天性佝偻病的病程缓慢，病初表现为精神沉郁、食欲减退、异嗜癖、发育停滞、消瘦、出牙延迟、齿形不规则以及齿质钙化不足。随后可发生跛行、关节肿胀、疼痛，不愿站立和活动，强迫活动时，前肢以腕关节爬行，后肢以跗关节着地。后期则骨骼变形，脊椎骨向下方（凹背）或向上方（凸背）弯曲，肢骨变成"X"或"O"形，肩端隆起，头骨肿大，采食与咀嚼困难，肋骨与肋软骨结合处肿大呈串珠状。骨骼脆性增加，易骨折。

2. 软骨病

病猪初期不愿活动、喜睡、异嗜癖。采食时咀嚼缓慢，有张口错颌牙齿酸痛的表现，病猪跛行；继而后躯麻痹，卧地不起，骨骼变形，肋骨明显向内弯曲，肋骨与肋软骨接合部隆起如念珠状，腕关节、肘关节肿大变粗，强迫拉其站立，其腹部拱起，后肢向前弯曲，前肢向后伸直。X 线检查可见骨质疏松、骨密度不均，生长板边缘不整，干骺端边缘和深部出现不规则的透亮区。

三、诊断、预防和控制

根据发病猪日龄、饲养管理情况、临床症状可做出初步诊断。可通过血液学检查、X 线检查和骨密度测定进行确诊。

饲喂全价饲料，确保钙、磷平衡，保证猪只得到充足的阳光照射和适量运动，可有效预防佝偻病与软骨病。主要使用维生素 D 制剂和钙、磷制剂，配合用鱼肝油、鱼粉、骨粉等进行治疗。

第五节　硒和／或维生素 E 缺乏症

硒和／或维生素 E 缺乏症是指硒、维生素 E，或二者同时缺乏或不足所致的营养代谢性疾病。由于硒在生物学功能上与维生素 E 有协同作用，因此将该病统称为硒和／或维生素 E 缺乏症。临床上，以猪白肌病、仔猪桑葚心、仔猪营养性肝病等为主要特征。

一、病因

饲草和饲粮中的硒主要来源于土壤硒，缺硒地区可导致出产的原粮、饲料中硒含量不足或缺乏。若长期饲喂这样的饲料，则会引起猪的硒缺乏症。青绿饲料缺乏，蛋白质、矿物质（如钴、锰、碘等）、维生素（如维生素 E、维生素 A、维生素 B₁、维生素 C）缺乏或比例失调，尤其是维生素 E 的缺乏或不足，极易引起硒缺乏。锌、铜、砷、铅、镉、硫酸盐等硒的拮抗因素可导致硒的吸收和利用受到抑制和干扰，引起猪的相对性硒缺乏症。应激可以成为硒缺乏症的诱发因素，如长途运输、驱赶、潮湿、恶劣的气候等，可使猪只抵抗力降低，硒、维生素 E 的消耗增加。饲料加工调制不当，如长期储存、饲料霉变、酸败或含硫氨基酸、不饱和脂肪酸、某些抗氧化剂含量偏高，均可破坏维生素 E 而诱发硒缺乏。

二、临床症状

仔猪精神不振、喜卧，行走时步态强拘、站立困难，常呈前腿跪下或犬坐姿势，病程发展可出现四肢麻痹。患病猪心跳加快、心律不齐，呼吸快而弱，肺部常出现湿音。患病猪下痢，尿中出现各种管型、血红蛋白尿、尿胆素增高。

1. 白肌病

多发生于 20 日龄左右的仔猪，成年猪很少发生。患病仔猪一般营养良好，在同窝仔猪中身体健壮而突然发病。体温一般无变化，食欲减退、精神不振、呼吸迫促、喜卧，常突然死亡。病程稍长者，后肢强硬、弓背行走、摇晃、肌肉发抖、步幅短而呈痛苦状，有时两前肢跪地移动、后躯麻痹，病变部位肌肉色淡、苍白（图 6-5-1）。部分仔猪出现转圈或头向一侧歪斜等神经症状。心跳加快，心律不齐，最后因呼吸困难、心脏衰竭而死亡。

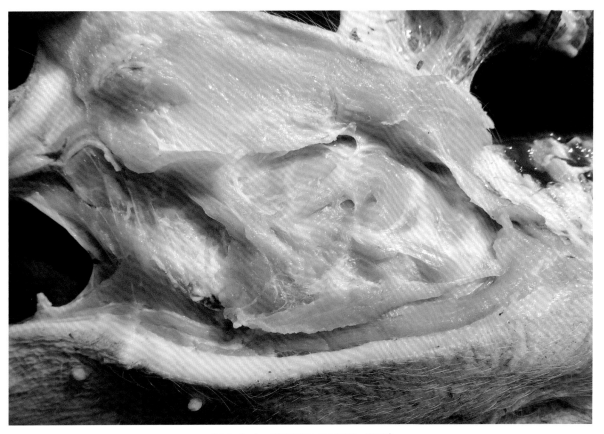

图 6-5-1　肌肉苍白（张米申　供图）

2. 仔猪营养性肝坏死和桑葚心

营养性肝坏死（图 6-5-2）和桑葚心是猪的硒和维生素 E 缺乏症最为常见的病型之一，且多与白肌病伴发。

（1）营养性肝坏死。 多发生于 3 周龄至 4 月龄，尤其是断奶前后的仔猪，大多于断奶后死亡。急性病例多为体况良好、生长迅速的仔猪，常突然发病死亡。病程较长的病例可出现精神抑郁、食欲减退、呕吐、腹泻，粪便暗褐色、呈煤焦油状。个别猪呼吸困难，耳（图 6-5-3）及胸腹部皮肤发绀，后肢衰弱，臀及腹部皮下水肿。病程长者，多有腹胀、黄疸和发育不良。

（2）桑葚心。 多发于仔猪和快速生长的猪，营养状况良好，通常无任何前驱征兆突然死亡，存活猪可出现严重呼吸困难、可视黏膜发绀、心跳加快、心律失常，喜躺卧、强迫行走时可突然死亡。有的病猪皮肤出现不规则的紫红色斑点，多见于四肢内侧，有时遍及全身。

（3）仔猪水肿病。 断乳仔猪、生长猪发生以皮下、胃肠黏膜水肿为特征的疾病。呈进行性运动不稳和四肢瘫痪，死亡率很高。

三、病理变化

1. 白肌病

骨骼肌和心肌呈现特征性病变，骨骼肌尤其是后躯臀部和股部肌肉色淡，呈灰白色条纹，膈肌呈放射状条纹。切面粗糙不平，有坏死灶，心包积水，心肌色淡，尤以左心肌变性最为明显。

2. 营养性肝坏死

①花肝，即正常肝组织与红色出血性坏死的肝小叶及白色或淡黄色缺血性凝固性坏死的小叶混杂在一起，形成色彩斑斓的嵌花式外观；质脆易碎，似豆腐渣样。②肝表面凹凸，再生的肝小叶可突起于表面，使肝表面凹凸不平。

3. 桑葚心

心脏扩张，心腔容积增大，沿心肌纤维有多发性紫红色点状出血，外观呈紫红色桑葚样，故称桑葚心。心内、外膜有大量出血点或弥漫性出血，心肌局部多灶性广泛出血，心肌间有灰白（图 6-5-4）或黄白色条纹状变性和斑块状坏死区。肝脏肿大呈斑驳状（图 6-5-5），切面呈槟榔样红黄相间。肺水肿，间质增宽，呈胶冻状。

4. 仔猪水肿病

肺间质水肿、充血和出血，胃黏膜水肿、出血，胃大弯、肠系膜呈胶冻样水肿，肠系膜淋巴结水肿、充血和出血。

四、诊断

根据临床基本特征，结合病史、病理变化以及亚硒酸钠治疗效果等，可做出初步诊断。确诊需做病理组织学检查，采取病猪的血液和组织器官进行硒含量和谷胱甘肽过氧化物酶活性测定。

图 6-5-2　肝坏死（张米申 供图）

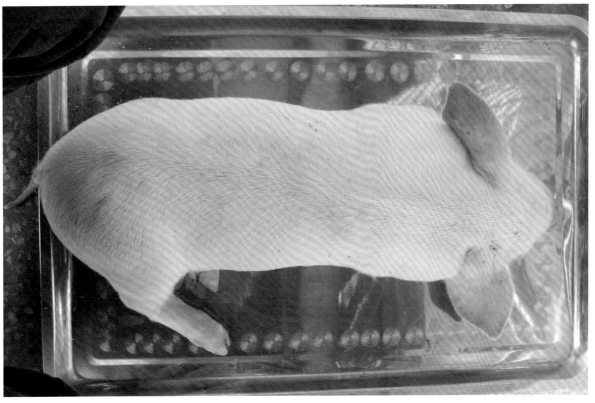

图 6-5-3　耳发绀（张米申 供图）

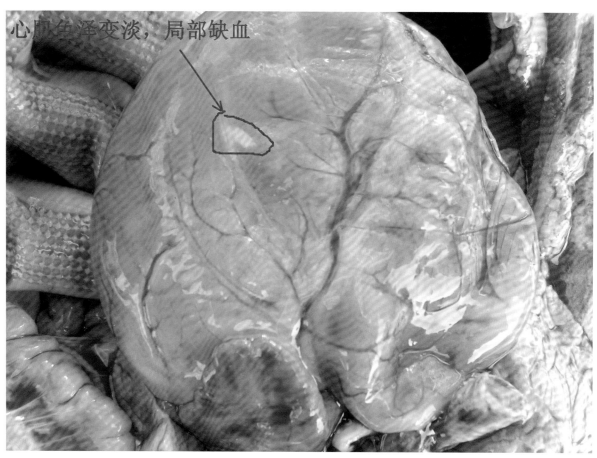

心肌色泽变淡，局部缺血

图6-5-4 心脏肿大，心肌间有灰白（张米申 供图）

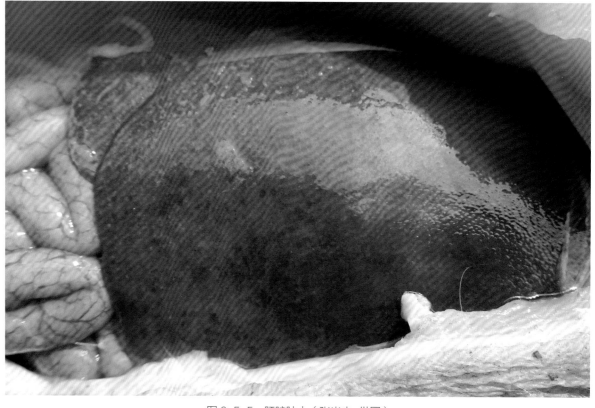

图6-5-5 肝脏肿大（张米申 供图）

五、预防和治疗

在缺硒地区，应在饲料中补充含硒和维生素 E 的饲料添加剂，或尽可能采用硒和维生素 E 较丰富的饲料，如小麦、麸皮含硒较高，种子的胚乳中含维生素 E 较多。植物源性亚硒酸钠和酵母中的有机硒比无机亚硒酸钠具有更高的生物利用性。对于缺硒地区的妊娠母猪，应在产前 15 ~ 25 d 内及仔猪生后第 2 天起，每 30 d 肌内注射 0.1% 亚硒酸钠 1 次，母猪 3 ~ 5 mL，仔猪 1 mL。对于发病猪，可肌内注射亚硒酸钠维生素 E 注射液 1 ~ 3 mL，也可用 0.1% 亚硒酸钠溶液皮下或肌内注射，每次 2 ~ 4 mL，间隔 20 d 再注射 1 次。配合使用维生素 E 肌内注射效果更佳（50 ~ 100 mg/ 头）。

第六节　微量矿物质缺乏症

一、碘缺乏症

猪碘缺乏症是碘绝对或相对不足而引起的以甲状腺机能减退和甲状腺肿大为病理特征的慢性营养缺乏症，又称为甲状腺肿。猪摄入碘不足可直接诱发原发性碘缺乏症，而某些化学物质或致甲状腺肿的物质可影响碘的吸收，干扰碘与酪蛋白结合，从而诱发继发性碘缺乏症。临床上，患病猪的甲状腺明显肿大，生长发育迟缓，被毛生长不良，消瘦、贫血。母猪的繁殖能力下降，发生胎儿吸收、流产、死产或所产仔猪衰弱、无毛；部分新生仔猪水肿、皮肤增厚、颈部粗大，存活仔猪嗜睡、生长发育缓慢。剖检可见甲状腺异常肿大。患病猪的血清蛋白结合碘、尿碘及甲状腺碘含量普遍降低。

该病应以预防为主，可在饲料中添加碘盐，从母猪怀孕 60 d 起，每月在饲料或饮水中添加碘化钾 0.5 ~ 1 g，或每周在颈部皮肤涂抹 3% 碘酊 10 mL。发病时，可在饲料中添加碘盐（10 kg 食盐中加碘化钾 1 g），每日口服碘化钠或碘化钾，剂量为 0.5 ~ 2.0 g，连用数日。

二、锌缺乏症

猪的锌缺乏症，又称角化不全症，是由于日粮中锌绝对或相对缺乏而引起猪的一种营养代谢病，以食欲不振、生长迟缓、脱毛、皮肤痂皮增生和皲裂为特征。该病对养猪业危害较大。

猪锌缺乏症的原因主要包括：一是原发性缺锌，即饲料缺锌，缺锌地区的土壤、水中缺锌，造成植物饲料中锌的含量不足；二是条件性缺锌，即饲料中存在干扰锌吸收和利用的元素（如钙、碘、铜、铁、锰、钼等），高钙浓度会降低锌的吸收，植酸会降低植物源性锌的生物利用度；三是猪患有慢性消耗性疾病，影响肠道对锌的吸收，从而继发锌缺乏症。病猪初期食欲不振或厌食，体况消瘦，生长发育迟缓，头、颈、腿等部位的皮肤干燥粗糙、缺乏弹性、角化不良，被毛粗乱而焦黄；中后期病猪的耳、颈、前后肢下部、尾和肷等处的皮肤有明显的皱缩、结痂和皲裂现象，被毛脱落；最后，病猪因长时间进行性消瘦而死亡。母猪出现繁殖机能障碍，分娩时间延长，死胎率增加，出生仔猪体重降低，骨骼发育异常。

日粮中添加 0.02% 氧化锌、硫酸锌和碳酸锌，对该病兼有预防和治疗作用。当猪发病时，肌内注射碳酸锌为每千克体重 2 ～ 4 mg，每日 1 次，连用 10 d。对皮肤角化不全的病猪，每天口服硫酸锌 0.2 ～ 0.5 g/ 头。此外，适当限制饲料中钙的含量有利于锌的吸收。

三、锰缺乏症

锰缺乏症是饲料中锰含量绝对或相对不足引起的一种营养缺乏病，临床特征为骨骼畸形、繁殖机能障碍及新生仔猪共济失调。原发性缺乏症是因为饲料中锰含量不足所致，缺锰地区的植物性饲料中锰含量较低，从而使该病的发病率较高。以玉米、大麦和大豆作为基础日粮时，因锰含量低也可引起锰缺乏。饲料中钙、磷、铁、钴及植酸盐含量过高，可影响机体对锰的吸收利用，从而发生继发性的锰缺乏症。

临床上，患病猪出现生长发育受阻，消瘦；母猪繁殖机能障碍，乳腺发育不良，发情期延长，不易受胎，出现流产、死胎、弱胎；新生仔猪弱小，运动失调，呻吟，震颤，生长缓慢；骨骼畸形，管状骨变短，可见步态强拘或跛行。可在每 100 kg 饲料中添加 12 ～ 24 g 硫酸锰，改善饲养管理，合理调配日粮，减少影响锰吸收的不利因素，有助于预防锰缺乏症的发生。

四、铜缺乏症

铜缺乏症是日粮中铜含量不足或缺乏，引起仔猪贫血、生长发育缓慢的疾病。病因主要有两种：一是原发性铜缺乏，即饲料中铜含量不足或缺乏（正常值 8 ～ 11 mg/kg、临界值 3 ～ 5 mg/kg）；二是继发性铜缺乏，即饲料中存在影响猪吸收铜的不利因素从而诱发铜缺乏症，如钼、锌、铅、镉、锰及维生素 C 和硫酸盐、植酸盐等含量过多。

病猪食欲不振，生长发育缓慢，腹泻、消瘦、贫血、被毛粗糙、无光泽、且大量脱落，皮肤无弹性、毛色由深变淡、黑毛变为棕色、灰白色。仔猪四肢发育不良，关节不能固定，跗关节过度屈曲，呈犬坐姿势，出现共济失调；骨骼弯曲，关节肿大，表现僵硬、跛行，严重时后躯瘫痪，出现异嗜。剖检可见肝、脾、肾呈广泛性血铁黄素沉着。确诊需要检测饲料和血铜、肝铜的含量以及测定血浆铜蓝蛋白活性。平时预防可在饲料中添加 1% ～ 5% 硫酸铜，减少影响铜吸收的各种不利因素，治疗影响铜吸收的胃肠疾病，合理调配日粮。发病时，可静脉注射 0.1 ～ 0.3 g 硫酸铜溶液，或口服 1.5 g 硫酸铜，或每千克饲料添加 250 mg 硫酸铜饲喂，或每升饮水添加 0.2 g 硫酸铜进行治疗。

第七节　真菌毒素中毒病

在适宜条件下真菌或霉菌在谷物（玉米、小麦、大麦、高粱、棉籽、豆类、花生等）或饲料中生长繁殖并产生大量的次级代谢产物——真菌毒素，受真菌毒素污染的谷物或饲料被猪摄入后造成机体的多种组织器官损害，并产生多种临床症状、病理变化和生产力受到影响，这类疾病总称为真菌毒素中毒病。真菌毒素种类繁多，现已发现200余种，其中6种对养猪生产具有高风险，包括黄曲霉毒素 B_1（AFB_1）、赭曲霉毒素 A（OTA）、玉米赤霉烯酮（ZEA）、呕吐毒素（DON）、麦角毒素和伏马毒素 B_1（FB_1）。

一、黄曲霉毒素中毒

黄曲霉毒素中毒主要致猪肝细胞变性、坏死和出血。临床上，以全身出血、消化机能紊乱、腹泻、神经症状等为主要特征。

1. 病因

黄曲霉毒素（AFT）是黄曲霉、寄生曲霉和集峰曲霉等真菌菌株所产生的一组化学结构类似的化合物，有20余种衍生物，分别命名为 B_1、B_2、G_1、G_2、M_1、M_2、GM、P_1、Q_1、毒醇等。其中以 B_1 的毒性最大，致癌性最强。黄曲霉毒素及其产生菌广泛分布在自然界中，主要污染玉米、花生、棉籽、高粱、豆类、麦类、秸秆等。

2. 临床症状

急性型多发于 $2 \sim 4$ 月龄仔猪，食欲旺盛和体格健壮的猪发病率高。病猪精神沉郁、厌食、消瘦、被毛粗乱、贫血、黄疸、出血性腹泻；可视黏膜苍白、后期黄染。发病后期出现神经症状、步态不稳、间歇性抽搐、角弓反张、皮肤出现紫斑。有时可见由低凝血酶原血症引起的凝血障碍。

3. 病理变化

肝脏呈淡褐色或黏土色，伴有肝小叶中心出血、脂肪变性、浆膜下斑点至斑块状出血，肠道（尤其是结肠）出血。随着病程发展，肝脏变黄、纤维化、实质变硬。显微组织病理变化可见肝细胞变性、空泡化、坏死和脂肪沉积，多发生于中央静脉周围。

4. 诊断

可结合病史、临床症状和病理学变化等进行初步诊断。进行霉菌分离培养以及利用酶联免疫吸附试验（ELISA）、高效液相色谱（HPLC）或串联液相色谱—质谱（LC-MS/MS）测定饲料中黄曲霉毒素含量进行确诊。

5. 预防和治疗

平时应以防止饲料霉败变质为主，饲料应存放于阴凉干燥处，避免高温、受潮或淋雨。禁止饲喂霉败变质的饲料。此外，某些商品化的饲料防结块剂、钙膨润土、钠基膨润土、黏土以及酵母提取物具有吸附黄曲霉毒素的功能，在饲料中添加新型的饲料添加剂（0.5% 水合铝硅酸钠钙）可预防黄曲霉毒素中毒；利用无水氨处理谷物 10 ～ 14 d，可有效降低谷物中的 AFT 浓度。对发病猪，应立即停喂霉败饲料，改喂富含碳水化合物的青绿饲料和高蛋白饲料，并采取相应的支持疗法和对症疗法。

二、赭曲霉毒素中毒

赭曲霉毒素中毒主要引起猪肾功能紊乱、肾小管坏死和胃肠溃疡。临床上，以厌食、多饮、尿频、血尿、蛋白尿、腹泻、脱水、生长发育迟缓、死胎、畸形胎以及精子发育异常为特征。

1. 病因

赭曲霉毒素是由曲霉属和青霉属的霉菌所产生的一组真菌性肾毒素，可分为 A、B、C、D 四种类型，其中赭曲霉毒素 A 毒性最强、分布最广、产毒素量最高、对农产品污染最重。赭曲霉毒素及其产生菌广泛分布在自然界中，主要污染玉米、小麦、大麦、黑麦、燕麦、大米、黍类、花生以及豆类等。

2. 临床症状

病猪主要表现为厌食、生长发育迟缓、脱水、多尿，伴随蛋白尿甚至血尿。妊娠母猪发生流产、产死胎或畸形胎。公猪精液量减少和质量下降。

3. 病理变化

肾脏苍白、坚硬，近曲小管坏死并发生间质纤维化为该病的特征病变。有时可见以脂肪变性和坏死为特征的肝损伤。胃腺黏膜溃疡是慢性病例的特征性病变。其他临床病理变化包括血尿素氮（BUN）、血浆蛋白、红细胞压积、血清天冬氨酸转氨酶（AST）、尿糖含量以及蛋白尿等均升高。

4. 诊断

结合病史和特征性病变可做出初步诊断。确诊需要对可疑饲料、新鲜肾脏和血液进行毒素检测。ELISA、高效液相色谱（HPLC）结合串联质谱可用于肾组织中赭曲霉毒素的检测。

5. 预防和治疗

防止饲料霉败变质，发现病猪后应立即停喂霉败饲料，更换无毒素污染的新饲料，可适当补充维生素 E、硒和蛋氨酸。

三、玉米赤霉烯酮中毒

玉米赤霉烯酮中毒主要影响猪的生殖系统，多发于 3 ～ 5 月龄的猪。

1. 病因

玉米赤霉烯酮（ZEA），又称 F-2 毒素，是由禾谷镰刀菌、粉红镰刀菌、串珠镰刀菌、木贼镰刀菌、黄色镰刀菌和霉菌污染玉米、高粱、小麦、大麦、豆类及其青贮饲料等，并在高湿度（23% ～ 25%）条件下产生玉米赤霉烯酮，被猪采食后发生中毒。

2. 临床症状

猪对 ZEA 的反应随暴露剂量和日龄而异。对于初情期前的后备母猪，低浓度的日粮会引起外阴阴道炎，可见阴户肿大和阴道肿胀和水肿，出现假发情，有的阴道脱出（图 6-7-1 和图 6-7-2）；

乳腺早发育，早期性成熟；常见里急后重，偶尔伴有直肠脱出。ZEA可导致经产母猪发情时间提前，母猪的窝产仔数减少、流产、死胎或弱胎数量增加。初生或哺乳仔猪阴户肿大和子宫增大（图6-7-3）。后备母猪还常伴有乳头渗出性结痂发炎和坏死。ZEA中毒的公猪可发生包皮增大、睾丸萎缩、性欲减退等。

3.病理变化

阴唇、乳头肿大，乳腺间质性水肿。阴道黏膜水肿、坏死和上皮增生。卵巢和子宫增大，宫颈上皮细胞增生，子宫壁肌层高度增厚，子宫角增大和子宫内膜发炎。卵巢发育不全、萎缩，常出现无黄体卵泡、卵母细胞变性。

4.诊断、预防和治疗

根据病史、临床症状、病理变化可做出初步诊断，确诊需要进行毒素检测与鉴定。发现中毒病猪时，应立即停喂霉变饲料，更换优质配合饲料，适当采取对症治疗和支持疗法。

四、单端孢霉烯族毒素中毒

单端孢霉烯族毒素中毒以口鼻部皮肤发炎、坏死、呕吐、腹泻、厌食或拒食为主要临床特征。

1.病因

受禾谷镰刀菌、拟枝孢镰刀菌等污染的玉米、大麦、小麦、黑麦、高粱等，在适宜的条件下会产生T-2、DON和蛇形菌素等，被猪摄入后引发中毒。

2.临床症状

中毒猪表现为拒食、呕吐、精神不振、步态蹒跚、流涎、腹泻。可见口鼻部黏膜和皮肤发炎、坏死，口腔、消化道黏膜溃疡性炎症。

图6-7-1　后备母猪假发情、阴户肿大（刘芳　供图）

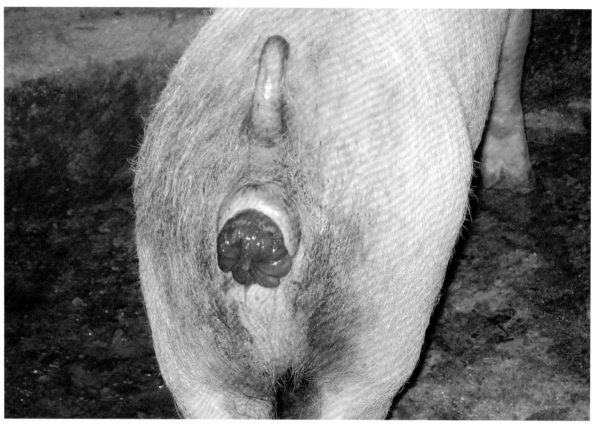

图 6-7-2　后备母猪阴道脱出、红肿（刘芳 供图）

图 6-7-3　初生仔猪阴户红肿（刘芳 供图）

3. 病理变化

猪的胃肠道、肝脏和肾脏坏死和出血。胃肠道黏膜卡他性炎症，呈现水肿、出血和坏死，尤以十二指肠和空肠最为明显。心肌变性和出血，心内膜出血，子宫萎缩，脑实质出血、软化。

4. 诊断、预防和控制

根据临床症状、病理变化以及对可疑霉变饲料进行综合分析，可做出初步诊断。确诊需进行生物测试和毒素含量分析。发现中毒病猪时，应立即停喂霉变饲料，更换优质配合饲料，进行对症治疗和支持疗法。在饲料中添加吸附剂（如水合硅酸铝钙、葡甘露聚糖、膨润土、焦亚硫酸钠、沸石、活性炭等）可以大幅度降低毒素含量。此外，5% 柠檬酸、5% 乳酸溶液具有良好的毒素拮抗功能。

第八节　矿物质中毒

一、铜中毒

猪摄入过量的铜可致铜中毒，以腹痛、腹泻、肝功能异常、黄疸、贫血和肾损伤为特征。硫酸铜常用作饲料添加剂，当添加过多、混合不匀或猪采食了喷洒过含铜农药的牧草时可发病。

1. 临床症状

急性中毒猪表现为呕吐、大量流涎、腹泻、腹痛，粪便及呕吐物中含有绿色或深绿色黏液，呼吸急促，心跳加快，可在 24 ～ 48 h 内虚脱、休克甚至死亡。慢性中毒猪的初期临床症状不明显，发生溶血后表现出精神沉郁、食欲减退、呼吸急迫、消瘦、大便稀薄呈黑绿色、贫血、黄疸，可视黏膜苍白，血红蛋白尿，生长缓慢，个别猪发生死亡。

2. 病理变化

急性中毒猪剖检可见消化道黏膜糜烂和溃疡，胃内容物及粪便呈绿色或深绿色，肠壁呈绿色或墨绿色，胸腹腔黄染伴有红色积液。慢性中毒猪主要病变见于肝脏和肾脏，可见肝脏肿大、黄染、质地坚硬、脂肪变性；肾脏肿大、色泽深暗、常有出血点；脾脏肿大、呈棕色或黑色；胃肠道黏膜溃疡或出血。显微组织病理变化可见肝细胞线粒体肿胀、空泡化；肾小管上皮细胞变性、肾小球萎缩。

3. 诊断与治疗

急性铜中毒可根据有大量铜摄入的病史以及腹泻与粪便颜色进行初步诊断，慢性铜中毒可根据血红蛋白尿、黄疸、休克等症状进行初步诊断，并通过饲料、肝脏、肾脏、血液和血液铜含量测定进行确诊（猪血清铜正常值：1.5 ～ 2.7 μg/mL。肝铜正常值：30 mg/kg 干物质）。发生急性铜中毒时，可静脉注射 0.25% ～ 0.5% 依地酸钙钠溶液，2 次 /d，或口服青霉胺，每头猪每次 0.3 g，3 ～ 4 次 /d。发生慢性铜中毒时，可静脉注射三硫钼酸钠促使铜经过胆汁排入肠道，剂量为每千克体重 0.5 mg，

3 h 后根据病情可再注射一次。

二、铁中毒

铁摄入量过多或补充铁制剂过量可致铁中毒，以呕吐、腹泻、出血性胃肠炎、休克、惊厥和急性肝坏死为特征。为了预防仔猪缺铁性贫血，通常需给予初生仔猪注射铁制剂（常用右旋糖酐铁），以促进仔猪的生长发育，但是超量补铁会造成仔猪急性铁中毒，特别是缺乏维生素 E 和硒的母猪所产的仔猪更容易发生铁中毒。此外，饲料中补充铁盐过多或混合不均，或饲料被含铁的矿物质污染，或饮水中可溶性铁含量偏高均能引发猪铁中毒。

1. 临床症状与病理变化

超量注射铁制剂造成的急性铁中毒以注射数小时内仔猪发生心血管性休克和死亡，同时在注射部位及局部淋巴结、肝脏和肾脏出现铁色素沉着为特征。急性铁中毒会造成肝脏、肾脏、肺脏等多种组织器官急性坏死和出血，而发生慢性铁中毒时肝脏的组织病理学变化较典型，主要以轻度至中度的局灶性肝炎和伴有高度铁过载的铁沉着性肉芽肿为特征。

2. 诊断与治疗

可根据病史、临床症状和剖检变化做出初步诊断，确诊需要检测饲料和血清中的铁含量（正常血清中铁含量大约为 1 mg/mL）。应避免对哺乳仔猪使用超剂量补铁。对急性铁中毒的猪，可进行肌内注射或口服去铁草酰胺治疗。

三、硒中毒

硒中毒通常是因为猪摄入硒酸盐或亚硒酸盐补充过量的饲料，或使用含硒的产品预防或治疗硒和 / 或维生素 E 缺乏症时，因错误计算推荐剂量而导致硒过量而引起的一种中毒病。

1. 临床症状与病理变化

急性硒中毒的猪表现为精神沉郁、反应迟钝、共济失调、胃肠鼓气、腹痛、腹泻，可视黏膜发绀、呼吸困难，最后死于呼吸衰竭。慢性硒中毒症状为食欲不振、消瘦、被毛脱落、皮肤有皱褶、蹄冠肿胀、蹄变形、甚至蹄壳脱落，四肢瘫痪或后躯麻痹；繁殖母猪配种率下降，产死胎或弱胎。急性硒中毒猪的病变为全身性出血，肺充血、水肿，腹腔积液，肝脏和肾脏退行性变化。慢性中毒猪可见皮下血管扩张，血液稀薄、凝固不良；颈部、前胸等部位皮下呈淡黄色胶冻样浸润；腹腔常有淡红色积液；肝脏萎缩、坏死或硬化、被膜粗糙；脾脏肿大、局灶性出血；脑组织充血、出血和水肿，可见局灶性对称脊髓灰质软化症；心肌萎缩，心外膜小血管怒张、充血。

2. 诊断与治疗

可根据添加硒的病史、临床症状以及病理变化做出初步诊断。确诊需测定可疑饲料、血液、肝脏、肾脏中硒的含量（仔猪肝硒正常值为 0.8 mg/kg）。应严格控制饲料中硒的添加量，并保证混合均匀。发生急性硒中毒时，可静脉注射 10% 硫代硫酸钠溶液进行治疗。

四、锌中毒

猪摄入超过维持机体正常生理功能所必需的锌可致锌中毒。造成锌中毒的可能原因：一是饲料中添加了过量的碳酸锌、硫酸锌或氧化锌；二是因地区性锌含量高或施锌肥过多引起饲料、饲草中锌含量过高；三是超剂量使用锌制剂治疗锌缺乏症。病猪主要呈现精神沉郁、食欲不振、口吐白沫、腹泻、关节炎、骨骼和软骨畸形、步态僵硬、胃肠炎以及内脏出血等症状。正常肾脏和肝脏中锌含量为 25 ～ 75 mg/kg（湿重），根据临床症状、病史、饲料与组织中锌含量的测定进行确诊。将20 ～ 30 g 碳酸钙或 40 ～ 50 g 硫酸钠或硫酸镁溶于水后进行灌服，可用于治疗锌中毒的猪。

五、砷中毒

猪因过量摄入砷化合物可致砷中毒。造成猪砷中毒的病因包括：①猪误食含砷农药浸泡或拌过的种子、喷洒过含砷农药的青绿饲料（谷物、蔬菜、青草）、含砷灭鼠药和驱虫药；②饮用被砷化物污染的水；③摄入含砷农药厂、硫酸化工厂、氮肥厂或金属冶炼厂附近的饲草。

1. 临床症状与病理变化

急性砷中毒猪初期流涎、口腔黏膜潮红、肿胀；重症者黏膜出血、脱落，齿龈呈黑褐色，继而出现胃肠炎症状，腹痛、腹泻、粪便混有血液和脱落黏膜，有蒜臭味。之后出现神经症状和全身症状。病猪表现兴奋不安、反应敏感，随后沉郁、低头喘气、脉搏细数、体温下降、瞳孔散大，一般经数小时至 1 ～ 2 d，因呼吸或循环衰竭而死亡。慢性砷中毒的猪主要呈现消化机能紊乱和神经机能障碍等症状，表现为食欲降低或废绝、流涎、呕吐、便秘和腹泻交替发生，粪中带血，精神高度沉郁、感觉和运动神经麻痹。最后因肝、心、肾等实质器官受损而引起少尿、血尿或蛋白尿。剖检可见食管、气管水肿，黏膜充血；胃、小肠和盲肠黏膜充血、出血、水肿、糜烂，严重时可见穿孔；胃内容物有蒜臭味；肝脏、脾脏脂肪变性；胸膜、心内外膜、膀胱有点状或弥漫性出血。

2. 诊断与治疗

根据病史、临床症状及剖检变化可做出初步诊断，确诊可采集胃内容物、尿、被毛、肝脏、脾脏和可疑饲料等进行砷含量测定。肝脏、肾脏中砷含量超过 10 ～ 15 mg/kg，血砷达 l ～ 2 mg/L，即可确诊砷中毒。可使用二巯基丙醇进行治疗，首次用量为每千克体重 2 ～ 3 mg，随后用量减半，起初每隔 6 h 使用 1 次，连用 3 ～ 5 d，之后改为每日 1 次，连用 7 d。

六、氟中毒

氟中毒是猪因过量摄入含氟或氟化物的饲料、饲草、饮水或驱虫药而引起的一种以胃、牙齿病变为特征的中毒病。临床上，无机氟中毒以生长缓慢、骨骼变脆、变形、氟斑牙为特征；有机氟中毒以易惊、不安、抽搐、角弓反张等为特征。

1. 临床症状与病理变化

慢性氟中毒的猪表现为精神不振，耳部、颈部、腹部大面积皮肤发红；体温升高、呼吸心跳加快，鼻腔流出分泌物，眼发炎或者双目失明；胸骨和肋骨变形、四肢关节肿大、跛行；氟斑牙，牙釉质失去光泽、牙面粗糙、有黄褐色或棕褐色色素沉着、易磨损折断。急性氟中毒的猪表现为胆碱能神经兴奋，角弓反张、口吐白沫；流鼻液及泪液，眼结膜高度充血潮红、瞳孔缩小、分泌物增多；不断腹泻、磨牙、肌肉震颤，病情加重时，呼吸困难、四肢软弱行走不便、卧地不起，常因肺水肿窒息死亡。剖检可见胃肠黏膜出血，肠系膜淋巴结肿大出血，骨骼变形、出现外生骨疣、骨质疏松、易折。

2. 诊断与治疗

可根据病史、临床症状、病理变化以及氟与氟化物的测定、血液生化检查做出诊断。对于慢性氟中毒，可静脉注射 10% 葡萄糖酸钙或氯化钙注射液（50 ～ 100 mL）和维生素 C 注射液（5 ～ 10mL），每日 1 次，连用 7 ～ 10 d。对于急性氟中毒，还应使用 1∶5 000 高锰酸钾溶液洗胃。可肌内注射解氟灵（乙酰胺）（每千克体重 0.1 g/d）治疗有机氟中毒。

七、铅中毒

长期使用铅制食槽、饮水器或过量摄入被铅污染的饲料、饲草或饮水，可引起猪的铅中毒。一些工厂（如涂料厂、油布厂、电池厂）等排出废渣、废水，污染附近的牧地、农田和水源，导致种植的日粮、饲草中含有高浓度的铅，若被猪摄食或饮入，可引起铅中毒发生。猪对高浓度铅的耐受性极高，因此临床上很难见到猪铅中毒的病例。

1. 临床症状与病理变化

病猪表现为食欲不振或废绝、消瘦、生长发育迟缓、惊厥、肌肉震颤、步态不稳、腹泻，腹部和耳部皮肤有暗紫色斑，齿龈有蓝色铅线等。剖检病理变化可见心脏扩张、心包积液；肝脏、肾脏肿大，呈土黄色；脾脏肿大，切面呈暗红色，结构模糊；肺脏肿大，质地脆弱；胃、肠黏膜潮红、肿胀，胃壁充血、出血；大脑膜血管充血，大脑皮层严重充血和斑点状出血。

2. 诊断与治疗

可根据病史、临床症状、病理变化以及血液、肾脏和肝脏中铅含量的测定做出诊断。对于发生铅中毒的猪，可静脉注射 20% 依地酸钙钠注射液 5 ～ 10 mL，或灌服含 50 g 硫酸钠或硫酸镁的水溶液。

八、汞中毒

猪食用含有西力生、赛力散等有机汞杀菌剂处理的种子，或是含汞制剂的农药因密闭不严，致使汞蒸气被猪吸入体内，可引起汞中毒。汞中毒具有累积性，汞的毒性取决于其类型、剂量和持续时间。

1. 临床症状与病理变化

患猪初期胃肠炎症状明显，表现为剧烈腹痛、腹泻、大便带血、呕吐，呕吐物带血，早期多尿，后期呈现少尿、尿血、闭尿等尿毒症症状，可见口腔黏膜肿胀、牙龈发红、出血、松动、易脱落。后期出现共济失调、视力减退或失明、无目的游荡、麻痹、昏迷，最后虚脱衰竭而死。

2. 诊断与治疗

可根据病史、临床症状、病理变化以及血液、肾脏和肝脏中汞含量的测定做出诊断。正常情况下，肾脏和肝脏的汞含量低于 1 mg/kg。对于汞中毒的病猪，可肌内注射 10% 二巯基丙醇注射液，首次用药量为每千克体重 2.5 ～ 5 mg，随后每隔 6 h 减半量使用；也可皮下或肌内注射 5% 二巯基丙磺酸钠注射液（每千克体重 7 ～ 10 mg）。

第九节　药物与农药中毒

一、药物中毒

药物中毒是因药剂量超过极量，药物使用不当、误用或滥用，饲料中超量添加药物，或不同药物配伍不当发生的毒性反应。临床上，可导致猪中毒的药物种类较多，下面仅简要介绍几种常用药物的中毒情况。

1. 苯胂化合物中毒

苯胂化合物，即有机砷（如对氨基苯胂酸和洛克沙胂），常被用作饲料添加剂以促进猪生长。中毒猪可出现共济失调、后肢麻痹、失明和四肢瘫痪。低剂量慢性中毒猪常因坐骨神经和视神经损伤而导致伸展过度或"迈鹅步"以及完全失明。洛克沙胂中毒可导致大小便失禁、肌肉震颤、惊厥、共济失调、下肢轻瘫和截瘫，但仍能进食和饮水。外周神经（特别是坐骨神经）脱髓鞘现象。及时从饲料或饮水中去除砷，中毒症状通常是可逆性的。

2. 卡巴多司中毒

卡巴多司（Carbadox）是一种常用的促生长饲料添加剂，并对控制猪痢疾和细菌性肠炎有效。卡巴多司中毒会导致猪拒食、呕吐、生长发育迟缓，后肢麻痹，排出坚硬的颗粒状粪便，刚断奶的仔猪多在 7 ～ 9 d 死亡。

3. 二甲硝唑中毒

二甲硝唑（Dimetridazole）常用于治疗和预防猪痢疾。二甲硝唑中毒会引起猪共济失调、心动过缓、呼吸困难、流涎、肌肉痉挛、虚脱，最后死亡。

4. 离子载体（甲基盐霉素、莫能菌素、拉沙里菌素）中毒

甲基盐霉素（Narasin）常被用作饲料添加剂以提高增重率和饲料转化率。甲基盐霉素中毒往往是由于与泰妙菌素联用产生配伍禁忌所致。患猪会出现厌食、呼吸困难、虚弱、共济失调、躺卧以及急性死亡等临床症状；主要病变为骨骼肌坏死，其特征是坏死的肌纤维聚集成簇、条纹消失、透明变性以及炎性细胞浸润。莫能菌素中毒猪可出现张口呼吸、口吐白沫、共济失调、嗜睡、肌肉无力和腹泻等症状；主要病变为心肌和骨骼肌坏死。拉沙里菌素常用于提高饲料转化率和增重，发生拉沙里菌素中毒的猪会出现一过性肌无力，并很快发生死亡。

5. 磺胺类药中毒

单次大剂量或长期使用磺胺类药物会导致猪不同程度的药物中毒，大剂量可造成猪中毒性肝病。过量的磺胺类药物对多种器官都有毒害损伤作用，可直接损害肾小管上皮细胞；磺胺类药物在

肾脏中易形成结晶，引起肾小管、肾盏、肾盂、输尿管等阻塞，并导致肾小管细胞变性和坏死。急性中毒猪主要表现为共济失调、痉挛性麻痹、肌肉无力、惊厥、瞳孔散大和暂时性视力降低、心动过速、呼吸加快、厌食、呕吐或腹泻等。慢性中毒猪主要表现为结晶尿、血尿、蛋白尿，甚至尿闭，食欲不振、便秘、呕吐、腹泻等。典型病变为肾脏肿大、呈土黄色，肾小管、肾盏、肾盂、肾乳头以及输尿管内有白色粉末状磺胺结晶。可通过口服碳酸氢钠或静脉注射 5% 葡萄糖溶液治疗中毒猪。

6. 尿素和铵盐中毒

猪可能会被饲喂含有非蛋白氮化合物（如尿素和铵盐）的饲料，尿素对猪相对无毒，过量饲喂只会导致采食量和生长速度下降、血尿素氮（BUN）升高、多饮和多尿。然而，过量摄入氨和铵盐可导致猪中毒。患猪主要表现为精神沉郁、强直性惊厥，多数猪会在数小时内死亡，少数猪可康复。

7. 莱克多巴胺中毒

常规剂量的莱克多巴胺可在机体内被代谢并排出体外，不会对机体造成伤害，但过量摄入会导致猪产生不同程度的中毒反应，表现为心动过速、低血压、肌肉震颤、腹痛、焦虑或不安、虚弱或嗜睡以及低钾血症等。

二、农药中毒

由于猪接触、吸入或误食被农药污染的饲草、饲料、种子或农药等，可发生农药中毒。临床上，多种农药均可导致猪中毒。

1. 有机磷化合物和氨基甲酸酯杀虫剂中毒

有机磷农药包括杀虫剂（如对硫磷、敌百虫、敌敌畏、内吸磷、马拉硫磷、乐果等）、杀菌剂（如稻瘟净、克瘟散等）以及其他药剂（如灭鼠剂、脱叶剂、不育剂、生长调节剂、杀线虫剂、除草剂等）。急性中毒的早期临床症状包括轻度到大量的流涎、排便、排尿、呕吐、腿僵硬或"木马"步态，随着出现大量流涎。因胃肠蠕动亢进导致严重绞痛和呕吐，腹部痉挛，腹泻，过度流泪，瞳孔缩小，呼吸困难，发绀，尿失禁，面部、眼睑和全身肌肉抽搐，很快死亡。死亡通常是由呼吸道分泌物过多、支气管收缩和心率不稳和缓慢导致的缺氧引起的。可根据有机磷化合物或氨基甲酸酯类杀虫剂接触史、临床症状做出初步诊断，确诊需采集胃内容物、饲料或可疑物质进行药物成分的测定。对中毒猪应立即使用特效解毒剂，尽快除去尚未吸收的药物，同时配合必要的对症治疗。可使用胆碱酯酶复活剂（解磷定、氯解磷定、双解磷、双复磷）和乙酰胆碱对抗剂（硫酸阿托品）进行治疗。此外，经皮肤中毒者，可用肥皂和水洗涤（敌百虫中毒忌用肥皂水洗）；经消化道中毒而未完全吸收者，可灌服活性炭以减少肠道对药物的持续吸收。

2. 氯化碳氢化合物中毒

氯化碳氢化合物杀虫剂（如毒杀芬、氯丹、艾氏剂、狄氏剂和林丹）可对猪的中枢神经系统产生弥散但强烈的刺激而导致中毒。猪在摄入药物 12 ～ 24 h 出现症状，初期表现为惶恐不安，伴有短暂的过度兴奋和感觉过敏，对外界刺激过度反应和自发性肌肉痉挛，痉挛通常发生在面部区域（嘴唇、肌肉、眼睑和耳），并向尾端发展波及肩部、背部和后躯的肌肉，可发展为强直性痉挛发作。可观察到异常姿势、抬头和咀嚼动作，不同程度的呼吸麻痹。中毒严重者会在癫痫发作期间死亡，而少数患猪可能会在几次严重发作后完全康复。根据氯化碳氢化合物接触史、过度兴奋和强直性痉挛发作的临床症状，可做出初步诊断。确诊需要检测肝、肾、脑组织或胃内容物或饲料中的药物成分。可使用长效巴比妥酸盐镇静以控制癫痫发作，清洗皮肤残留物。

3. 杀真菌剂中毒

农业生产中常用的杀真菌剂包括克菌丹、有机汞（如氯化苯汞、醋酸苯汞、氯化乙基汞和羟基甲酚汞等）、五氯苯酚和铬化砷酸铜等。猪误食被克菌丹处理过的种子后中毒风险不高。猪接触刚用五氯苯酚制剂处理过的木材表面时，可能会发生中毒。患猪可出现精神抑郁、呕吐、肌肉无力、呼吸加快、麻痹、死胎等临床症状。铬化砷酸铜很少导致猪中毒。猪食用有机汞杀菌剂处理过的种子后会造成中毒，初期胃肠炎症状较为明显，随后会出现尿毒症和中枢神经系统紊乱，包括共济失调、失明、无目的游荡、麻痹、昏迷和死亡。

4. 除草剂中毒

酰胺类除草剂（如硫代酰胺、烯草胺、丙胺）中毒可引起猪出现厌食、流涎、抑郁和虚脱等症状，但其毒性剂量相当高，临床上的典型中毒相当罕见。双吡啶类除草剂（如地喹、百草枯）中毒多是由于误食或人为恶意投毒所致。百草枯对猪的致死剂量约为每千克体重 75 mg，中毒猪表现为口腔和胃肠黏膜坏死、呕吐、腹泻，随后出现呼吸窘迫等症状，最后衰竭而死；典型病理变化（多出现于中毒后 7 ~ 10 d）表现为肺脏充血和水肿、严重弥漫性间质性肺纤维化。

5. 灭鼠剂中毒

猪通常因误食灭鼠剂或猪舍内死于灭鼠剂的鼠类或人为恶意投毒而导致中毒。抗凝血灭鼠剂：中毒猪可出现轻度到重度出血、跛行、僵硬、嗜睡、卧地不起、食欲废绝以及排黑色煤焦油样粪便；病变包括血肿、关节肿胀、鼻出血、肌间出血、贫血等。可注射维生素 K 和口服维生素 K 进行治疗。士的宁：猪摄入士的宁后 10 min 至 2 h 即可出现临床症状，以剧烈的强直性癫痫发作为特征，最后因缺氧和衰竭死亡。可使用长效巴比妥酸盐和其他肌肉松弛剂进行治疗。胆钙化醇：中毒猪会出现维生素 D 中毒症状，伴有高钙血症和软组织矿化，精神沉郁、虚弱、恶心、厌食、多尿和饮水增加等。溴杀灵：可导致猪发生脑水肿，表现出后腿共济失调和 / 或轻瘫症状以及中枢神经系统抑制。

第十节　有毒植物中毒

一、反枝苋（红根苋）中毒

在夏季和初秋季节，放养猪接触到反枝苋（红根苋），会发生一种独特的肾周水肿疾病。患病猪初期表现为虚弱、颤抖和不协调，随后后腿几乎完全瘫痪；通常以俯卧的姿势躺着，受到干扰会以蹲伏或拖后腿的方式行走；通常在出现临床症状后的 48 h 内发生昏迷和死亡，但部分猪可存活

5 ～ 15 d。猪群发病率通常为 5% ～ 50%，出现临床症状猪群的死亡率高达 75% ～ 80%。剖检病理变化可见明显的肾脏周围结缔组织水肿，有时含有大量血液；肾脏颜色苍白；腹壁和直肠周围水肿以及腹水和胸水。组织病理学特点为近曲小管和远曲小管水样变性和凝固性坏死。患猪的血尿素氮（BUN）、血清肌酐和血清钾升高，心电图表现为高钾性心力衰竭。

二、苍耳中毒

猪采食苍耳（包括苍耳属植物和其他品种）后 8 ～ 24 h 内会出现沉郁、虚弱、共济失调、体温下降、颈部肌肉痉挛、呕吐以及呼吸困难等症状，患猪通常会在症状出现后数小时内死亡。剖检可见腹腔积液，肝脏和其他脏器表面覆盖大量的纤维蛋白，肝脏充血。

三、龙葵（龙葵花）中毒

猪采食农田和牧场的龙葵花可发生中毒。中毒猪会表现出厌食、便秘、呕吐、抑郁和共济失调等症状，也可观察到瞳孔散大和肌肉震颤等神经症状；后期侧卧，四肢乱踢，逐渐昏迷和死亡。

第十一节　食盐中毒

一、病因

猪因摄入过量的食盐（咸菜、咸鱼、腌菜水和泔水等）或高盐饲料，同时饮水不足或中断，可导致食盐中毒，以消化紊乱和明显的神经症状为特征。除食盐外，过量摄入其他钠盐（如碳酸钠、硫酸钠、乳酸钠、丙酸钠等）也可以导致中毒，可统称为钠离子中毒病。

二、临床症状与病理变化

钠离子中毒病通常会在缺水数小时后发生。患猪初期出现口渴、厌食和便秘，缺水后 1 至数日内开始出现间歇性抽搐，但补水通常会导致症状加重甚至死亡。患猪出现"犬坐"姿势，进而发生强直性痉挛与角弓反张，其频率逐渐增加。患猪不发热，常漫无目的地游荡，因颅内压力导致失聪和失明，继而出现昏迷，侧卧于地，四肢呈游泳样划动。大多数患猪会在数天内死亡。一些摄入食盐过多的猪会出现呕吐和腹泻。剖检可见胃肠道空虚、胃炎、便秘或非常干燥的粪便。组织病理学检查可见脑组织（尤其是大脑）呈现嗜酸性粒细胞性脑膜脑炎，脑膜和脑血管被嗜酸性粒细胞包围；在存活数天的猪，嗜酸性粒细胞可能会消失或被单核细胞所取代；急性中毒猪大脑可出现层状皮层下脊髓脑软化。

三、诊断与治疗

可根据临床症状、缺水情况以及血清和脑脊液的钠离子测定进行确诊。应避免长期或大量饲喂含盐量多的饲料或泔水，日粮中含盐量一般不要超过 0.5%，并保证充足的饮水。发生中毒时，多次少量给予新鲜饮水，先灌服 1% 硫酸铜 50 ～ 100 mL 催吐，10% 葡萄糖液 250 mL 与速尿 40 mg 混合后静脉注射，每日 2 次，连用 3 ～ 5 次，大量排尿后可停止使用。

第十二节　亚硝酸盐和硝酸盐中毒

猪亚硝酸盐和硝酸盐中毒是因猪摄入富含硝酸盐、亚硝酸盐的饲料或饮水所引起高铁血红蛋白症和组织缺氧的一种中毒性疾病。以可视黏膜发绀、血液呈巧克力棕色、呼吸困难及其他缺氧症状为临床特征。

一、病因

油菜、白菜、甜菜、野菜、萝卜、马铃薯等青绿饲料或块根饲料富含硝酸盐。如果上述植物在种植过程中使用了硝酸铵、硝酸钾、硝酸钠等肥料，制备的饲料中硝酸盐的含量会更高。当饲料慢火焖煮、霉烂变质、植物枯萎时，硝酸盐可被硝酸盐还原菌还原为亚硝酸盐。亚硝酸盐的毒性比硝酸盐强 15 倍。亚硝酸盐亦可在猪体内形成，一般情况下硝酸盐转化为亚硝酸盐的能力很弱，但当胃肠道机能紊乱时，可使胃肠道内的硝酸盐还原菌大量繁殖，此时若猪大量采食含硝酸盐饲草或饲料时，即可在胃肠道内大量产生亚硝酸盐并被机体吸收而引起中毒。

二、临床症状

急性中毒猪通常在采食后 10 ～ 15 min 发病，而慢性中毒猪可在采食后数小时内发病。一般而言，体格健壮、食欲旺盛的猪因采食量大而发病严重。病猪呼吸严重困难，呼吸频率增加，流涎，瞳孔缩小，多尿，可视黏膜发绀，刺破耳尖、尾尖等，流出少量巧克力棕色血液，体温正常或偏低，全身末梢部位发凉。病猪共济失调、缺氧、痉挛、挣扎鸣叫或盲目运动、心跳微弱，临死前角弓反张、抽搐。因胃肠道受到刺激而出现胃肠炎症状，如流涎、呕吐、腹泻等。

三、病理变化

中毒猪尸体腹部多膨满、口鼻青紫、可视黏膜发绀。口鼻流出白色泡沫或淡红色液体，血液呈巧克力棕色、凝固不良。肺脏膨胀，气管和支气管、心外膜和心肌充血和出血，胃肠黏膜充血、出血及脱落，肠道淋巴结肿胀，肝呈暗红色。

四、诊断

依据发病急、群体性发病的病史、饲料储存状况、临床症状和剖检病变特征，可以做出初步诊断。可根据特效解毒药（如亚甲蓝）进行治疗性诊断，也可进行亚硝酸盐检验、变性血红蛋白检查。亚硝酸盐检验：取胃肠内容物或残余饲料的液汁 1 滴，滴在滤纸上，加 10% 联苯胺液 1 ～ 2 滴，再加 10% 的醋酸 1 ～ 2 滴，滤纸变为棕色，则为亚硝酸盐阳性反应。也可将胃肠内容物或残余饲料的液汁 1 滴，加 10% 高锰酸钾溶液 1 ～ 2 滴，充分摇动，如有亚硝酸盐，则高锰酸钾变为无色，否则不褪色。变性血红蛋白检验：取血液少许于试管内振荡，振荡后血液不变色，即为变性血红蛋白。

五、预防与治疗

1. 预防
改善饲养管理，青绿饲料宜生喂，不宜堆放或蒸煮。烧煮饲料时可加入适量醋，以杀菌和分解亚硝酸盐。

2. 治疗
迅速使用特效解毒药如亚甲蓝或甲苯胺蓝。可静脉注射 1% 亚甲蓝，剂量为每千克体重 1 mL，也可深部肌内注射 1% 亚甲蓝；可口服甲苯胺蓝（每千克体重 5 mg）或配成 5% 溶液进行静脉注射、肌内注射或腹腔注射。使用特效解毒药时配合使用高渗葡萄糖 300 ～ 500 mL，以及维生素 C 每千克体重 10 ～ 20 mg。可适当采取一些对症治疗措施。

第十三节　棉籽饼中毒

一、病因

猪长期或大量采食榨油后的棉籽饼可引起棉籽饼的蓄积性中毒，以出血性胃肠炎、全身水肿、血红蛋白尿为主要临床特征。棉籽饼常被用作猪饲料的蛋白质来源。棉籽饼中含有多种有毒的棉酚色素及其衍生物，对动物有毒性。棉酚对胸膜、腹膜和胃肠道有刺激作用，能引起组织发生炎症，增强血管壁的通透性，使受损组织发生浆液性浸润和出血性炎症。棉酚在动物体内比较稳定，不易被破坏，而且排泄缓慢，有蓄积作用。妊娠母猪和仔猪对棉籽毒素特别敏感，母猪长期或大量饲喂未经去毒处理的棉籽饼，不仅会引起哺乳母猪中毒，而且通过乳汁还会造成仔猪中毒。

二、临床症状

棉籽饼中毒猪主要表现精神沉郁，食欲减退或废绝，消瘦，粪便黑褐色，先便秘后腹泻，粪便混有黏液和血液，尿带血；皮肤发绀，尤其以耳尖、尾部明显；后肢软弱无力，走路摇摆，弓背，肌肉震颤，心跳加快，呼吸迫促，有浆液性鼻液，结膜暗红，有黏性分泌物；眼炎、夜盲症或双目失明。肥育猪皮肤干燥、皲裂和发绀，体温正常；仔猪常腹泻、脱水和惊厥，死亡率高；怀孕母猪可出现流产、死胎及产畸形仔猪。

三、病理变化

剖检病死猪可见胃肠黏膜有弥漫性充血和水肿，小肠卡他性炎症，并有出血斑点；肠系膜肿大、充血；胸腔、腹腔有红色渗出液，气管内有血样泡沫液；肾脏肿大、出血；肝脏充血、肿大；肺脏充血、水肿，心内、外膜出血，胆囊肿大。

四、诊断、预防和治疗

根据饲喂棉籽饼史、临床症状、病理变化可做出初步诊断，确诊需测定棉籽饼及血液中游离棉酚含量。限制未经处理的棉籽饼，母猪日粮中不得超过5%，生长育肥猪日粮不超过10%；不饲喂妊娠母猪、仔猪及种猪。一旦发生中毒，立即停止饲喂棉籽饼，改喂其他饲料。给患病猪口服硫酸亚铁、葡萄糖酸钙进行解毒；用5%碳酸氢钠、0.05%高锰酸钾洗胃或灌肠；口服盐类泻剂；用止血敏、维生素K止血；使用消炎药治疗胃肠炎；静脉注射10%～25%葡萄糖溶液、安钠咖、葡萄糖酸钙。

第十四节 有毒气体中毒

一、氨气中毒

氨气（NH_3）可对猪全身黏膜系统产生刺激而引发中毒，是公认的猪舍内应激源。猪舍内的氨气主要来自粪尿、饲料等含氨有机物的分解，如果不及时清除粪尿和地面蓄积的污物，加之通风不良等其他因素，便会造成圈舍内氨气浓度超标。氨气易溶于水，因此易与眼睛和呼吸道的湿润黏膜发生反应。

当猪舍内氨气浓度长期超过一定限度时，将会导致猪精神沉郁、体温偏高、浅呼吸；皮肤出现荨麻疹；眼结膜炎，发红、充血水肿，过度流泪，有眼屎、泪斑，严重者可失明；咳嗽、气喘、流清鼻涕或脓性鼻涕，出现气管炎、肺炎等症状。氨气还可以引起呼吸和中枢神经系统兴奋，猪只出现烦躁、相互撕咬现象。长期暴露于高浓度的氨气环境中的猪生长发育缓慢，增重率和抵抗力显著降低，易继发其他病原体感染，发病率和死亡率升高，严重影响养猪生产。做好猪舍环境卫生，控制饲养密度，及时清除粪尿，控制猪舍温度、湿度，保持良好通风与换气等措施，均有助于预防猪氨气中毒。

二、硫化氢中毒

猪舍内的硫化氢主要来源于猪场的化粪池，发酵产生的硫化氢因密度高于空气而沉积于化粪池底部和液体中。当猪场清除粪污时，化粪池内积聚的硫化氢会被迅速释放，若猪舍通风不良，空气中的硫化氢蓄积到达一定浓度后，便可导致猪只甚至饲养人员中毒。极高浓度的硫化氢（超过 200 mg/kg）对嗅觉器官具有明显的麻痹作用。急性硫化氢中毒发病迅速，出现以脑和／或呼吸系统损害为主的临床症状，也可伴有心脏等器官功能障碍。

低浓度硫化氢仅对眼及呼吸道有局部刺激作用，高浓度时全身反应较为明显，表现为中枢神经系统症状和窒息症状。轻度中毒猪眼结膜潮红、羞明流泪、鼻黏膜充血、流鼻涕、咳嗽，将患猪移至新鲜空气处，能很快恢复。严重病例可因呼吸和心脏麻痹而死亡。重度中毒主要表现为呼吸困难、步态蹒跚、烦躁、意识模糊、癫痫样抽搐，甚至全身性强直痉挛发作等，最后死于呼吸衰竭。如果接触极高浓度硫化氢，可发生电击样死亡，即数秒或数分钟内呼吸骤停和心跳停止。剖检可见肺水肿、脑脊髓软化症。清理猪场化粪池时，应做好猪舍通风，也可以将舍内猪只转移至安全圈舍，以预防猪硫化氢中毒。

三、二氧化碳中毒

猪舍通风不良可能造成 CO_2 中毒，猪舍内的 CO_2 浓度过高时，可引起猪只缺氧、呼吸困难，甚至死亡。长期处于缺氧的高浓度 CO_2 环境中的猪只可出现精神萎靡、食欲减退、体质下降、生产性能降低以及对其他疾病的抵抗力减弱。

四、甲烷中毒

甲烷（CH_4）主要来源于猪场的化粪池。通常情况下，当环境中的甲烷浓度蓄积至 87%～90% 时，才会导致呼吸异常。猪发生甲烷中毒时，轻者可见面部潮红、心跳加快、出汗增多；重者可出现体温升高、脉搏加快、呼吸急促、大小便失禁，常因呼吸麻痹而死亡。甲烷最主要的危险是：空气中的浓度达到 5%～15% 时，具有极高的爆炸风险，一旦遇到火源就有可能导致猪场发生意外爆炸、火灾，甚至人员伤亡。

五、一氧化碳中毒

一氧化碳（CO）经呼吸道吸入猪体内后与血红蛋白结合，导致血红蛋白携氧能力和作用丧失，从而引起机体出现不同程度的缺氧表现，造成以中枢神经系统功能损害为主的多脏器损伤性疾病，严重者可致死亡。猪舍内的 CO 主要来源于加热设备、熔炉等，在密闭或通风不良的建筑中运行时，因排气管漏气或发生堵塞，可能导致猪的一氧化碳中毒。发生一氧化碳中毒的猪面部颜色潮红，口鼻部皮肤黏膜呈樱桃红色，多汗，呕吐，意识模糊，对光反射和角膜反射迟钝，虚脱或昏迷。高浓度的 CO 常造成新生仔猪出生时正常，但很快发生整窝死亡。

第十五节　猪玫瑰糠疹

猪玫瑰糠疹是猪的一种病因尚不清楚的炎症性皮肤病，又称蔷薇糠疹。世界各地均有发生，多发于仔猪。该病具有遗传性，认为与机体免疫功能有关，高温、高湿会加重患猪皮肤病变，并易引起葡萄球菌、坏死杆菌等的继发感染。呈散发，发病率和死亡率低，一般危害不大。

一、临床症状

特征性临床症状表现为躯干和四肢近端大小和数目不等的红斑，主要见于腹部和腹股沟部，红斑为铜钱大或更大，患病皮肤部位凸起，其表面覆盖有糠麸状鳞屑（图 6-15-1）。病猪精神沉郁、生长不良，吮乳、采食、体温无明显变化。病初腹部、股内侧出现小红点，丘疹隆起但中央低，呈火山口状；随后整个腹部逐渐呈玫瑰红色，小红点也逐渐增大、融合，数日后病变皮肤表面开始出现糠麸鳞屑，然后红斑和糠屑样病变向全身扩散，而病变中央痊愈；皮肤有糠状鳞屑脱落，尤其是在皮疹缘部位，鳞屑密集；一般不脱毛，少见痛痒。个别病猪可衰竭死亡，多数病猪存活。随日龄增大，病变和症状逐渐减轻，大部分病猪 6～8 周创面可愈合，皮肤恢复正常。

二、病理变化

病猪皮肤增厚、干燥、玫瑰红色，表面散布数量不等的鳞屑，肌肉暗红、干瘪。病变皮肤组织学变化表现为表皮厚薄不均，角化过度或不全；颗粒细胞层和棘细胞层增生或萎缩；真皮小血管在病的初期扩张充血，伴有出血；病后期血管壁增厚，纤维化和钙化。

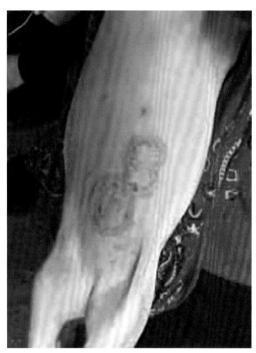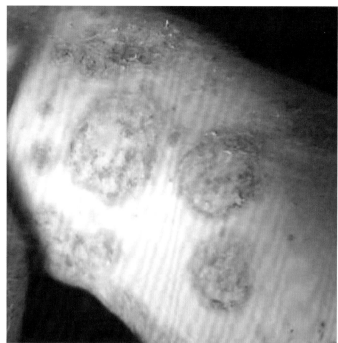

图 6-15-1　猪腹部、背部皮肤玫瑰糠疹病变

三、诊断

基于特征性的临床皮肤病变，且无传染性，可做出诊断。临床上，应注意与猪疥螨、真菌引起的皮肤病、猪感光过敏等进行区分。

四、预防与治疗

应避免引进有该病遗传倾向的猪只，患病的母猪或公猪应进行淘汰处理。加强自愈病猪的饲养管理，以促使其恢复正常生长，坚决清除不能自愈的病猪。该病无特异的治疗方法，可使用广谱抗菌药物以防止继发感染；用0.2%高锰酸钾溶液对患病猪全身进行洗刷，然后用0.5%碘甘油涂抹于患部；适当使用抗过敏药（肌内注射地塞米松磷酸钠2～3次，不可长期使用）。

参考文献

成军，高丰，潘耀谦，等，2004.仔猪实验性铅中毒的病理学研究 [J].中国兽医学报，24（4）：372–375.

崔晶，王中全，2005.我国旋毛虫病的流行趋势及防治对策 [J].中国寄生虫学与寄生虫病杂志，23（5）：344–348，354.

傅宏庆，姚志兰，王永娟，等，2020.猪盖他病毒的分离鉴定及其灭活疫苗免疫效力的研究 [J].中国兽医科学，50（11）：1396–1404.

盖新娜，杨汉春，郭鑫，等，2007.猪脑心肌炎病毒的分离与鉴定 [J].畜牧兽医学报，38（1）：59–65.

甘孟侯，杨汉春，2005.中国猪病学 [M].北京：中国农业出版社.

郝飞，白昀，袁厅，等，2021.猪支原体肺炎活疫苗与灭活疫苗联合免疫效果评价 [J].中国动物传染病学报（3）：1–9.

何啟云，闫康，贝为成，2021.猪传染性胸膜肺炎的防控进展 [J].养殖与饲料，20（5）：77–80.

华利忠，冯志新，刘茂军，等，2012.猪支原体肺炎疫苗的免疫原理及应用效果概述 [J].中国兽药杂志，46（8）：58–61.

黄志琴，常剑鑫，戴璐珺，等，1999.细颈囊尾蚴引起仔猪急性发病的诊疗报告 [J].畜牧与兽医，31（5）：29.

贾春艳，翟玉娥，高红艳，2008.猪囊尾蚴病的综合防治与展望 [J].中国兽医寄生虫病，16（1）：43–44.

江定丰，陈灵芝，2008.猪链球菌 2 型感染猪和人的现状及研究进展 [J].动物医学进展，29（5）：82–85.

蒋芬芳，吴坤婷，罗若如，等，2005.猪细颈囊尾蚴病的临床诊治 [J].中国兽医寄生虫病，13（4）：57.

兰家暖，郭旋，刘磊，等，2012.猪星状病毒的分离鉴定及其致病性研究 [J].中国畜牧兽医，39（7）：199–203.

李娟，冯力，2006.猪捷申病毒的感染及防制 [J].养猪（4）：43–44.

林雅，张忠良，曾义，2017.一例猪氨气中毒死亡的诊治报告 [J].中国动物保健，19（4）：52.

刘俊伟，张海棠，司红英，等，2010.仔猪铁中毒的组织病理学观察 [J].湖北农业科学，49（1）：137–139.

刘明远，2005.我国的旋毛虫病及最新研究概况 [J].肉品卫生（6）：14–16，46.

刘湘涛，张强，郭建宏，2015.口蹄疫 [M].北京：中国农业出版社.

陆承平，刘永杰，2021.兽医微生物学 [M].第 6 版.北京：中国农业出版社.

栾天，龚俊，栾慧，等，2021.利用 CRISPR/Cas12a 技术快速检测胸膜肺炎放线杆菌方法的建立 [J].中国预防兽医学报，43（8）：843–847.

曲向阳，潘雪男，2017.猪群健康管理：一本猪场的参考手册 [M].第 2 版.北京：中国农业出版社.

全国畜牧业标准化技术委员会，2006.畜禽粪便无害化处理技术规范：NY/T 1168—2006 [S].北京：中国标准出版社.

全国畜牧业标准化技术委员会, 2008. 规模猪场环境参数及环境管理: GB/T 17824.3—2008[S]. 北京: 中国标准出版社.

全国畜牧业标准化技术委员会, 2008. 规模猪场建设: GB/T 17824.1—2008[S]. 北京: 中国标准出版社.

全国畜牧总站, 2020. 生猪养殖与非洲猪瘟生物安全防控技术 [M]. 北京: 中国农业科学技术出版社.

王玲, 蒲万霞, 常惠芸, 等, 仔猪轮状病毒性腹泻的研究进展 [J]. 动物医学进展, 27 (10): 50–54.

王琴, 涂长春, 2015. 猪瘟 [M]. 北京: 中国农业出版社.

王小茹, 闫鹤, 2020. 两广地区 3 株猪非典型瘟病毒的流行及遗传演化分析 [J]. 中国预防兽医学报, 42 (9): 955–958, 965.

王彦丽, 卓卫杰, 2017. 猪维生素缺乏症及防治措施 [J]. 饲料与畜牧 (6): 62–64.

王志亮, 吴晓东, 王君玮, 2015. 非洲猪瘟 [M]. 北京: 中国农业出版社.

王志远, 李涛, 孙霞, 2019. 图解猪病防治 [M]. 北京: 化学工业出版社.

王忠田, 杨汉春, 郭鑫, 2002. 规模化猪场猪圆环病毒 2 型感染的流行病学调查 [J]. 中国兽医杂志, 38 (10): 3–6.

吴伟鑫, 黄金, 周磊, 等, 2020. 2015—2017 我国部分地区猪非典型瘟病毒的遗传变异分析 [J]. 畜牧兽医学报, 51 (8): 1939–1948.

杨汉春, 2015. 猪繁殖与呼吸综合征 [M]. 北京: 中国农业出版社.

杨汉春, 2016. 猪伪狂犬病的流行现状与特点 [J]. 猪业科学, 33 (1): 38.

杨汉春, 2022. 猪病学 [M]. 第 11 版. 沈阳: 辽宁科学技术出版社.

杨汉春, 周磊, 2016. 猪繁殖与呼吸综合征病毒的遗传变异与演化 [J]. 生命科学, 28 (3): 325–336.

杨磊, 尹倩, 郭佳妮, 等, 2013. 某规模猪场保育猪群暴发猪毛首线虫病的诊治 [J]. 广西畜牧兽医, 29 (1): 32–33.

杨天宁, 刘伟, 涂攀, 等, 2021. 产肠毒素大肠杆菌病商用疫苗的研究进展 [J]. 猪业科学, 38 (3): 54–55.

袁振锋, 李永彬, 2014. 猪维生素 A 缺乏症的病因与防治 [J]. 科学种养 (5): 51–52.

张卫华, 靳晶, 2011. 猪有机氟中毒的诊治 [J]. 中国牧业通讯 (9): 90–91.

张永宁, 吴绍强, 林祥梅, 2017. 塞内卡病毒病研究进展 [J]. 畜牧兽医学报, 48 (8): 1381–1388.

赵东升, 郭鑫, 杨汉春, 2008. 脑心肌炎疫苗研究进展 [J]. 中国兽医杂志, 44 (1): 51–52.

赵林, 胡爱珍, 赵兵兵, 等, 2011. 一例猪玫瑰糠疹的诊治 [J]. 中国动物保健, 13 (4): 42.

赵宪臣, 2019. 猪常见两种维生素缺乏症的病因分析、临床症状及其治疗 [J]. 现代畜牧科技 (8): 112–113.

郑德福, 谢红, 杨文, 等, 2005. 四川省部分地区旋毛虫感染血清流行病学调查 [J]. 寄生虫病与感染性疾病, 3 (4): 185–186.

周铁忠, 刘孝刚, 李丽, 等, 2004. 猪玫瑰糠疹的诊断 [J]. 中国兽医杂志, 40 (9): 65.

周望平, 肖兵南, 何芳, 2006. 人兽共患住肉孢子虫病 [J]. 中国兽医寄生虫病, 14 (1): 39–42.

周望平, 肖兵南, 张长弓, 2004. 应用快速 ELISA 诊断家畜住肉孢子虫病 [J]. 中国兽医科技, 34 (1): 77–78.

周志友, 职爱民, 2016. 猪病快速诊断与防治技术 [M]. 北京: 化学工业出版社.

朱世强, 王帅勇, 王娟, 等, 2020. 猪源盖塔病毒的分子生物学研究进展 [J]. 中国动物传染病学报, （3）: 1-8.

朱雪冬, 李雨来, 2019. 仔猪营养性贫血的发生原因、类症鉴别和防治 [J]. 现代畜牧科技（7）: 95-96.

ACOSTA D B, RUIZ M, SANCHEZ J P, 2019. First molecular detection of *Mycoplasma suis* in the pig louse *Haematopinus suis*（Phthiraptera: Anoplura）from Argentina [J]. Acta Tropica, 194: 165-168.

AKIMKIN V, BEER M, BLOME S, et al., 2016. New chimeric porcine coronavirus in swine feces, Germany, 2012 [J]. Emerging Infectious Diseases, 22（7）: 1314-1315.

ALEJO A, MATAMOROS T, GUERRA M, et al., 2018. A proteomic atlas of the African swine fever virus particle [J]. Journal of Virology, 92（23）: e01293-18.

ALEXANDERSEN S, KITCHING R P, MANSLEY L M, et al., 2003. Clinical and laboratory investigations of five outbreaks of foot-and-mouth disease during the 2001 epidemic in the United Kingdom [J]. Veterinary Record, 152（16）: 489-496.

ALSSAHEN M, HASSAN A A, WICKHORST J P, et al., 2020. Epidemiological analysis of *Trueperella abortisuis* isolated from cases of pig abortion of a single farm [J]. Folia Microbiologica, 65（3）: 491-496.

AN T Q, PENG J M, TIAN Z J, et al., 2013. Pseudorabies virus variant in Bartha-K61-vaccinated pigs, China, 2012 [J]. Emerging Infectious Diseases, 19（11）: 1749-1755.

ANGEN O, OLIVEIRA S, AHRENS P, et al., 2007. Development of an improved species specific PCR test for detection of *Haemophilus parasuis* [J]. Veterinary Microbiology, 119（2-4）: 266-276.

ARRUDA B L, ARRUDA P H, MAGSTADT D R, et al., 2016. Identification of a divergent lineage porcine pestivirus in nursing piglets with congenital tremors and reproduction of disease following experimental inoculation [J]. PLoS One, 11（2）: e0150104.

ARRUDA B, ARRUDA P, HENSCH M, et al., 2017. Porcine astrovirus type 3 in central nervous system of swine with polioencephalomyelitis [J]. Emerging Infectious Diseases, 23（12）: 2097-2100.

AZUMA R, MURAKAMI S, OGAWA A, et al., 2009. *Arcanobacterium abortisuis* sp.nov., isolated from a placenta of a sow following an abortion [J]. International Journal of Systematic and Evolutionary Microbiology, 59（Pt 6）: 1469-1473.

BARNAUD E, ROGÉE S, GARRY P, et al., 2012. Thermal inactivation of infectious hepatitis E virus in experimentally contaminated food [J]. Applied and Environmental Microbiology, 78（15）: 5153-5159.

BECHER P, ORLICH M, KOSMIDOU A, et al., 1999. Genetic diversity of pestiviruses: identification of novel groups and implications for classification [J]. Virology, 262（1）: 64-71.

BEER M, GOLLER K V, STAUBACH C, et al., 2015. Genetic variability and distribution of classical swine fever virus [J]. Animal Health Research Reviews, 16（1）: 33-39.

BEER M, WERNIKE K, DRÄGER C, et al., 2017. High prevalence of highly variable atypical porcine pestiviruses found in Germany [J]. Transboundary and Emerging Diseases, 64（5）: 22-26.

BELL C J, FINLAY D A, CLARKE H J, et al., 2002. Development of a sandwich ELISA and comparison with PCR for the detection of F11 and F165 fimbriated *Escherichia coli* isolates from septicaemic disease in farm animals [J].Veterinary Microbiology, 85（3）: 251–257.

BELSHAM G J, RASMUSSEN T B, NORMANN P, et al.,2016.Characterization of a novel chimeric swine enteric coronavirus from diseased pigs in central eastern Europe in 2016 [J].Transboundary and Emerging Diseases, 63（6）: 595–601.

BENFIELD D A, NELSON E, COLLINS J E, et al.,1992.Characterization of swine infertility and respiratory syndrome（SIRS）virus（isolate ATCC VR–2332）[J].Journal of Veterinary Diagnostic Investigation, 4（2）: 127–133.

BERSANO J G, MENDES M C, DUARTE F C, et al.,2016.*Demodex phylloides* infection in swine reared in a peri–urban family farm located on the outskirts of the Metropolitan Region of São Paulo, Brazil [J]. Veterinary Parasitology（230）: 67–73.

BERTHELOT–HÉRAULT F, GOTTSCHALK M, LABBÉ A, et al.,2001.Experimental airborne transmission of *Streptococcus suis* capsular type 2 in pigs [J].Veterinary Microbiology, 82（1）: 69–80.

BETSON M, NEJSUM P, BENDALL R P, et al.,2014.Molecular epidemiology of ascariasis: a global perspective on the transmission dynamics of *Ascaris* in people and pigs [J].Journal of Infectious Diseases, 210（6）: 932–941.

BILLINIS C, LEONTIDES L, PSYCHAS V, et al.,2004.Effect of challenge dose and age in experimental infection of pigs with encephalomyocarditis virus [J].Veterinary Microbiology, 99（3–4）: 187–195.

BJUSTROM–KRAFT J, WOODARD K, GIMÉNEZ–LIROLA L, et al.,2016.Porcine epidemic diarrhea virus（PEDV）detection and antibody response in commercial growing pigs [J].BMC Veterinary Research（12）: 99.

BLÄCKBERG A, TRELL K, RASMUSSEN M, 2015.Erysipelas, a large retrospective study of aetiology and clinical presentation [J].BMC Infectious Diseases（15）: 402.

BLOMSTRÖM A L, LEY C, JACOBSON M, 2014.Astrovirus as a possible cause of congenital tremor type AII in piglets [J].Acta Veterinaria Scandinavica, 56（1）: 82.

BLUNT R, MCORIST S, MCKILLEN J, et al.,2011.House fly vector for porcine circovirus 2b on commercial pig farms [J].Veterinary Microbiology, 149（3–4）: 452–455.

BOHAYCHUK V M, GENSLER G E, MCFALL M E, et al.,2007.A real–time PCR assay for the detection of *Salmonella* in a wide variety of food and food–animal matricest [J].Journal of Food Protection, 70（5）: 1080–1087.

BONIOTTI M B, PAPETTI A, LAVAZZA A, et al.,2016.Porcine epidemic diarrhea virus and discovery of a recombinant swine enteric coronavirus, Italy [J].Emerging Infectious Diseases, 22（1）: 83–87.

BORNSTEIN B, WALLGREN P, 1997.Serodiagnosis of sarcoptic mange in pigs [J].Veterinary Record, 141（1）: 8–12.

BOROS Á, ALBERT M, PANKOVICS P, et al.,2017.Outbreaks of neuroinvasive astrovirus associated with encephalomyelitis, weakness, and paralysis among weaned pigs, Hungary [J].Emerging Infectious Diseases, 23（12）: 1982–1993.

BOSSÉ J T, LI Y, SÁRKÖZI R, et al.,2018.Proposal of serovars 17 and 18 of *Actinobacillus pleuropneumoniae* based on serological and genotypic analysis [J].Veterinary Microbiology（217）: 1–6.

BOUTSINI S, PAPATSIROS V G, STOUGIOU D, et al.,2014.Emerging *Trichinella britovi* infections in free ranging pigs of Greece [J].Veterinary Parasitology, 199（3-4）: 278-282.

BOYE M, JENSEN T K, AHRENS P, et al.,2001.In situ hybridisation for identification and differentiation of *Mycoplasma hyopneumoniae*, *Mycoplasma hyosynoviae* and *Mycoplasma hyorhinis* in formalin-fixed porcine tissue sections [J].APMIS, 109（10）: 656-664.

BRAAE U C, NGOWI H A, JOHANSEN M V, 2013.Smallholder pig production: prevalence and risk factors of ectoparasites [J].Veterinary Parasitology, 196（1-2）: 241-244.

CALERO-BERNAL R, VERMA S K, OLIVEIRA S, et al.,2015.In the United States, negligible rates of zoonotic sarcocystosis occur in feral swine that, by contrast, frequently harbour infections with *Sarcocystis miescheriana*, a related parasite contracted from canids [J].Parasitology, 142（4）: 549-556.

CALLEBAUT P, PENSAERT M B, HOOYBERGHS J,1989.A competitive inhibition ELISA for the differentiation of serum antibodies from pigs infected with transmissible gastroenteritis virus（TGEV）or with the TGEV-related porcine respiratory coronavirus [J].Veterinary Microbiology, 20（1）: 9-19.

CAMP J V, KARUVANTEVIDA N, CHOUHNA C, et al.,2019.Mosquito biodiversity and mosquito-borne viruses in the United Arab Emirates [J].Parasites & Vectors, 12（1）: 153.

CARNERO J, PRIETO C, POLLEDO L, et al.,2018.Detection of Teschovirus type 13 from two swine herds exhibiting nervous clinical signs in growing pigs [J].Transboundary and Emerging Diseases, 65（2）: 489-493.

CAROCCI M, BAKKALI-KASSIMI L, 2012.The encephalomyocarditis virus [J].Virulence, 3（4）: 351-367.

CASANOVA L, RUTALA W A, WEBER D J, et al.,2009.Survival of surrogate coronaviruses in water [J].Water Research, 43（7）: 1893-1898.

CERDÀ-CUÉLLAR M, NARANJO J F, VERGE A, et al.,2010.Sow vaccination modulates the colonization of piglets by *Haemophilus parasuis* [J].Veterinary Microbiology, 145（3-4）: 315-320.

CHELLADURAI J J, MURPHY K, SNOBL T, et al.,2017.Molecular epidemiology of *Ascaris* infection among pigs in Iowa [J].Journal of Infectious Diseases, 215（1）: 131-138.

CHEN W, YAN M, YANG L, et al.,2005.SARS-associated coronavirus transmitted from human to pig [J].Emerging Infectious Diseases, 11（3）: 446-448.

CHIU S C, HU S C, CHANG C C, et al.,2012.The role of porcine teschovirus in causing diseases in endemically infected pigs [J].Veterinary Microbiology, 161（1-2）: 88-95.

CORZO C A, MONDACA E, WAYNE S, et al.,2010.Control and elimination of porcine reproductive and respiratory syndrome virus [J].Virus Research, 154（1-2）: 185-192.

CUI J, BIERNACKA K, FAN J, et al.,2017.Circulation of porcine parvovirus types 1 through 6 in serum samples obtained from six commercial polish pig farms [J].Transboundary and Emerging Diseases, 64（4）: 1945-1952.

CUI J, JIANG P, LIU L N, et al.,2013.Survey of *Trichinella* infections in domestic pigs from northern and eastern Henan, China [J].Veterinary Parasitology, 194（2-4）: 133-135.

CUI J, WANG Z Q, 2011.An epidemiological overview of swine trichinellosis in China [J].Veterinary

Journal, 190（3）: 323–328.

DALL AGNOL A M, ALFIERI A F, ALFIERI A A, 2020.Pestivirus K（atypical porcine pestivirus）: update on the virus, viral infection, and the association with congenital tremor in newborn piglets [J]. Viruses, 12（8）: 903.

DAMRIYASA I M, FAILING K, VOLMER R, et al.,2004.Prevalence, risk factors and economic importance of infestations with *Sarcoptes scabiei* and *Haematopinus suis* in sows of pig breeding farms in Hesse, Germany [J].Medical and Veterinary Entomology, 18（4）: 361–367.

DAVIES P R,1995.Sarcoptic mange and production performance of swine: a review of the literature and studies of associations between mite infestation, growth rate and measures of mange severity in growing pigs [J].Veterinary Parasitology, 60（3–4）: 249–264.

DAVIS D P, WILLIAMS R E,1986.Influence of hog lice, *Haematopinus suis*, on blood components, behavior, weight gain and feed efficiency of pigs [J].Veterinary Parasitology, 22（3–4）: 307–314.

DE BENEDICTIS P, SCHULTZ–CHERRY S, BURNHAM A, et al.,2011.Astrovirus infections in humans and animals–molecular biology, genetic diversity, and interspecies transmissions [J].Infection, Genetics and Evolution, 11（7）: 1529–1544.

DE GROOF A, DEIJS M, GUELEN L, et al.,2016.Atypical porcine pestivirus: a possible cause of congenital tremor type A–II in newborn piglets [J].Viruses, 8（10）: 271.

DE PUYSSELEYR K, DE PUYSSELEYR L, GELDHOF J, et al.,2014.Development and validation of a real–time PCR for Chlamydia suis diagnosis in swine and humans [J].PLoS One, 9（5）: e96704.

DEBROY C, ROBERTS E, SCHEUCHENZUBER W, et al.,2009.Comparison of genotypes of *Escherichia coli* strains carrying F18ab and F18ac fimbriae from pigs [J].Journal of Veterinary Diagnostic Investigation, 21（3）: 359–364.

DEE S A, JOO H S,1994.Prevention of the spread of porcine reproductive and respiratory syndrome virus in endemically infected pig herds by nursery depopulation [J].Veterinary Record, 135（1）: 6–9.

DEL BRUTTO O H, GARCÍA H H, 2015.*Taenia solium* Cysticercosis–the lessons of history [J].Journal of the Neurological Sciences, 359（1–2）: 392–395.

DEL RÍO M L, GUTIÉRREZ B, GUTIÉRREZ C B, et al.,2003.Evaluation of survival of *Actinobacillus pleuropneumoniae* and *Haemophilus parasuis* in four liquid media and two swab specimen transport systems [J].American Journal of Veterinary Research, 64（9）: 1176–1180.

DIAZ J H, WARREN R J, OSTER M J, 2020.The disease ecology, epidemiology, clinical manifestations, and management of trichinellosis linked to consumption of wild animal meat [J].Wilderness & Environmental Medicine, 31（2）: 235–244.

DOHERTY M, TODD D, MCFERRAN N, et al.,1999.Sequence analysis of a porcine enterovirus serotype 1 isolate: relationships with other picornaviruses [J].Journal of General Virology, 80（8）: 1929–1941.

DOLD C, HOLLAND C V, 2011.*Ascaris* and ascariasis [J].Microbes and Infection, 13（7）: 632–657.

DONG N, FANG L, ZENG S, et al.,2015.Porcine deltacoronavirus in mainland of China [J].Emerging Infectious Diseases, 21（12）: 2254–2255.

DRAGO L, LOMBARDI A, VECCHI E D, et al.,2002.Real–time PCR assay for rapid detection of *Bacillus anthracis* spores in clinical samples [J].Journal of Clinical Microbiology, 40（11）: 4399.

DUBEY J P, CERQUEIRA-CÉZAR C K, MURATA F H A, et al.,2020.All about *Toxoplasma gondii* infections in pigs: 2009—2020 [J].Veterinary Parasitology, 288: 109185.

DUBEY J P, POWELL E C,1994.Prevalence of *Sarcocystis* in sows from Iowa [J].Veterinary Parasitology, 52（1-2）: 151-155.

DUBEY J P, THULLIEZ P, WEIGEL R M, et al.,1995b.Sensitivity and specificity of various serologic tests for detection of *Toxoplasma gondii* infection in naturally infected sows [J].American Journal of Veterinary Research, 56（8）: 1030-1036.

DUBEY J P, WEIGEL R M, SIEGEL A M, et al.,1995a.Sources and reservoirs of *Toxoplasma gondii* infection on 47 swine farms in Illinois [J].Journal of Parasitology, 81（5）: 723-729.

DUBEY J P, 2009.History of the discovery of the life cycle of *Toxoplasma gondii* [J].International Journal of Parasitology, 39（8）: 877-882.

DUBEY J P, 2009.*Toxoplasmosis* in pigs—the last 20 years [J].Veterinary Parasitology, 164（2-4）: 89-103.

DUBOSSON C R, CONZELMANN C, MISEREZ R, et al.,2004.Development of two real-time PCR assays for the detection of *Mycoplasma hyopneumoniae* in clinical samples [J].Veterinary Microbiology, 102（1-2）: 55-65.

EMERSON S U, ARANKALLE V A, PURCELL R H, 2005.Thermal stability of hepatitis E virus [J]. Journal of Infectious Diseases, 192（5）: 930-933.

FANG P, FANG L, HONG Y, et al.,2017.Discovery of a novel accessory protein NS7a encoded by porcine deltacoronavirus [J].Journal of General Virology, 98（2）: 173-178.

FANO E, PIJOAN C, DEE S, 2005.Evaluation of the aerosol transmission of a mixed infection of *Mycoplasma hyopneumoniae* and porcine reproductive and respiratory syndrome virus [J].Veterinary Record, 157（4）: 105-108.

FARZAN A, FRIENDSHIP R M, DEWEY C E, 2007.Evaluation of enzyme-linked immunosorbent assay（ELISA）tests and culture for determining *Salmonella status* of a pig herd [J].Epidemiology and Infection, 135（2）: 238-244.

FARZAN A, PARRINGTON L, COKLIN T, et al.,2011.Detection and characterization of *Giardia duodenalis* and *Cryptosporidium* spp.on swine farms in Ontario, Canada [J].Foodborne Pathogens and Disease, 8（11）: 1207-1213.

FAYER R, 2010.Taxonomy and species delimitation in *Cryptosporidium* [J].Experimental Parasitology, 124（1）: 90-97.

FEAGINS A R, OPRIESSNIG T, GUENETTE D K, et al.,2008.Inactivation of infectious hepatitis E virus present in commercial pig livers sold in local grocery stores in the United States [J].International Journal of Food Microbiology, 123（1-2）: 32-37.

FERNANDES M H V, MAGGIOLI M F, JOSHI L R, et al.,2018.Pathogenicity and cross-reactive immune responses of a historical and a contemporary senecavirus a strains in pigs [J].Virology, 522: 147-157.

FISHER D J, FERNANDEZ - MIYAKAWA M E, SAYEED S, et al.,2006.Dissecting the contributions of

Clostridium perfringens type C toxins to lethality in the mouse intravenous injection model [J].Infection and Immunity, 74（9）: 5200–5210.

FOERSTER T, STRECK A F, SPECK S, et al.,2016.An inactivated whole–virus porcine parvovirus vaccine protects pigs against disease but does not prevent virus shedding even after homologous virus challenge [J].Journal of General Virology, 97（6）: 1408–1413.

FOORD A J, BOYD V, WHITE J R, et al.,2014.Flavivirus detection and differentiation by a microsphere array assay [J].Journal of Virological Methods, 203: 65–72.

FRANZO G, CORTEY M, SEGALÉS J, et al.,2016.Phylodynamic analysis of porcine circovirus type 2 reveals global waves of emerging genotypes and the circulation of recombinant forms [J].Molecular Phylogenetics and Evolution, 100: 269–280.

GAMBLE H R, DUBEY J P, LAMBILLOTTE D N, 2005.Comparison of a commercial ELISA with the modified agglutination test for detection of *Toxoplasma* infection in the domestic pig [J].Veterinary Parasitology, 128（3–4）: 177–181.

GAO Y, KOU Q, GE X, et al.,2013.Phylogenetic analysis of porcine epidemic diarrhea virus field strains prevailing recently in China [J].Archives of Virology, 158（3）: 711–715.

GARCIA H H, GONZALEZ A E, GILMAN R H, et al.,2020.*Taenia solium* cysticercosis and its impact in neurological disease [J].Clinical Microbiology Reviews, 33（3）: e00085–19.

GATTO I R H, ARRUDA P H, VISEK C A, et al.,2017.Detection of atypical porcine pestivirus in semen from commercial boar studs in the United States [J].Transboundary and Emerging Diseases, 65（2）: 339–343.

GATTO I R H, SONÁLIO K, DE OLIVEIRA L G, 2019.Atypical porcine pestivirus（APPV）as a new species of pestivirus in pig production [J].Frontiers in Veterinary Science, 6: 35.

GE X, WANG F, GUO X, et al.,2012.Porcine circovirus type 2 and its associated diseases in China [J].Virus Research, 164（1–2）: 100–106.

GE X, ZHAO D, LIU C, et al.,2010.Seroprevalence of encephalomyocarditis virus in intensive pig farms in China [J].Veterinary Record, 166（5）: 145–146.

GIL MOLINO M, RISCO PÉREZ D, GONÇALVES BLANCO P, et al.,2019.Outbreaks of antimicrobial resistant *Salmonella* Choleraesuis in wild boars piglets from central–western Spain [J].Transboundary and Emerging Diseases, 66（1）: 225–233.

GIMENEZ–LIROLA L G, ZHANG J, CARRILLO–AVILA J A, et al.,2017.Reactivity of porcine epidemic diarrhea virus structural proteins to antibodies against porcine enteric coronaviruses: diagnostic implications [J].Journal of Clinical Microbiology, 55（5）: 1426–1436.

GOTTSCHALK M, 2015.The challenge of detecting herds sub–clinically infected with *Actinobacillus pleuropneumoniae* [J].Veterinary Journal, 206（1）: 30–38.

GOTTSTEIN B, POZIO E, NÖCKLER K, 2009.Epidemiology, diagnosis, treatment, and control of trichinellosis [J].Clinical Microbiology Reviews, 22（1）: 127–145.

GUIMARAES A M S, SANTOS A P, TIMENETSKY J, et al.,2014.Identification of *Mycoplasma suis* antigens and development of a multiplex microbead immunoassay [J].Journal of Veterinary Diagnostic

Investigation, 26（2）: 203–212.

HAUSE B M, COLLIN E A, PEDDIREDDI L, et al.,2015.Discovery of a novel putative atypical porcine pestivirus in pigs in the USA [J].Journal of General Virology, 96（10）: 2994–2998.

HIJAZIN M, HASSAN A A, ALBER J, et al.,2012.Evaluation of matrix–assisted laser desorption ionization–time of flight mass spectrometry（MALDI–TOF MS）for species identification of bacteria of genera *Arcanobacterium* and *Trueperella* [J].Veterinary Microbiology, 157（1–2）: 243–245.

HILL D, DUBEY J P, 2002.*Toxoplasma gondii*: transmission, diagnosis and prevention [J].Clinical Microbiology and Infection, 8（10）: 634–640.

HOGG R A, WESSELS M E, KOYLASS M S, et al.,2012.Porcine abortion due to infection with *Actinomyces hyovaginalis* [J].Veterinary Record, 170（5）: 127.

HOMMEZ J, DEVRIESE L A, MIRY C, et al.,1991.Characterization of 2 groups of *Actinomyces*–like bacteria isolated from purulent lesions in pigs [J].Journal of Veterinary Medicine, Series B, 38（8）: 575–580.

HOOPER B E, HAELTERMAN E O,1966.Growth of transmissible gastroenteritis virus in young pigs [J]. American Journal of Veterinary Research, 27（116）: 286–291.

HOU Y, ZHOU J, LI Y, et al.,2015.Determination of ochratoxin A in pig kidneys by immunoaffinity cleanup and ultra–high performance liquid chromatography [J].Journal of AOAC International, 98（6）: 1566–1570.

HOUSTON E, TEMEEYASEN G, PIÑEYRO P E, 2020.Comprehensive review on immunopathogenesis, diagnostic and epidemiology of Senecavirus A [J].Virus Research, 286: 198038.

HU H, JUNG K, VLASOVA A N, et al.,2016.Experimental infection of gnotobiotic pigs with the cell–culture–adapted porcine deltacoronavirus strain OH–FD22 [J].Archives of Virology, 161（12）: 3421–3434.

HUANG J, GENTRY R F, ZARKOWER A,1980.Experimental infection of pregnant sows with porcine enteroviruses [J].American Journal of Veterinary Research, 41（4）: 469–473.

INDIK S, VALÍCEK L, SMÍD B, et al.,2006.Isolation and partial characterization of a novel porcine astrovirus [J].Veterinary Microbiology, 117（2–4）: 276–283.

JOACHIM A, RUTTKOWSKI B, SPERLING D, 2018.Detection of *Cystoisospora suis* in faeces of suckling piglets–when and how? A comparison of methods [J].Porcine Health Management, 4: 20.

JOHNSON C, HARGEST V, CORTEZ V, et al.,2017.Astrovirus Pathogenesis [J].Viruses, 9（1）: 22.

JOLLIFF J S, MAHAN D C, 2012.Effect of dietary inulin and phytase on mineral digestibility and tissue retention in weanling and growing swine [J].Journal of Animal Science, 90（9）: 3012–3022.

JOSHI L R, FERNANDES M H V, CLEMENT T, et al.,2016a.Pathogenesis of Senecavirus A infection in finishing pigs [J].Journal of General Virology, 97（12）: 3267–3279.

JOSHI L R, MOHR K A, CLEMENT T, et al.,2016b.Detection of the emerging picornavirus senecavirus ain pigs, mice, and houseflies [J].Journal of Clinical Microbiology, 54（6）: 1536–1545.

JUNG K, WANG Q, SCHEUER K A, et al.,2014.Pathology of US porcine epidemic diarrhea virus strain PC21A in gnotobiotic pigs [J].Emerging Infectious Diseases, 20（4）: 662–665.

JUNG S, SEO D J, YEO D, et al.,2020.Experimental infection of hepatitis E virus induces pancreatic necroptosis in miniature pigs [J].Scientific Reports, 10（1）：12022.

KABULULU M L, JOHANSEN M V, MLANGWA J E D, et al.,2020.Performance of Ag-ELISA in the diagnosis of *Taenia solium* cysticercosis in naturally infected pigs in Tanzania [J].Parasites & Vectors, 13（1）：534.

KABULULU M L, NGOWI H A, KIMERA S I, et al.,2015.Risk factors for prevalence of pig parasitoses in Mbeya Region, Tanzania [J].Veterinary Parasitology, 212（3-4）：460-464.

KABULULU M L, NGOWI H A, MLANGWA J E D, et al.,2020.Endemicity of *Taenia solium* cysticercosis in pigs from Mbeya Rural and Mbozi districts, Tanzania [J].BMC Veterinary Research, 16（1）：325.

KAMP E M, BOKKEN G C, VERMEULEN T M, et al.,1996.A specific and sensitive PCR assay suitable for large-scale detection of toxigenic *Pasteurella multocida* in nasal and tonsillar swabs specimens of pigs [J].Journal of Veterinary Diagnostic Investigation, 8（3）：304-309.

KAWAMURA H, YAGO K, NARITA M, et al.,1987.A fatal case in newborn piglets with Getah virus infection: pathogenicity of the isolate [J].Japanese Journal of Veterinary Science, 49（6）：1003-1007.

KENNEDY S, MOFFETT D, MCNEILLY F, et al.,2000.Reproduction of lesions of postweaning multisystemic wasting syndrome by infection of conventional pigs with porcine circovirus type 2 alone or in combination with porcine parvovirus [J].Journal of Comparative Pathology, 122（1）：9-24.

KESSLER E, MATTHES H F, SCHEIN E, et al.,2003.Detection of antibodies in sera of weaned pigs after contact infection with *Sarcoptes scabiei* var.*suis* and after treatment with an antiparasitic agent by three different indirect ELISAs [J].Veterinary Parasitology, 114（1）：63-73.

KITCHING R P,1998.A recent history of foot-and-mouth disease [J].Journal of Comparative Pathology, 118（2）：89-108.

KOENEN F, VANDERHALLEN H,1997.Comparative study of the pathogenic properties of a Belgian and a Greek encephalomyocarditis virus（EMCV）isolate for sows in gestation [J].Journal of Veterinary Medicine, Series B, 44（5）：281-286.

KRISTENSEN C S, ANGEN Ø, ANDREASEN M, et al.,2004.Demonstration of airborne transmission of *Actinobacillus pleuropneumoniae* serotype 2 between simulated pig units located at close range [J]. Veterinary Microbiology, 98（3-4）：243-249.

LAHA R, 2015.Sarcoptic mange infestation in pigs: an overview [J].Journal of Parasitic Diseases, 39（4）：596-603.

LARUE R, MYERS S, BREWER L, et al.,2003.A wild-type porcine encephalomyocarditis virus containing a short poly（C）tract is pathogenic to mice, pigs, and cynomolgus macaques [J].Journal of Virology, 77（17）：9136-9146.

LAUDE H, VAN REETH K, PENSAERT M,1993.Porcine respiratory coronavirus: molecular features and virus-host interactions [J].Veterinary Research, 24（2）：125-150.

LAURIN M A, DASTOR M, L'HOMME Y, 2011.Detection and genetic characterization of a novel pig astrovirus: relationship to other astroviruses [J].Archives of Virology, 156（11）：2095-2099.

LAWSON G H, GEBHART C J, 2000.Proliferative enteropathy [J].Journal of Comparative Pathology, 122

（2–3）: 77–100.

LAWSON G H, MCORIST S, JASNI S, et al.,1993.Intracellular bacteria of porcine proliferative enteropathy: cultivation and maintenance in vitro [J].Journal of Clinical Microbiology, 31（5）: 1136–1142.

LELES D, GARDNER S L, REINHARD K, et al.,2012.Are *Ascaris lumbricoides* and *Ascaris suum* a single species [J].Parasites & Vectors, 5: 42.

LINDSAY D S, CURRENT W L, TAYLOR J R,1985.Effects of experimentally induced *Isospora suis* infection on morbidity, mortality, and weight gains in nursing pigs [J].American Journal of Veterinary Research, 46（7）: 1511–1512.

LINDSAY D S, ERNST J V, CURRENT W L, et al.,1984.Prevalence of oocysts of *Isospora suis* and *Eimeria* spp from sows on farms with and without a history of neonatal coccidiosis [J].Journal of the American Veterinary Medical Association, 185（4）: 419–421.

LINHARES D C L, CANO J P, TORREMORELL M, et al.,2014.Comparison of time to PRRSV–stability and production losses between two exposure programs to control PRRSV in sow herds [J].Preventive Veterinary Medicine, 116（1–2）: 111–119.

LIU H, LIU Z J, JING J, et al.,2012.Reverse transcription loop–mediated isothermal amplification for rapid detection of Japanese encephalitis virus in swine and mosquitoes [J].Vector–Borne and Zoonotic Diseases, 12（2）: 1042–1052.

LIU J, LU G, CUI Y, et al.,2020.An insight into the transmission role of insect vectors based on the examination of gene characteristics of African swine fever virus originated from non–blood sucking flies in pig farm environments [J].BMC Veterinary Research, 16（1）: 227.

LIU J, REN X, LI H, et al.,2020.Development of the reverse genetics system for emerging atypical porcine pestivirus using in vitro and intracellular transcription systems [J].Virus Research, 283: 197975.

LIU M, BOIREAU P, 2002.Trichinellosis in China: epidemiology and control [J].Trends in Parasitology, 18（12）: 553–556.

LIU Q, WANG X, XIE C, et al.,2021.A novel human acute encephalitis caused by pseudorabies virus variant strain [J].Clinical Infectious Diseases, 73（11）: 3690–3700.

LOGAN D, ABU–GBAZALEH R, BLAKEMORE W, et al.,1993.Structure of a major immunogenic site on foot–and–mouth disease virus [J].Nature, 362（6420）: 566–568.

LÓPEZ–GOÑI I, GARCÍA–YOLDI D, MARÍN C M, et al.,2011.New Bruce–ladder multiplex PCR assay for the biovar typing of *Brucella suis* and the discrimination of *Brucella suis* and *Brucella canis* [J].Veterinary Microbiology, 154（1–2）: 152–155.

LUO J, SUN H, ZHAO X, et al.,2018.Development of an immunochromatographic test based on monoclonal antibodies against surface antigen 3（TgSAG3）for rapid detection of *Toxoplasma gondii* [J].Veterinary Parasitology, 252: 52–57.

LUPPI A, 2017.Swine enteric colibacillosis: diagnosis, therapy and antimicrobial resistance [J].Porcine Health Management, 3: 16.

MADSON D M, MAGSTADT D R, ARRUDA P H E, et al.,2014.Pathogenesis of porcine epidemic diarrhea virus isolate（US/Iowa/18984/2013）in 3–week–old weaned pigs [J].Veterinary Microbiology, 174（1–2）: 60–68.

MAES D, SEGALES J, MEYNS T, et al.,2008.Control of *Mycoplasma hyopneumoniae* infections in pigs [J]. Veterinary Microbiology, 126（4）: 297–309.

MAES D, SIBILA M, KUHNERT P, et al.,2018.Update on *Mycoplasma hyopneumoniae* infections in pigs: knowledge gaps for improved disease control [J].Transboundary and Emerging Diseases, 65（Suppl 1）: 110–124.

MARKUS M B,1978.Sarcocystis and sarcocystosis in domestic animals and man [J].Advances in Veterinary Science and Comparative Medicine, 22: 159–193.

MARTELLI P, LAVAZZA A, NIGRELLI A D, et al.,2008.Epidemic of diarrhoea caused by porcine epidemic diarrhoea virus in Italy [J].Veterinary Record, 162（10）: 307–310.

MARTHALER D, ROSSOW K, CULHANE M, et al.,2013.Identification, phylogenetic analysis and classification of porcine group C rotavirus VP7 sequences from the United States and Canada [J]. Virology, 446（1–2）: 189–198.

MARTÍNEZ–PÉREZ J M, VANDEKERCKHOVE E, VLAMINCK J, et al.,2017.Serological detection of *Ascaris suum* at fattening pig farms is linked with performance and management indices [J].Veterinary Parasitology, 248: 33–38.

MARVA E, MARKOVICS A, GDALEVICH M, et al.,2005.Trichinellosis outbreak [J].Emerging Infectious Diseases, 11（12）: 1979–1981.

MCCAW M B, 2000.Effect of reducing crossfostering at birth on piglet mortality and performance during an acute outbreak of porcine reproductive and respiratory syndrome [J].Swine Health and Production, 8（1）: 15–21.

MCINTOSH K A, HARDING J C S, ELLIS J A, et al.,2006.Detection of Porcine circovirus type 2 viremia and seroconversion in naturally infected pigs in a farrow–to–finish barn [J].Canadian Journal of Veterinary Research, 70（1）: 58–61.

MENG K, SUN W, ZHAO P, et al.,2014.Development of colloidal gold–based immunochromatographic assay for rapid detection of *Mycoplasma suis* in porcine plasma [J].Biosensors and Bioelectronics, 55: 396–399.

MENG X J, HALBUR P G, SHAPIRO M S, et al.,1998.Genetic and experimental evidence for cross–species infection by swine hepatitis E virus [J].Journal of Virology, 72（12）: 9714–9721.

MENG X J, PURCELL R H, HALBUR P G, et al.,1997.A novel virus in swine is closely related to the human hepatitis E virus [J].Proceedings of the National Academy of Sciences of the United States of America, 94（18）: 9860–9865.

MEYERS G, RÜMENAPF T, THIEL H J,1989.Molecular cloning and nucleotide sequence of the genome of hog cholera virus [J].Virology, 171（2）: 555–567.

MOHAMAD K Y, REKIKI A, BERRI M, et al.,2010.Recombinant 35 kDa inclusion membrane protein IncA as a candidate antigen for serodiagnosis of *Chlamydophila pecorum* [J].Veterinary Microbiology, 143（2–4）: 424–428.

MONTGOMERY R E,1921.On a form of swine fever occurring in British east Africa（Kenya Colony）[J]. Journal of Comparative Pathology and Therapeutics, 34: 59–191.

MONTIEL N, BUCKLEY A, GUO B, et al.,2016.Vesicular disease in 9–week–old pigs experimentally infected with Senecavirus A [J].Emerging Infectious Diseases, 22（7）: 1246–1248.

MÜLLER T, KLUPP B G, FREULING C, et al.,2010.Characterization of pseudorabies virus of wild boar origin from Europe [J].Epidemiology and Infection, 138（11）: 1590–1600.

MURAKAMI S, OGAWA A, AZUMA R, et al.,2011.Aborted lesions of a pig associated with *Arcanobacterium abortisuis* and the immunohistochemical features [J].Journal of Veterinary Medical Science, 73（6）: 797–799.

NAUWYNCK H J,1997.Functional aspects of Aujeszky's disease（pseudorabies）viral proteins with relation to invasion, virulence and immunogenicity [J].Veterinary Microbiology, 55（1–4）: 3–11.

NEJSUM P, BETSON M, BENDALL R P, et al.,2012.Assessing the zoonotic potential of *Ascaris suum* and *Trichuris suis*: looking to the future from an analysis of the past [J].Journal of Helminthology, 86（2）: 148–155.

NIMGAONKAR I, DING Q, SCHWARTZ R E, et al.,2018.Hepatitis E virus: advances and challenges [J]. Nature Reviews Gastroenterology & Hepatology, 15（2）: 96–110.

NOWAK B, VON MÜFFLING T, CHAUNCHOM S, et al.,2007.*Salmonella* contamination in pigs at slaughter and on the farm: a field study using an antibody ELISA test and a PCR technique [J]. International Journal of Food Microbiology, 115（3）: 259–267.

OBERSTE M S, GOTUZZO E, BLAIR P, et al.,2009.Human febrile illness caused by encephalomyocarditis virus infection, Peru [J].Emerging Infectious Diseases, 15（4）: 640–646.

OKDA F, LIU X, SINGREY A, et al.,2015.Development of an indirect ELISA, blocking ELISA, fluorescent microsphere immunoassay and fluorescent focus neutralization assay for serologic evaluation of exposure to North American strains of porcine epidemic diarrhea virus [J].BMC Veterinary Research, 11: 180.

OLESEN A S, HANSEN M F, RASMUSSEN T B, et al.,2018.Survival and localization of African swine fever virus in stable flies（Stomoxys calcitrans）after feeding on viremic blood using a membrane feeder [J].Veterinary Microbiology, 222: 25–29.

OLVERA A, CERDÀ–CUÉLLAR M, NOFRARÍAS M, et al.,2007.Dynamics of *Haemophilus parasuis* genotypes in a farm recovered from an outbreak of Glässer's disease [J].Veterinary Microbiology, 123 （1–3）: 230–237.

OLVERA A, PINA S, MACEDO N, et al.,2012.Identification of potentially virulent strains of *Haemophilus parasuis* using a multiplex PCR for virulence–associated autotransporters（vtaA）[J].Veterinary Journal, 191（2）: 213–218.

OPRIESSNIG T, BENDER J S, HALBUR P G,2010.Development and validation of an immunohistochemical method for rapid diagnosis of swine erysipelas in formalin–fixed, paraffin–embedded tissue samples [J]. Journal of Veterinary Diagnostic Investigation, 22（1）: 86–90.

OROPEZA–MOE M, WISLØFF H, BERNHOFT A, 2015.Selenium deficiency associated porcine and human cardiomyopathies [J].Journal of Trace Elements in Medicine and Biology, 31: 148–156.

OSWEILER G D, KEHRLI M E, STABEL J R, et al.,1993.Effects of fumonisin-contaminated corn screenings on growth and health of feeder calves [J].Journal of Animal Science, 71（2）: 459-466.

OSWEILER G D, 2000.Mycotoxins.Contemporary issues of food animal health and productivity [J]. Veterinary Clinics of North America: Food Animal Practice, 16（3）: 511-530.

OTAKE S, DEE S A, MOON R D, et al.,2003a.Evaluation of mosquitoes, *Aedes vexans*, as biological vectors of porcine reproductive and respiratory syndrome virus [J].Canadian Journal of Veterinary Research, 67（4）: 265-270.

OTAKE S, DEE S A, MOON R D, et al.,2003b.Survival of porcine reproductive and respiratory syndrome virus in houseflies [J].Canadian Journal of Veterinary Research, 67（3）: 198-203.

OURA C A L, EDWARDS L, BATTEN C A, et al., 2013.Virological diagnosis of African swine fever-comparative study of available tests [J].Virus Research, 173（1）: 150-158.

OWOLODUN O A, GIMÉNEZ-LIROLA L G, GERBER P F, et al.,2013.Development of a fluorescent microbead-based immunoassay for the detection of hepatitis E virus IgG antibodies in pigs and comparison to an enzyme-linked immunoassay [J].Journal of Virological Methods, 193（2）: 278-283.

PAIBA G A, ANDERSON J, PATON D J, et al.,2004.Validation of a foot-and-mouth disease antibody screening solid-phase competition ELISA（SPCE）[J].Journal of Virological Methods, 115（2）: 145-158.

PAL N, BENDER J S, OPRIESSNIG T, 2009.Rapid detection and differentiation of *Erysipelothrix* spp.by a novel multiplex real-time PCR assay [J].Journal of General and Applied Microbiology, 108（3）: 1083-1093.

PALINSKI R, PIŇEYRO P, SHANG P, et al.,2016.A novel porcine circovirus distantly related to known circoviruses is associated with porcine dermatitis and nephropathy syndrome and reproductive failure [J]. Journal of Virology, 91（1）: e01879.

PASMA T, DAVIDSON S, SHAW S L, 2008.Idiopathic vesicular disease in swine in Manitoba [J]. Canadian Veterinary Journal, 49（1）: 84-85.

PENG W, YUAN K, HU M, et al.,2007.Recent insights into the epidemiology and genetics of *Ascaris* in China using molecular tools [J].Parasitology, 134（Pt 3）: 325-330.

PETTERSSON E, AHOLA H, FRÖSSLING J, et al.,2020.Detection and molecular characterisation of *Cryptosporidium* spp.in Swedish pigs [J].Acta Veterinarian Scandinavica, 62（1）: 40.

PIETERS M, PIJOAN C, FANO E, et al.,2009.An assessment of the duration of *Mycoplasma hyopneumoniae* infection in an experimentally infected population of pigs [J].Veterinary Microbiology, 134（3-4）: 261-266.

PRINCIPE L, BRACCO S, MAURI C, et al.,2016.*Erysipelothrix Rhusiopathiae* bacteremia without endocarditis: rapid identification from positive blood culture by MALDI-TOF Mass Spectrometry.A case report and literature review [J].Infectious Disease Reports, 8（1）: 6368.

PRULLAGE J B, WILLIAMS R E, GAAFAR S M,1993.On the transmissibility of *Eperythrozoon suis* by *Stomoxys calcitrans* and *Aedes aegypti* [J].Veterinary Parasitology, 50（1-2）: 125-135.

QIN Y, FANG Q, LI X, et al.,2019.Molecular epidemiology and viremia of porcine astrovirus in pigs from

Guangxi province of China [J].BMC Veterinary Research, 15（1）: 471.

QING L, LV J, LI H, et al.,2006.The recombinant nonstructural polyprotein NS1 of porcine parvovirus（PPV）as diagnostic antigen in ELISA to differentiate infected from vaccinated pigs [J].Veterinary Research Communications, 30（2）: 175–190.

RAFIEE M, BARA M, STEPHENS C P, et al.,2000.Application of ERIC–PCR for the comparison of isolates of *Haemophilus parasuis* [J].Australian Veterinary Journal, 78（12）: 846–849.

REGISTER K B, ACKERMANN M R, DYER D W,1995.Nonradioactive colony lift–hybridization assay for detection of *Bordetella bronchiseptica* infection in swine [J].Journal of Clinical Microbiology, 33（10）: 2675–2678.

REGISTER K B, DEJONG K D, 2006.Analytical verification of a multiplex PCR for identification of *Bordetella bronchiseptica* and *Pasteurella multocida* from swine [J].Veterinary Microbiology, 117（2–4）: 201–210.

RICKLIN M E, GARCÍA–NICOLÁS O, BRECHBÜHL D, et al.,2016.Vector–free transmission and persistence of Japanese encephalitis virus in pigs [J].Nature Communications, 7: 10832.

RODRÍGUEZ F, BATISTA M, HERNÁNDEZ J N, et al.,2016.Relationship between expression of interleukin–5 and interleukin–13 by epithelial cells and bronchiolar changes in pigs infected with *Mycoplasma hyopneumoniae* [J].Journal of Comparative Pathology, 154（2–3）: 165–168.

RODRÍGUEZ A G M, SEGALÉS J, CALSAMIGLIA M, et al.,2002.Dynamics of porcine circovirus type 2 infection in a herd of pigs with postweaning multisystemic wasting syndrome [J].American Journal of Veterinary Research, 63（3）: 354–357.

ROEPSTORFF A, MEJER H, NEJSUM P, et al.,2011.Helminth parasites in pigs: new challenges in pig production and current research highlights [J].Veterinary Parasitology, 180（1–2）: 72–81.

ROSE N, OPRIESSNIG T, GRASLAND B, et al.,2012.Epidemiology and transmission of porcine circovirus type 2（PCV2）[J].Virus Research, 164（1–2）: 78–89.

RZEŻUTKA A, KAUPKE A, KOZYRA I, et al.,2014.Molecular studies on pig cryptosporidiosis in Poland [J].Polish Journal of Veterinary Sciences, 17（4）: 577–582.

SAEGERMAN C, BONNET S, BOUHSIRA E, et al.,2021.An expert opinion assessment of blood–feeding arthropods based on their capacity to transmit African swine fever virus in Metropolitan France [J]. Transboundary and Emerging Diseases, 68（3）: 1190–1204.

SALAS M L, ANDRÉS G, 2013.African swine fever virus morphogenesis [J].Virus Research, 173（1）: 29–41.

SÁNCHEZ C M, JIMÉNEZ G, LAVIADA M D, et al.,1990.Antigenic homology among coronaviruses related to transmissible gastroenteritis virus [J].Virology, 174（2）: 410–417.

SÁNCHEZ C P J, MONTOYA M, REIS A L, et al., 2018.African swine fever: A re–emerging viral disease threatening the global pig industry [J].Veterinary Journal, 233: 41–48.

SÁRKÖZI R, MAKRAI L, FODOR L, 2015.Identification of a proposed new serovar of *Actinobacillus Pleuropneumoniae*: Serovar 16 [J].Acta Veterinaria Hungarica, 63（4）: 444–450.

SAYEED S, UZAL F A, FISHER D J, et al.,2008.Beta toxin is essential for the intestinal virulence of

Clostridium perfringens type C disease isolate CN3685 in a rabbit ileal loop model [J].Molecular Microbiology, 67（1）: 15-30.

SCHUH A J, WARD M J, BROWN A J L, et al.,2013.Phylogeography of Japanese encephalitis virus: genotype is associated with climate [J].PLoS Neglected Tropical Diseases, 7（8）: e2411.

SCHULTZE B, KREMPL C, BALLESTEROS M L, et al.,1996.Transmissible gastroenteritis coronavirus, but not the related porcine respiratory coronavirus, has a sialic acid（N-glycolylneuraminic acid）binding activity [J].Journal of Virology, 70（8）: 5634-5637.

SCHWARZ L, RIEDEL C, HÖGLER S, et al.,2017.Congenital infection with atypical porcine pestivirus （APPV）is associated with disease and viral persistence [J].Veterinary Research, 48（1）: 1.

SCHWARZ L, STRAUSS A, LONCARIC I, et al.,2020.The stable fly（*Stomoxys calcitrans*）as a possible vector transmitting pathogens in Austrian pig farms [J].Microorganisms, 8（10）: 1476.

SEGALÉS J, BARCELLOS D, ALFIERI A, et al.,2017.Senecavirus A: an emerging pathogen causing vesicular disease and mortality in pigs [J].Veterinary Pathology, 54（1）: 11-21.

SHEAHAN B J, HATCH C,1975.A method for isolating large numbers of *Sarcoptes scabiei* from lesions in the ears of pigs [J].Journal of Parasitology, 61（2）: 350.

SHIMIZU M, SHIRAI J, NARITA M, et al.,1990.Cytopathic astrovirus isolated from porcine acute gastroenteritis in an established cell line derived from porcine embryonic kidney [J].Journal of Clinical Microbiology, 28（2）: 201-206.

SHIMOJIMA Y, IDA M, NISHINO Y, et al.,2016.Multiplex PCR serogrouping of *Listeria monocytogenes* isolated in Japan [J].Journal of Veterinary Medical Science, 78（3）: 477-479.

SHRESTHA A, FREUDENSCHUSS B, SCHWARZ L, et al.,2018.Development and application of a recombinant protein-based indirect ELISA for the detection of serum antibodies against *Cystoisospora suis* in swine [J].Veterinary Parasitology, 258: 57-63.

SIMKINS R A, WEILNAU P A, BIAS J, et al.,1992.Antigenic variation among transmissible gastroenteritis virus（TGEV）and porcine respiratory coronavirus strains detected with monoclonal antibodies to the S protein of TGEV [J].American Journal of Veterinary Research, 53（7）: 1253-1258.

SIMKINS R A, WEILNAU P A, VAN COTT J, et al.,1993.Competition ELISA, using monoclonal antibodies to the transmissible gastroenteritis virus（TGEV）S protein, for serologic differentiation of pigs infected with TGEV or porcine respiratory coronavirus [J].American Journal of Veterinary Research, 54（2）: 254-259.

SKAMPARDONIS V, SOTIRAKI S, KOSTOULAS P, et al.,2010.Effect of toltrazuril treatment in nursing piglets naturally infected with *Isospora suis* [J].Veterinary Parasitology, 172（1-2）: 46-52.

SMETS K, VERCRUYSSE J,2000.Evaluation of different methods for the diagnosis of scabies in swine [J]. Veterinary Parasitology, 90（1-2）: 137-145.

SMITH D B, MEYERS G, BUKH J, et al.,2017.Proposed revision to the taxonomy of the genus *Pestivirus*, family *Flaviviridae* [J].Journal of General Virology, 98（8）: 2106-2112.

SMITH D B, SIMMONDS P, JAMEEL S, et al.,2014.Consensus proposals for classification of the family *Hepeviridae* [J].Journal of General Virology, 95（Pt 10）: 2223-2232.

SMITH G J D, VIJAYKRISHNA D, BAHL J, et al.,2009.Origins and evolutionary genomics of the 2009 swine-origin H1N1 influenza A epidemic [J].Nature, 459（7250）: 1122-1125.

SONG D, ZHOU X, PENG Q, et al.,2015.Newly emerged porcine deltacoronavirus associated with diarrhoea in swine in China: identification, prevalence and full-length genome sequence analysis [J]. Transboundary and Emerging Diseases, 62（6）: 575-580.

SONG Q, ZHANG W, SONG W, et al.,2014.Seroprevalence and risk factors of *Mycoplasma suis* infection in pig farms in central China [J].Preventive Veterinary Medicine, 117（1）: 215-221.

SONG Y, FREY B, HAMPSON D J, 2012.The use of ELISAs for monitoring exposure of pig herds to *Brachyspira hyodysenteriae* [J].BMC Veterinary Research, 8: 6.

SONGER J G, UZAL F A, 2005.Clostridial enteric infections in pigs [J].Journal of Veterinary Diagnostic Investigation, 17（6）: 528-536.

STÅHL M, KOKOTOVIC B, HJULSAGER C K, et al.,2011.The use of quantitative PCR for identification and quantification of *Brachyspira pilosicoli*, *Lawsonia intracellularis* and *Escherichia coli* fimbrial types F4 and F18 in pig feces [J].Veterinary Microbiology, 151（3-4）: 307-314.

STENTIFORD G D, BECNEL J J, WEISS L M, et al.,2016.Microsporidia-emergent pathogens in the global food chain [J].Trends in Parasitology, 32（4）: 336-348.

STORMS V, HOMMEZ J, DEVRIESE L A, et al.,2002.Identification of a new biotype of *Actinomyces hyovaginalis* in tissues of pigs during diagnostic bacteriological examination [J].Veterinary Microbiology, 84（1-2）: 93-102.

STRAUSS J H, STRAUSS E G,1994.The alphaviruses: gene expression, replication, and evolution [J]. Microbiological Reviews, 58（3）: 491-562.

STRECK A F, HERGEMÖLLER F, RÜSTER D, et al.,2015.A TaqMan qPCR for quantitation of ungulate protoparvovirus 1 validated in several matrices [J].Journal of Virological Methods, 218: 46-50.

STUART B P, LINDSAY D S,1986.Coccidiosis in swine [J].The Veterinary Clinics North America Food Animal Practice, 2（2）: 455-468.

SUN W, WANG L, HUANG H, et al.,2020.Genetic characterization and phylogenetic analysis of porcine deltacoronavirus（PDCoV）in Shandong Province, China [J].Virus Research, 278: 197869.

SWAMY H V L N, SMITH T K, MACDONALD E J, 2004.Effects of feeding blends of grains naturally contaminated with *Fusarium* mycotoxins on brain regional neurochemistry of starter pigs and broiler chickens [J].Journal of Animal Science, 82（7）: 2131-2139.

TAJIMA S, KOTAKI A, YAGASAKI K, et al.,2014.Identification and amplification of Japanese encephalitis virus and Getah virus propagated from a single porcine serum sample: a case of coinfection [J].Archives of Virology, 159（11）: 2969-2975.

TAN L, WANG A, YI J, et al.,2018.Prevalence and phylogenetic analyses of *Trichuris suis* in pigs in Hunan Province, Subtropical China [J].Korean Journal of Parasitology, 56（5）: 495-500.

TIAN K, YU X, ZHAO T, et al.,2007.Emergence of fatal PRRSV variants: unparalleled outbreaks of atypical PRRS in China and molecular dissection of the unique hallmark [J].PLoS One, 2（6）: e526.

TOWNSEND K M, BOYCE J D, CHUNG J Y, et al.,2001.Genetic organization of *Pasteurella multocida cap* Loci and development of a multiplex capsular PCR typing system [J].Journal of Clinical Microbiology, 39（3）: 924–929.

TREVISAN C, SOTIRAKI S, LARANJO G M, et al.,2018.Epidemiology of taeniosis/cysticercosis in Europe, a systematic review: eastern Europe [J].Parasites & Vectors, 11（1）: 569.

TURNI C, PYKE M, BLACKALL P J, 2010.Validation of a real–time PCR for *Haemophilus parasuis* [J]. Journal of Applied Microbiology, 108（4）: 1323–1331.

VANDEKERCKHOVE E, VLAMINCK J, GELDHOF P,2017.Evaluation of serology to measure exposure of piglets to *Ascaris suum* during the nursery phase [J].Veterinary Parasitology, 246: 82–87.

VANDEKERCKHOVE E, VLAMINCK J, SACRISTÁN R D P, et al.,2019.Effect of strategic deworming on *Ascaris suum* exposure and technical performance parameters in fattening pigs [J].Veterinary Parasitology, 268: 67–72.

VANSTEENKISTE K, VAN LIMBERGEN T, DECALUWÉ R, et al.,2016.Clinical problems due to encephalomyocarditis virus infections in two pig herds [J].Porcine Health Management, 2: 19.

VAZQUEZ F, GONZÁLEZ E A, GARABAL J I, et al.,1996.Development and evaluation of an ELISA to detect *Escherichia coli* K88（F4）fimbrial antibody levels [J].Veterinary Microbiology, 44（6）: 453–463.

VERGNE T, ANDRAUD M, BONNET S, et al.,2021.Mechanical transmission of African swine fever virus by *Stomoxys calcitrans*: insights from a mechanistic model [J].Transboundary and Emerging Diseases, 68（3）: 1541–1549.

VIÑUELA E,1985.African swine fever virus [J].Current Topics in Microbiology and Immunology, 116: 151–170.

VLAMINCK J, DÜSSELDORF S, HERES L, et al.,2015.Serological examination of fattening pigs reveals associations between *Ascaris suum*, lung pathogens and technical performance parameters [J].Veterinary Parasitology, 210（3–4）: 151–158.

VLAMINCK J, NEJSUM P, VANGROENWEGHE F, et al.,2012.Evaluation of a serodiagnostic test using *Ascaris suum* haemoglobin for the detection of roundworm infections in pig populations [J].Veterinary Parasitology, 189（2–4）: 267–273.

VLASOVA A N, AMIMO J O, SAIF L J, 2017.Porcine rotaviruses: epidemiology, immune responses and control strategies [J].Viruses, 9（3）: 48.

VUTOVA K, VELEV V, CHIPEVA R, et al.,2020.Clinical and epidemiological descriptions from trichinellosis outbreaks in Bulgaria [J].Experimental Parasitology, 212: 107874.

WALKER P J, SIDDELL S G, LEFKOWITZ E J, et al.,2020.Changes to virus taxonomy and the statutes ratified by the International Committee on Taxonomy of Viruses（2020）[J].Archives of Virology, 165（11）: 2737–2748.

WANG B, MENG X J, 2021.Hepatitis E virus: host tropism and zoonotic infection [J].Current Opinion in Microbiology, 59: 8–15.

WANG D, TAO X, FEI M, et al.,2020.Human encephalitis caused by pseudorabies virus infection: a case report [J].Journal of Neurovirology, 26（3）: 442–448.

WANG H, ZHANG L, REN Q, et al.,2017.Diagnosis of swine Toxoplasmosis by PCR and genotyping of *Toxoplasma gondii* from pigs in Henan, Central China [J].BMC Veterinary Research, 13（1）: 152.

WANG L, BYRUM B, ZHANG Y, 2014.Detection and genetic characterization of deltacoronavirus in pigs, Ohio, USA, 2014 [J].Emerging Infectious Diseases, 20（7）: 1227-1230.

WANG W, GONG Q L, ZENG A, et al.,2021.Prevalence of *Cryptosporidium* in pigs in China: a systematic review and meta-analysis [J].Transboundary and Emerging Diseases, 68（3）: 1400-1413.

WANG Y C, CHANG Y C, CHUANG H L, et al.,2011.Transmission of *Salmonella* between swine farms by the housefly（*Musca domestica*）[J].Journal of Food Protection, 74（6）: 1012-1016.

WARNEKE H L, KINYON J M, BOWER L P, et al.,2014.Matrix-assisted laser desorption ionization time-of-flight mass spectrometry for rapid identification of *Brachyspira* species isolated from swine, including the newly described "*Brachyspira hampsonii*" [J].Journal of Veterinary Diagnostic Investigation, 26（5）: 635-639.

WEIGEL R M, DUBEY J P, SIEGEL A M, et al.,1995.Risk factors for transmission of *Toxoplasma gondii* on swine farms in Illinois [J].Journal of Parasitology, 81（5）: 736-741.

WILBERTS B L, WARNEKE H L, BOWER L P, et al.,2015.Comparison of culture, polymerase chain reaction, and fluorescent in situ hybridization for detection of *Brachyspira hyodysenteriae* and "*Brachyspira hampsonii*" in pig feces [J].Journal of Veterinary Diagnostic Investigation, 27（1）: 41-46.

WILSON B A, HO M, 2013.*Pasteurella multocida*: from zoonosis to cellular microbiology [J].Clinical Microbiology Reviews, 26（3）: 631-655.

WOHLGEMUTH N, HONCE R, SCHULTZ-CHERRY S, 2019.Astrovirus evolution and emergence [J].Infection, Genetics and Evolution, 69: 30-37.

WOODS R D, WESLEY R D,1998.Transmissible gastroenteritis coronavirus carrier sow [J].Advances in Experimental Medicine and Biology, 440: 641-647.

WOOTEN E L, BLECHA F, BROCE A B, et al.,1986.The effect of sarcoptic mange on growth performance, leukocytes and lymphocyte proliferative responses in pigs [J].Veterinary Parasitology, 22（3-4）: 315-324.

WU Q, ZHAO X, BAI Y, et al.,2016.The first identification and complete genome of Senecavirus A affecting pig with idiopathic vesicular disease in China [J].Transboundary and Emerging Diseases, 64（5）: 1633-1640.

XIAO C T, GIMÉNEZ L L G, GERBER P F, et al.,2013.Identification and characterization of novel porcine astroviruses（PAstVs）with high prevalence and frequent co-infection of individual pigs with multiple PAstV types [J].Journal of General Virology, 94（Pt 3）: 570-582.

XU K, ZHOU Y, MU Y, et al.,2020.CD163 and pAPN double-knockout pigs are resistant to PRRSV and TGEV and exhibit decreased susceptibility to PDCoV while maintaining normal production performance [J].Elife, 9: e57132.

YAMADA M, NAKAMURA K, YOSHII M, et al.,2004.Nonsuppurative encephalitis in piglets after experimental inoculation of Japanese encephalitis flavivirus isolated from pigs [J].Veterinary Pathology, 41（1）: 62-67.

YAN M, KANDLIKAR G, JACOBSON L, et al.,2014.Laboratory storage simulation to study swine manure foaming [J].Transactions of the ASABE, 57（3）：907–914.

YAÑEZ R J, RODRÍGUEZ J M, NOGAL M L, et al.,1995.Analysis of the complete nucleotide sequence of African swine fever virus [J].Virology, 208（1）：249–278.

YANG D K, KWEON C H, KIM B H, et al.,2004.TaqMan reverse transcription polymerase chain reaction for the detection of Japanese encephalitis virus [J].Journal of Veterinary Science, 5（4）：345–351.

YANG H, HAN H, WANG H, et al.,2019.A case of human viral encephalitis caused by pseudorabies virus infection in China [J].Frontiers in Neurology, 10: 534.

YANG Y, QIN X, ZHANG W, et al.,2016.Rapid and specific detection of porcine parvovirus by isothermal recombinase polymerase amplification assays [J].Molecular and Cellular Probes, 30（5）：300–305.

YU X, ZHOU Z, HU D, et al.,2014.Pathogenic pseudorabies virus, China, 2012 [J].Emerging Infectious Diseases, 20（1）：102–104.

ZHANG C F, CUI S J, HU S, et al.,2010.Isolation and characterization of the first Chinese strain of porcine teschovirus–8 [J].Journal of Virological Methods, 167（2）：208–213.

ZHANG J, 2016.Porcine deltacoronavirus: overview of infection dynamics, diagnostic methods, prevalence and genetic evolution [J].Virus Research, 226: 71–84.

ZHANG W J, XU L H, LIU Y Y, et al.,2012.Prevalence of coccidian infection in suckling piglets in China [J].Veterinary Parasitology, 190（1–2）：51–55.

ZHANG Y, GONG H, MI R, et al.,2020.Seroprevalence of *Toxoplasma gondii* infection in slaughter pigs in Shanghai, China [J].Parasitology International, 76: 102094.

ZHENG Y, XIE Y, GELDHOF P, et al.,2020.High anti–*Ascaris* seroprevalence in fattening pigs in Sichuan, China, calls for improved management strategies [J].Parasites & Vectors, 13（1）：60.

ZHOU L, YANG X, TIAN Y, et al.,2014.Genetic diversity analysis of genotype 2 porcine reproductive and respiratory syndrome viruses emerging in recent years in China [J].Biomed Research International, 2014: 748068.

ZHOU X, LI N, LUO Y, et al.,2018.Emergence of African swine fever in China, 2018 [J].Transboundary Emerging Diseases, 65（6）：1482–1484.

索　引